高职高专"十二五"实验实训规划教材

天车工培训教程

主　编　时彦林　崔　衡
副主编　刘建华　齐素慈
主　审　包燕平

U0314873

北　京
冶金工业出版社
2019

内 容 提 要

本书共分9章，主要内容包括：起重设备概述，天车的主要零部件，天车的安全防护装置，天车的电气设备，天车的电气线路，天车的安装、试车及润滑，天车的操作，天车的常见故障及排除方法，天车事故及分析。附录中有天车工试题库、天车工技能大赛理论考核样卷两套、天车工技能大赛实际操作考核题例及评分标准、起重吊运指挥信号图例（GB 5028—1985）。

本书为天车工培训教材，也可作为相关专业的教材，以及从事天车设计、科研、生产的人员参考用书。

图书在版编目（CIP）数据

天车工培训教程/时彦林，崔衡主编 . —北京：冶金工业出版社，2013.6（2019.1 重印）
高职高专"十二五"实验实训规划教材
ISBN 978-7-5024-6233-8

Ⅰ.①天… Ⅱ.①时… ②崔… Ⅲ.①桥式起重机—高等职业教育—教材 Ⅳ.①TH215

中国版本图书馆 CIP 数据核字（2013）第 138671 号

出 版 人 谭学余
地　　址　北京市东城区嵩祝院北巷 39 号　邮编　100009　电话　（010）64027926
网　　址　www. cnmip. com. cn　电子信箱　yjcbs@ cnmip. com. cn
策划编辑　俞跃春　责任编辑　俞跃春　张　晶　美术编辑　吕欣童
版式设计　葛新霞　责任校对　卿文春　责任印制　牛晓波
ISBN 978-7-5024-6233-8
冶金工业出版社出版发行；各地新华书店经销；固安华明印业有限公司印刷
2013 年 6 月第 1 版，2019 年 1 月第 2 次印刷
787mm×1092mm　1/16；15 印张；364 千字；230 页
33. 00 元
冶金工业出版社　投稿电话　（010）64027932　投稿信箱　tougao@ cnmip. com. cn
冶金工业出版社营销中心　电话　（010）64044283　传真　（010）64027893
冶金书店　地址　北京市东四西大街 46 号（100010）　电话　（010）65289081（兼传真）
冶金工业出版社天猫旗舰店　yjgycbs. tmall. com
（本书如有印装质量问题，本社营销中心负责退换）

前　言

　　物料搬运在整个国民经济中占有十分重要的地位。在工业生产中广泛使用各种起重设备对物料作提升、运输、装卸及安装等作业。天车是典型的起重设备，提高天车的生产效率，确保运行的安全可靠性，降低物料搬运成本有着十分重要的意义。随着天车现代化水平的不断提高，对从业人员自身的素质要求也越来越高。本书正是为满足这一要求而编写的。

　　本书由河北工业职业技术学院时彦林和北京科技大学崔衡担任主编，北京科技大学刘建华和河北工业职业技术学院齐素慈担任副主编。参加编写的有石家庄钢铁有限责任公司李鹏飞、蔡仲卫、安建平以及河北工业职业技术学院刘杰、李秀娜、何红华、郝宏伟、王丽芬、黄伟青。

　　本书由北京科技大学包燕平担任主审。包燕平教授在百忙中审阅了全书，提出了许多宝贵的意见，在此谨致谢意。

　　由于编者水平所限，书中难免有不妥之处，敬请读者批评指正。

编　者
2013 年 1 月

目　录

1 起重设备概述

1.1 起重机的类型及主要技术参数

在工业生产中广泛使用各种起重设备对物料作提升、运输、装卸，以及安装等作业。起重设备是现代工业企业中实现生产过程机械化、自动化、减轻繁重体力劳动、提高生产率的重要工具和设备。

起重设备是以间歇、周期的工作方式，通过吊钩或其他取物装置的起升或降落来移运物料的。在工作中，经历上料、运送、卸料及返回原处的过程。

1.1.1 起重机的类型

起重机械按其功能和结构特点大致包括轻、小型起重设备（如千斤顶），桥架型起重机，臂架式起重机（如汽车式起重机），升降机等。其中桥架型起重机是使用最广泛的一种起重设备。

桥架型起重机横架在车间、仓库及露天料场固定跨间上方，并可沿轨道移动，取物装置悬挂在可沿桥架运行的起重小车上，使取物装置上的重物实现垂直升降和水平移动，以及完成某些特殊工艺操作。它具有构造简单、操作方便、易于维修、起重量大和不占地面作业面积等特点，是各类企业不可缺少的起重设备。

桥架型起重机分为桥式起重机和门式起重机两大类，桥式起重机一般又可分为通用桥式起重机和冶金桥式起重机两类（见图 1-1）。通用桥式起重机主要用于一般车间的物件装卸、吊运；冶金桥式起重机主要用于冶金生产中某些特殊的工艺操作；门式起重机主要用于露天堆场等处的装卸运输工作。各类起重机又由于取物装置、专用功能和构造特点等的不同分成各种形式。

本书主要介绍通用桥式起重机和冶金桥式起重机。

1.1.1.1 通用桥式起重机的分类

通用桥式起重机一般是电动双梁起重机，按照取物装置和构造可分为以下几种：

（1）吊钩桥式起重机。吊钩桥式起重机是以吊钩作为取物装置的桥式起重机，如图 1-2 所示，它是由起重小车、桥架运行机构、桥架金属结构和电气控制设备等几部分组成。天车工一般在司机室（电气控制设备包括在内）内操纵。

起重量在 10t 以下的桥式起重机，采用一套起升机构，即一个吊钩；在 15t 以上的桥式起重机采用主、副两套起升机构，即两个吊钩。其中起重量较大的称为主起升机构或主钩，较小的称为副起升机构或副钩，副钩的起重量约为主钩的 1/5~1/3。副钩的起升速度较快，可以提高轻货吊运的效率。主副钩的起重量用分数表示，分子表示主钩的起重量，分母表示副钩的起重量。例如 20/5，表示主钩的起重量为 20t，副钩的起重量为 5t。

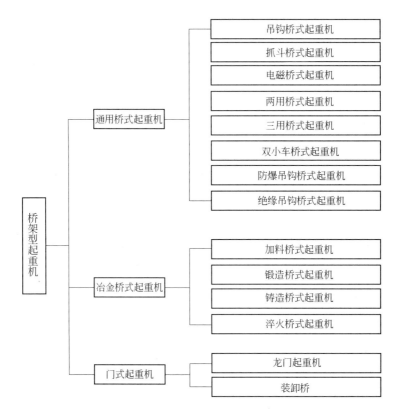

图 1-1　桥架型起重机的分类

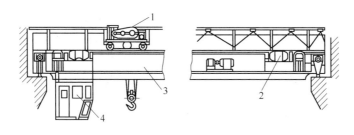

图 1-2　吊钩桥式起重机

1—起重小车；2—桥架运行机构；3—桥架金属结构；4—司机室

吊钩桥式起重机是通用桥式起重机的最基本类型。

（2）抓斗桥式起重机。抓斗桥式起重机是以抓斗作为取物装置的桥式起重机，用于抓取碎散物料。其他部分与吊钩式桥式起重机完全相同，如图 1-3 所示。它是一种专用桥式起重机，有双绳抓斗和电动抓斗两种。

（3）电磁桥式起重机。电磁桥式起重机是用电磁盘（又称起重电磁铁）作为取物装置的桥式起重机，如图 1-4 所示。基本构造与吊钩桥式天车基本相同，不同的是在吊钩上挂一个直流电磁盘，直流电由单独的一套电气设备控制，利用电磁盘作为取物装置，吊运有导磁性的金属材料，如型钢、钢板、废钢铁及散碎导磁性的金属等。

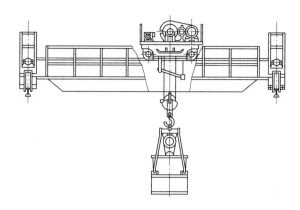

图 1 - 3　抓斗桥式起重机

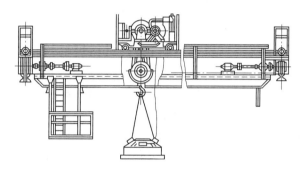

图 1 - 4　电磁桥式起重机

（4）两用桥式起重机。两用桥式起重机是装有两种取物装置的桥式起重机，分为吊钩抓斗和电磁抓斗两种类型，如图 1 - 5 所示。两种取物装置均在一台小车上，同时装有两套各自独立的起升机构。第一种类型中的一套起升机构用于吊钩，另一套起升机构用于抓斗；第二种类型中的一套起升机构用于抓斗，另一套起升机构用于电磁铁。两套起升机构不能同时使用，但用其中一种吊具取物时，不必把另外一种吊具卸下来，可以根据工作

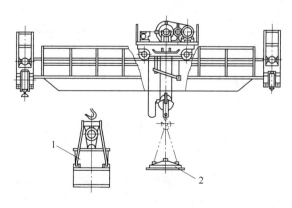

图 1 - 5　两用桥式起重机
1—抓斗；2—电磁盘

需要随意选用其中的一种吊具,因此生产效率较高。

（5）三用桥式起重机。三用桥式起重机装有吊钩、电磁盘和电动抓斗三种取物装置,如图 1 - 6 所示。是一种一机多用的起重设备,除取物装置外其他结构与吊钩桥式起重机完全一样。根据不同的工作性质,可以变换使用其中任意一种吊具。

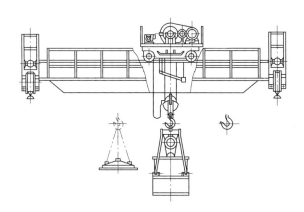

图 1 - 6　三用桥式起重机

电动抓斗使用交流电,而电磁盘使用直流电,使用时通过转换开关来变更电源。这种桥式起重机适用于物料种类经常改变的情况。

（6）双小车桥式起重机。双小车桥式起重机具有两台起重小车,如图 1 - 7 所示。两台小车的起重量相同,可以单独作业,也可以联合作业。在某些（如 2 × 50t、2 × 75t）双小车桥式起重机的两个小车上,装有可变速的起升机构,轻载时可以高速运行,重载时可以低速运行;在吊运较重物件时,两台小车可并车吊运。这种起重机的有效工作范围广,适用于吊运横放在跨度方向上的长形工件。

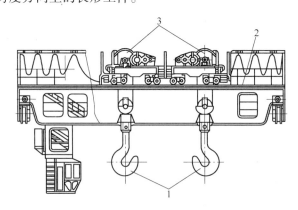

图 1 - 7　双小车桥式起重机
1—吊钩；2—桥架；3—起重小车

（7）防爆吊钩桥式起重机。这种起重机的构造与吊钩桥式起重机相同,只是所用的整套电气设备具有防爆性能,以防止起重机在工作中产生电火花而引起燃烧或爆炸事故。这种起重机最适用于具有易燃易爆混合物的车间、库房或其他易燃易爆的场所。

（8）绝缘吊钩桥式起重机。这种起重机的构造与吊钩桥式起重机基本相同,只是为了防止在工作过程中，带电设备有可能通过被吊运的物件传到起重机上，危及司机的生命安全，故在吊钩、小车架、小车轮三个部位设置了三道绝缘装置。绝缘材料多用环氧酚醛玻璃布板。这种起重机适用于冶炼铝、镁的工厂。

1.1.1.2 冶金桥式起重机的分类

冶金桥式起重机通常有主、副两台小车，每台小车都在各自的轨道上行走，按照其用途的不同，常用的冶金桥式起重机有以下几种：

（1）加料桥式起重机。加料桥式起重机用于炼钢车间的加料，如图1-8所示。在主小车上装有加料机构：把料杆插入料斗，通过主小车的运行、起升、回转机构及加料机构的上、下摆动和翻转，将炉料伸入并倾翻到炉内。副小车用于炉料的搬运及辅助性工作。主、副小车不能同时进行工作。

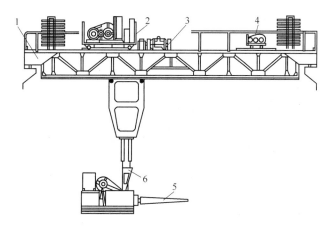

图1-8 加料桥式起重机

1—桥架；2—主小车；3—运行机构；4—副小车；5—装料杆；6—操纵室

（2）铸造桥式起重机。铸造桥式起重机是冶炼车间运送钢液和浇注钢锭用的起重机，如图1-9所示。主小车的起升机构用于吊运盛钢桶，副小车的起升机构用于翻倾盛钢桶和做一些辅助性工作。主小车在两根主梁的轨道上运行，副小车在两根副梁的轨道上运行，其轨道低于主小车轨道。主、副小车可以同时使用。有的副小车是双钩，但副小车的主、副钩是不能同时使用的。

（3）锻造桥式起重机。锻造桥式起重机是水压机车间在锻造过程中进行吊运和翻转锻件的专用起重机，如图1-10所示。它的主、副两台小车在各自轨道上行走。在主小车上装有转料机，以翻转锻件或平衡杆。副钩用链条兜住平衡杆后端，配合主钩抬起平衡杆。

（4）淬火桥式起重机。淬火桥式起重机是大型机械零件热处理中淬火及调质工作的专用起重机，它与普通起重机大体相似，但需符合淬火和调质的工艺要求。淬火桥式起重机与普通起重机的不同之处主要是小车的起升机构。淬火桥式起重机小车的起升机构较为复杂，根据淬火及调质工艺，要求小车能快速下降，下降速度在45～80m/min之间。

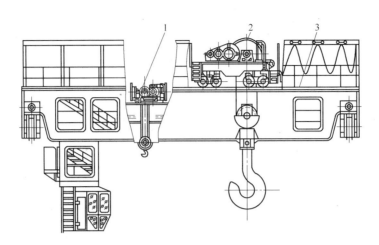

图 1 - 9　铸造桥式起重机

1—副小车；2—主小车；3—桥架

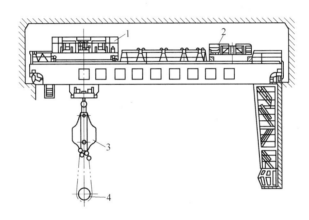

图 1 - 10　锻造桥式起重机

1—主小车；2—副小车；3—转料机；4—平衡杆

1.1.1.3　门式起重机的分类

门式起重机是带腿的桥式起重机，它与桥式起重机的最大区别是依靠支腿在地面轨道上运行。门式起重机主要用于露天场所进行各种物料的吊运。按门架形式的不同，门式起重机可分为全门式起重机、双悬臂门式起重机和单悬臂门式起重机，如图 1 - 11 所示。

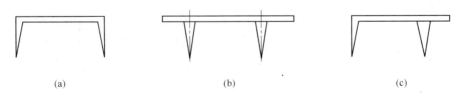

（a）　　　　　　　　　（b）　　　　　　　　　（c）

图 1 - 11　门式起重机的门架

（a）全门；（b）双悬臂门；（c）单悬臂门

按主梁形式的不同，门式起重机可分为单梁门式起重机（见图1-12）和双梁门式起重机（见图1-13）。双梁门式起重机较之单梁门式起重机，具有承载能力强、跨度大、整体稳定性好、整体刚度大的优点，但整体自重较大、成本高。

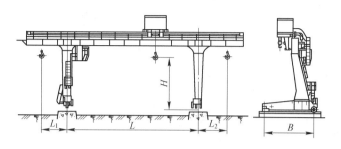

图1-12　单梁门式起重机

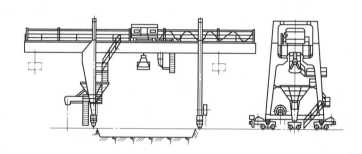

图1-13　双梁门式起重机

1.1.2　起重机的主要技术参数

起重机的主要技术参数包括：起重量、跨度、起升高度、各机构的工作速度及工作级别等。为了保证起重机的合理使用、安全运行和防止事故的发生，天车工必须了解起重机（天车）的技术参数。

1.1.2.1　起重量 G

起重量是指被起升重物的质量，用 G 表示。

（1）额定起重量 G_n。起重机正常工作时所允许吊起的最大重物或物料的质量称为额定起重量，单位为吨（t）。额定起重量不包括吊钩、吊钩组、吊环之类吊具的质量，包括抓斗、电磁盘、料罐、盛钢桶以及各种辅助吊具的质量。

（2）总起重量 G_t。起重机能吊起的重物或物料，连同可分吊具和长期固定在起重机上的吊具或属具（包括吊钩、滑轮组、起重钢丝绳等）的质量总和。

表1-1为起重量系列标准。

1.1.2.2　跨度

起重机的大车运行轨道中心线之间的距离称为起重机的跨度，用 L 表示，单位为 m。

桥式起重机跨度系列见表1-2，门式起重机跨度系列见表1-3。

表1-1   起重机械起重量系列标准（GB785—1965）   （t）

									0.05		
0.1					0.25				0.5		0.8
1	1.25		1.5		2	2.5		3	4		5	6	8
10	12.5		16		20	25		32	40		50	63	80
100	125	140	160	180	200	225	250	280	320	360	400	450	500

表1-2   桥式起重机跨度系列

起重量 G_n/t		跨度 L/m								
≤50	无通道	10.5	13.5	16.5	19.5	22.5	25.5	28.5	31.5	—
	有通道	10	13	16	19	22	25	28	31	—
63～125		—	—	16	19	22	25	28	31	34
160～250		—	—	15.5	18.5	21.5	24.5	27.5	30.5	33.5

表1-3   门式起重机跨度系列   （m）

门式起重机跨度	18	22	26	30	35	50

1.1.2.3   起升高度

起升高度是起重机取物装置上下移动极限位置之间的距离，用 H 表示，单位为 m。下极限位置通常以工作场地的地面为准，对于上极限位置，使用吊钩时以钩口中心为准，使用抓斗时以抓斗最低点为准。表1-4为起重机的起升高度。

表1-4   起重机的起升高度   （m）

起重量 G_n/t	吊 钩				抓 斗		电 磁
	一般起升高度		加大起升高度		一般起升高度	加大起升高度	一般起升高度
	主钩	副钩	主钩	副钩			
≤50	12～16	14～18	24	26	18～26	30	16
63～125	20	22	30	32	—	—	—
160～250	22	24	30	32	—	—	—

1.1.2.4   工作速度

工作速度是指起重机各机构（起升、运行等）的运行速度，用 v 表示，单位为 m/min。起重机的工作速度根据工作要求而定：一般用途的起重机采用中等的工作速度，这样可以使驱动电机功率不致过大；安装工作有时就要求很低的工作速度；吊运轻件，要求提高生产效率，可取较高的工作速度；吊运重件，要求工作平稳，作业效率不是主要矛盾，可取较低的工作速度。表1-5为吊钩起重机的工作速度。

表1-5 吊钩起重机的工作速度 （m/min）

起重量 G_n/t	类别	主钩起升速度	副钩起升速度	小车运行速度	起重机运行速度
≤50	高速	6.3~16	10~20	40~63	80~125
	中速	5~12.5	8~16	32~50	63~100
	低速	1.6~5	6~12.5	10~25	20~50
63~125	高速	5~10	8~16	32~40	63~100
	中速	2.5~5	6.3~12.5	25~32	50~80
	低速	1~2	5~10	10~20	20~40
160	高速	3.2~4	6.3~8	32~40	50~80
160~250	中速	1.6~2.5	5~8	20~25	40~63
	低速	0.63~1	4~6.3	10~16	20~32

抓斗及电磁起重机的速度见表1-6。

表1-6 抓斗及电磁起重机的速度 （m/min）

抓斗起升速度	电磁吸盘起升速度	小车运行速度	起重运行速度
25~50	16~32	40~50	80~125

1.1.2.5 工作级别

A 起重机整机的工作级别

表示起重机受载情况和忙闲程度的综合性参数。起重机整机的工作级别是根据起重机的利用等级和起重机的载荷状态来定的。

（1）起重机的利用等级。起重机的利用等级表示起重机的忙闲程度，以总工作循环次数 N 的多少来区分。利用等级分10个级别（ U_0 ~ U_9 ），见表1-7。

表1-7 起重机的利用等级

利用等级	总工作循环次数 N	忙闲程度
U_0	1.6×10^4	不经常使用
U_1	3.2×10^4	
U_2	6.3×10^4	
U_3	1.25×10^5	
U_4	2.5×10^5	经常轻闲地使用
U_5	5×10^5	经常中等地使用
U_6	1×10^6	不经常繁忙地使用
U_7	2×10^6	繁忙地使用
U_8	4×10^6	
U_9	$>4 \times 10^6$	

（2）起重机的载荷状态。起重机载荷状态是表明起重机受载的轻重程度，与两个因

素有关：一个是起升载荷 P_i 与最大载荷 P_{max} 之比值（P_i/P_{max}）；另一个是起升载荷的作用次数 n_i 与总的工作循环次数 N 的比值（n_i/N）。表示 P_i/P_{max} 和 n_i/N 的图形或数字称为"载荷谱"。载荷谱系数 K_p 由式（1-1）算出：

$$K_p = \sum \left[\frac{n_i}{N} \left(\frac{P_i}{P_{max}} \right)^m \right] \tag{1-1}$$

式中 P_i——第 i 个起升载荷，$P_i = P_1$、P_2、P_3、$\cdots$、P_n；

P_{max}——最大载荷；

n_i——起升载荷 P_i 的作用次数；

N——总工作循环次数；

m——指数，这里 $m = 3$。

按式（1-1）计算出的载荷谱系数，应从表 1-8 中选取与其接近但稍大的名义值。载荷状态分为 4 级（$Q_1 \sim Q_4$）。

表 1-8   起重机的载荷状态和载荷谱系数 K_p 的名义值

载荷状态	K_p 的名义值	说　明
$Q_{1轻}$	0.125	很少起升额定载荷，一般起升轻微载荷
$Q_{2中}$	0.25	有时起升额定载荷，一般起升中等载荷
$Q_{3重}$	0.50	经常起升额定载荷，一般起升较重载荷
$Q_{4特重}$	1.00	频繁起升额定载荷

（3）起重机的工作级别。根据表 1-7 和表 1-8 确定的起重机利用等级和载荷状态，把起重机的工作级别分为 $A_1 \sim A_8$ 八个级别，见表 1-9。

表 1-9   起重机的工作级别

利用等级　载荷状态	U_0	U_1	U_2	U_3	U_4	U_5	U_6	U_7	U_8	U_9
$Q_{1轻}$	—	—	A_1	A_2	A_3	A_4	A_5	A_6	A_7	A_8
$Q_{2中}$	—	A_1	A_2	A_3	A_4	A_5	A_6	A_7	A_8	—
$Q_{3重}$	A_1	A_2	A_3	A_4	A_5	A_6	A_7	A_8	—	—
$Q_{4特重}$	A_2	A_3	A_4	A_5	A_6	A_7	A_8	—	—	—

表 1-10 为各种起重机的工作级别举例。

表 1-10   各种起重机的工作级别举例

起重机形式	起重机的用途	工 作 级 别
吊钩式	水电站安装及检修 一般车间及仓库 繁重车间及仓库	$A_1 \sim A_3$ $A_3 \sim A_5$ $A_6 \sim A_7$
抓斗式	间断装卸 连续装卸	$A_6 \sim A_7$ A_8
电磁式	连续使用	$A_7 \sim A_8$

起重机形式	起重机的用途	工作级别
冶金专用	吊料箱	$A_7 \sim A_8$
	装料	A_8
	铸造	$A_6 \sim A_8$
	锻造	$A_7 \sim A_8$
	淬火	A_8
	夹钳、脱锭	A_8
门　式	一般用途吊钩式	$A_5 \sim A_6$
	装卸抓斗式	$A_7 \sim A_8$

B 起重机机构的工作级别

起重机机构的工作级别是根据起重机机构的利用等级和载荷状态来定的。

（1）起重机机构的利用等级。起重机机构的利用等级由机构在使用寿命内总运行小时数 h 来确定。利用等级分10个级别（$T_0 \sim T_9$），见表1-11。

表1-11　起重机机构的利用等级

利用等级	总运转小时数 h	忙闲程度
T_0	200	不经常使用
T_1	400	
T_2	800	
T_3	1600	
T_4	3200	经常轻闲地使用
T_5	6300	经常中等地使用
T_6	12500	不经常繁忙地使用
T_7	25000	繁忙地使用
T_8	50000	
T_9	100000	

（2）起重机机构的载荷状态。起重机机构的载荷状态是表明起重机机构承受的最大载荷及载荷变化的情况。可用载荷谱系数 K_m 表示。

$$K_m = \sum \left[\frac{t_i}{t_T} \left(\frac{P_i}{P_{max}} \right)^m \right] \qquad (1-2)$$

式中　P_i——第 i 个起升载荷，$P_i = P_1$、P_2、P_3、$\cdots$、P_n；

　　　P_{max}——最大载荷；

　　　t_i——该机构承受各个载荷 P_i 的作用时间；

　　　t_T——所有不同载荷作用的总持续时间；

　　　m——机械零件材料疲劳试验曲线指数，这里 $m = 3$。

按式（1-2）计算出的载荷谱系数，应从表1-12中选取与其接近但稍大的名义值。载荷状态分为4级（$L_1 \sim L_4$），见表1-12。

表 1 - 12　起重机机构的载荷状态和载荷谱系数 K_m 的名义值

载荷状态	K_m 的名义值	说　　明
L_1 轻	0.125	机构经常承受轻的载荷，偶尔承受最大载荷
L_2 中	0.25	机构经常承受中等的载荷，极少承受最大载荷
L_3 重	0.50	机构经常承受较重的载荷，也常受最大载荷
L_4 特重	1.00	机构经常承受最大的载荷

（3）起重机机构的工作级别。根据表 1 - 11 和表 1 - 12 确定的起重机机构利用等级和载荷状态，把起重机机构的工作级别分为 $M_1 \sim M_8$ 八个级别，见表 1 - 13。

表 1 - 13　起重机机构的工作级别

载荷状态 ＼ 利用等级	T_0	T_1	T_2	T_3	T_4	T_5	T_6	T_7	T_8	T_9
L_1 轻	—	—	M_1	M_2	M_3	M_4	M_5	M_6	M_7	M_8
L_2 中	—	M_1	M_2	M_3	M_4	M_5	M_6	M_7	M_8	—
L_3 重	M_1	M_2	M_3	M_4	M_5	M_6	M_7	M_8	—	—
L_4 特重	M_2	M_3	M_4	M_5	M_6	M_7	M_8	—	—	—

起重机的工作级别与起重机的安全有密切关系。起重量、跨度、起升高度相同的起重机，如果工作级别不同，在设计制造时所采用的安全系数不同。工作级别小的起重机，用的安全系数小；工作级别大的，采用的安全系数大，因此它们的零部件型号、尺寸、规格各不相同。如果把小工作级别的起重机用于大工作级别情况，起重机就会出故障，影响安全生产。所以在安全检查时，要注意起重机的工作级别必须与工作状况相符合。

天车工在了解起重机的工作级别之后，可根据所操作起重机的工作级别正确使用天车，避免超出其工作级别而造成天车损坏事故。

1.2　起重机的型号和主要结构

1.2.1　起重机的型号

起重机的型号表示起重机的形式种类、用途、工作级别、跨度、额定起重量、代号。起重机的型号一般由起重机的类、组、型的代号与主参数代号两部分组成。桥架型起重机型号的表示方法如下：

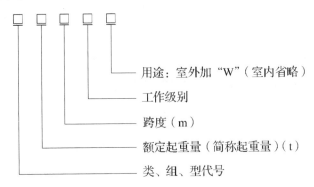

用途：室外加"W"（室内省略）

工作级别

跨度（m）

额定起重量（简称起重量）（t）

类、组、型代号

类、组、型的代号均用大写印刷体汉语拼音字母表示。该字母应是类、组、型中有代表性的汉语拼音字头，如该字母与其他代号的字母有重复时，也可采用其他字母。主参数代号用阿拉伯数字表示。桥式起重机的代号见表1-14。

表1-14 桥式起重机的代号

序 号	名 称	小 车	代 号
1	吊钩桥式起重机	单小车	QD
2		双小车	QE
3	抓斗桥式起重机	单小车	QZ
4	电磁桥式起重机	单小车	QC
5	抓斗吊钩桥式起重机	单小车	QN
6	电磁吊钩桥式起重机	单小车	QA
7	抓斗电磁桥式起重机	单小车	QP
8	三用桥式起重机	单小车	QS

标记示例：

（1）起重机 QD20/5-19.5A5。表示起升机构具有主、副钩的起重量20/5t，跨度19.5m，工作级别 A_5，室内用吊钩桥式起重机。

（2）起重机 QZ10-22.5A6W。表示起重量10t，跨度22.5m，工作级别 A_6，室外用抓斗桥式起重机。

（3）起重机 QE50/10+50/10-28.5A5。表示起重量50/10t+50/10t，跨度28.5m，工作级别 A_5，室内用双小车吊钩桥式起重机。

（4）起重机 MDZ5-18A6。表示起重量5t，跨度18m，工作级别 A_6，单梁抓斗门式起重机。

（5）起重机 MS5-26A5。表示起重量5t，跨度26m，工作级别 A_5，双梁三用门式起重机。

1.2.2 起重机的主要结构

起重机主要由大车、小车和电气部分等组成。大车包括桥架、大车运行机构等；小车包括小车架、起升机构、小车运行机构等；电气部分由电气设备和电气线路组成。大车运行机构安置在桥架走台上，起升机构和小车运行机构安置在小车架上。

1.2.2.1 桥架结构

桥式起重机的桥架是金属结构。它一方面支撑着小车，允许小车在它上面横向行驶；另一方面又是起重机行走的车体，可以沿着铺设在厂房上面的轨道行驶。

按照主梁的数目，桥架分为单梁和双梁。电动双梁桥式起重机的桥架主要由两根主梁和两根端梁组成。主梁和端梁刚性连接，端梁的两端装有车轮，作为支撑和移动桥架用。主梁上有轨道供起重小车运行用。

桥架的结构形式主要取决于主梁的结构形式。桥架主梁的结构形式繁多，主要有四桁架式和箱形梁式两种，以及由这两种基本形式发展起来的空腹桁架式。

A 箱形结构

箱形结构桥架是起重机桥架的基本形式，它具有制造工艺简单、通用性强、易于安装和检修方便等优点。在 5～80t 的中、小起重量系列起重机中，主要采用这种结构形式，但它的自重较大。

箱形主梁的构造如图 1 - 14 所示，每根主梁是由上、下翼缘板（又称盖板），两块腹板和大、小肋板等组成的。小车轨道放置在上翼缘板的上面。

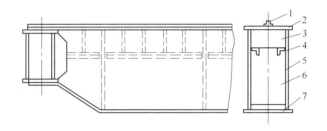

图 1 - 14 箱形主梁构造图

1—小车轨道；2—上翼缘板（上盖板）；3—小肋板；4—角钢；

5—腹板；6—大肋板；7—下翼缘板（下盖板）

B 四桁架式结构

四桁架式结构桥架如图 1 - 15 所示，它自重轻、刚性大，适用于小起重量、大跨度的起重机，但制造工艺复杂，不便于成批生产。

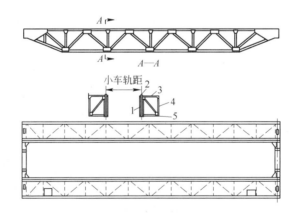

图 1 - 15 四桁架式桥架图

1—主桁架；2—钢轨；3—上水平桁架；4—辅助桁架；5—下水平桁架

C 空腹桁架式结构

空腹桁架式结构主要由工字形主梁、空腹辅助桁架和上、下水平桁架组成，如图 1 - 16 所示。它具有自重轻、整体刚度大以及制造、装配、检修方便等优点。100～250t 通用桥式起重机和冶金起重机多采用这种结构形式。

端梁是桥架的重要组成部分，其结构可分为箱形结构和桁架结构两种，图 1 - 17 是箱形结构的端梁外形图。端梁与主梁刚性焊接，构成一个完整的桥架。

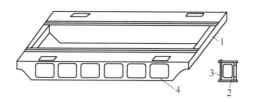

图 1-16 空腹桁架式桥架

1—端梁；2—横面框架；3—主梁；4—空腹辅助桁架

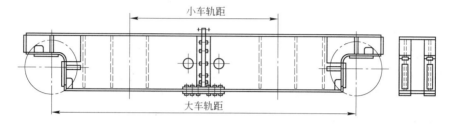

图 1-17 箱形结构的端梁

门式起重机属于桥架型起重机，其主梁的构造及传动机构与桥式起重机基本相同，只是金属结构部分多了两条支腿，其支腿结构形式可分为箱形结构和桁架结构两种。

1.2.2.2 大车运行机构

起重机的大车运行机构驱动大车的车轮沿轨道运行。大车运行机构由电动机、减速器、传动轴、联轴器、制动器、角型轴承箱和车轮等零部件组成，其车轮通过角型轴承箱固定在桥架的端梁上。大车运行机构分为集中驱动(见图 1-18)和分别驱动(见图 1-19)两种形式。

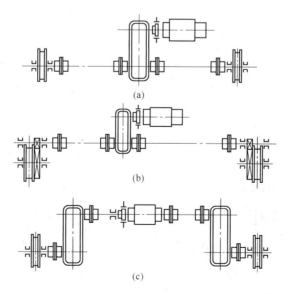

图 1-18 大车集中驱动布置

(a) 低速轴集中驱动；(b) 中速轴集中驱动；(c) 高速轴集中驱动

A 集中驱动

集中驱动就是由一台电动机通过传动轴驱动两边的主动轮。集中驱动只用在小吨位或旧式起重机上。

集中驱动方式又分为低速轴集中驱动、中速轴集中驱动和高速轴集中驱动三种形式。大多数采用低速轴集中驱动，如图1-18（a）所示。低速轴集中驱动在跨度中间有电动机与减速器，减速器输出轴分两侧经低速传动轴带动车轮，传动轴转数与车轮转数相同。图1-18（b）为中速轴集中驱动，扭矩较小、直径较细、减小了传动机件的重量，但需采用三个减速器。图1-18（c）为高速轴集中驱动，对传动轴的加工精度要求高、振动大，用得不多。

B 分别驱动

分别驱动就是由两台规格完全相同的电动机分别驱动两边的主动轮，如图1-19所示。分别驱动省去了中间传动轴，减轻了大车运行机构的重量，不因主梁的变形而影响运行机构的传动性能，便于维护检修。分别驱动用在大吨位或新式起重机上。

由于桥架受载变形较大，传动轴的支撑采用自位轴承，各轴端之间的连接采用挠性联轴器，一般用半齿轮联轴器。分别驱动的运行机构也安排一段传动轴，两端用两个半齿轮联轴器连接，或用两个万向联轴器连接。

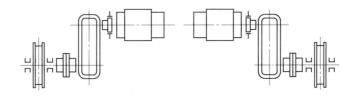

图1-19 大车分别驱动布置

大起重量通用桥式起重机和冶金起重机的大车运行机构通常采用两个或四个电动机。各自通过一套传动机构分别驱动。如图1-20和图1-21所示，为大起重量起重机的传动形式。

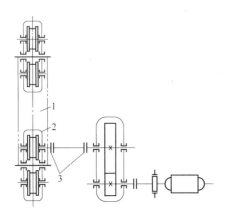

图1-20 采用联轴器连接的运行机构
1—桥架平衡梁；2—车轮平衡梁；3—联轴器

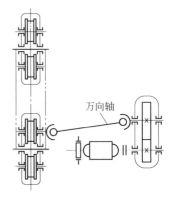

图1-21 采用万向轴连接的
运行机构

大起重量起重机自重大，起重量也大，因此，为了降低轮压，通常采用八个或更多的车轮结构。桥架通过桥架的平衡梁用销轴与车轮组的平衡梁连接，使起重机的载荷由桥架均匀地传到车轮上，常用的平衡梁车轮组连接形式如图1－22所示。

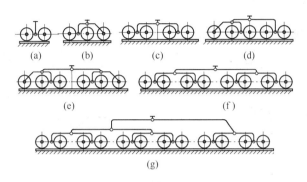

图 1 - 22　带各种平衡梁的车轮组

(a) 双轮车轮组；(b) 带一个平衡梁的三轮车轮组；(c) 带一个平衡梁的四轮车轮组；
(d) 带两个平衡梁的五轮车轮组；(e) 带三个平衡梁的六轮车轮组；
(f) 带三个平衡梁的八轮车轮组；(g) 带五个平衡梁的十二轮车轮组

1.2.2.3　起升机构

起升机构主要由驱动装置、传动装置、卷绕装置、取物装置及制动装置等组成。此外，根据需要还可装设各种辅助装置，如限位器、起重量限制器、速度限制器等。如图1－23所示。

起升机构是由电动机通过联轴器与减速器的高速轴相连。当机构工作时，减速器的低速轴带动卷筒，将钢丝绳卷起或放下，经过滑轮组系统，使吊钩实现上升和下降的功能。机构停止工作时，制动器使吊钩连同货物悬停在空中。吊钩的升和降取决于电动机的旋转方向。

其中联轴器为齿轮联轴器，通常将齿轮联轴器制成两个半齿轮联轴器，中间用一段轴连起来，这根轴称为浮动轴或补偿轴。制动器一般为常闭式的，它装有电磁铁或电动推杆作为自动的松闸装置与电动机电气联锁。减速器一般采用封闭式的标准两级圆柱齿轮减速器。

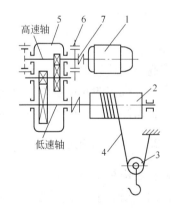

图 1 - 23　起升机构

1—电动机；2—卷筒；3—吊钩组；4—钢丝绳；
5—减速器；6—制动器；7—联轴器

卷筒安装在转轴上，卷筒轴一端支撑在双列调心球轴承上，另一端与减速器低速轴通过特种联轴器连接，如图1－24所示，支撑在减速器轴的内腔和轴承座中。

卷筒安装的另一种形式如图1－25所示，将卷筒直接刚性地装在减速器轴上，为了消除小车架受载变形的影响，减速器被支撑在铰轴上，卷筒的轴承采用自位轴承，允许轴向游动。这种结构简单，维修方便，具有自动调整减速器低速轴与卷筒同心

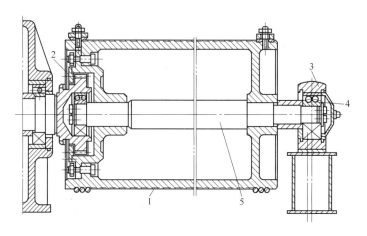

图 1 - 24　卷筒与减速器的连接
1—卷筒；2—特种联轴器；3—轴承座；4—调心球轴承；5—转轴

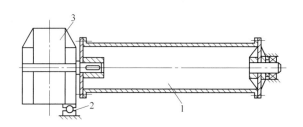

图 1 - 25　卷筒与减速器的刚性连接
1—卷筒；2—铰轴；3—减速器

的作用。

在起重量超过 15t 的起重机上，通常设主、副两套起升机构。主起升机构的起重量大，副起升机构的起重量小，但速度较主起升机构快些。副起升机构主要用来起吊较轻的货物或辅助性工作，从而提高工作效率，图 1 - 26 为主、副钩的起升机构简图。

1.2.2.4　小车运行机构

运行机构是安装在小车上的，其主要作用是：用来驱动小车沿主梁上的轨道作吊运重物的横向运动。小车运行机构如图 1 - 27 所示。

小车运行机构包括驱动、传动、支撑和制动等装置。小车两个主动车轮固定在小车架的两个角轴承箱，另外两个从动轮分别安装在两个角型轴承箱的旋转心轴上（不传递扭矩的轴）。运行机构的电动机安装在小车架的台面上，由于电动机轴和车轮轴不在同一水平面内，所以使用立式三级圆柱齿轮减速器。在电动机轴与车轮轴之间，用全齿轮联轴器或带浮动轴的半齿轮联轴器连接，以补偿小车架变形及安装的误差。在小车运行机构中使用液压推动器操纵制动器，它能使制动平稳。考虑到制动时利用高速浮动轴的弹性变形能起缓冲作用，在图 1 - 27（b）中，将制动器装在靠近电动机轴一边的制动轮半齿轮联轴器上。

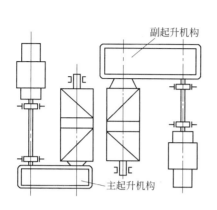

图 1-26 主、副钩的起升机构简图

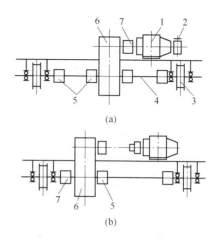

图 1-27 小车运行机构

（a）小车常用运行机构；（b）调整制动器位置后
的小车运行机构

1—电动机；2—制动器；3—车轮；4—浮动轴；
5—半齿轮联轴器；6—立式减速器；7—全齿轮联轴器

1.2.2.5 电气部分

起重机的电气部分是由电气设备和电气线路组成的。

A 桥式起重机的电气设备

桥式起重机的主要电器设备有：供电装置、电动机、保护箱、控制屏、各机构控制器、电阻器、限位开关和安全开关等。

（1）供电装置。供电装置包括电源集电器和导电滑线两部分。导电滑线一般采用角钢制作，也有的采用圆钢、裸铜线及软电缆等制作。前者一般用于大车导电滑线，后者则常用于小车导电滑线上。

（2）电动机。电动机是桥式起重机上最重要的电器设备之一，不论桥式起重机上的大车运行机构、小车运行机构还是桥式起重机的起升机构都是靠电动机来驱动的。目前，桥式起重机上采用的电动机主要有 YZR 和 YZ 两个系列（JZR、JZ、JZR2、JZRB、JZB 系列为老产品，已淘汰，用 YZR 和 YZ 两个系列代替）。

（3）保护箱。保护箱放置在驾驶室内，箱内装有由刀开关、交流接触器、过电流继电器、熔断器和信号灯等组成的配电盘。

（4）控制屏。控制屏上装有零压继电器（失压保护）、过电流继电器（保护电动机）和控制电动机转子电路工作的反接接触器、加速接触器、单相接触器、换相继电器等电器元件，与主令控制器相配合，用于操纵功率较大的电动机的启动、调速、改变方向和制动等。

（5）各机构控制器。控制各机构的控制器，主要有凸轮控制器和主令控制器。其主要的作用是控制各机构电动机的启动、调速、改变方向和制动。

（6）电阻器。电阻器串接在电动机转子回路中，通过接触器的吸合和断开，逐级增加或减小电阻的阻值，从而限制电动机的启动电流和调节电动机的旋转速度。

（7）限位开关和安全开关。限位开关用来限制各机构的工作范围；安全开关包括舱口门开关、端梁门开关和紧急开关等，起安全保护作用。

　　B　桥式起重机的电器线路

桥式起重机的电器线路由照明信号电路、主电路和控制电路三大部分组成。

（1）照明信号电路。它包括桥上照明、桥下照明和驾驶室照明三部分。它的电源取自保护箱内刀开关的进线端，因此，在切断动力设备电源时仍有照明用电。

（2）主电路。主电路是带动电动机工作的电路，它由电动机的定子外接电路和转子外接电路组成，由控制回路控制。

（3）控制电路。它控制主电路与电源的接通或断开、电动机正转或反转、快速或慢速等，同时对各机构的正常工作起到安全保护作用。

1.3　国内外起重设备的发展动态

1.3.1　国内起重机的发展方向

国内起重机的发展有如下几个方向。

（1）改进起重机械的结构，减轻自重。国内起重机多已采用计算机优化设计，以此提高整机的技术性能和减轻自重，并在此前提下尽量采用新结构。如 5～50t 通用桥式起重机中采用半偏轨的主梁结构。与正轨箱形梁相比，可减少或取消主梁中的小加筋板，取消短加筋板，减少结构重量，节省加工工时。

目前国家星火计划提出桥架采用四根分体式不等高结构，使它在与普通桥式起重机同样的起升高度时，厂房的牛腿标高可下降 1.5m；两根主梁的端部置于端梁上，用高强度螺栓连接；车轮踏面高度因此下降，也就使厂房牛腿标高下降。在垂直轮压的作用下，柱子的计算高度降低，使厂房基建费用减少，厂房寿命增加。

（2）充分吸收利用国外先进技术。起重机大小车运行机构采用了德国 Demag 公司的"三合一"驱动装置，吊挂于端梁内侧，使其不受主梁下挠和振动的影响，提高了运行机构的性能与寿命，并使结构紧凑，外观美观，安装维修方便。

随着国内机械加工能力的提高，使大车端梁和小车架整体镗孔成为可能，因而 45°剖分和车轮组或圆柱形的轴承箱将有可能代替角型轴承箱，装在车轮轴上的车轮轴孔中心线与端梁中心线构成标准的 90°，于是车轮的水平和垂直偏斜即可严格控制在规定范围内，避免发生啃轨现象。由于小车架为焊后一次镗孔成形，使四个车轮孔的中心线在同一平面内，故成功地解决了三点落地的问题。

起升机构采用中硬齿面或硬齿面的减速器，齿轮精度达到 7 级，齿面硬度达到 320HBS，因而提高了承载能力，延长了使用寿命。

电气控制方面吸收消化了国外的先进技术，采用了新颖的节能调速系统。如晶闸管串级开环或闭环系统，调整比可达 1∶30。随着对调速要求的提高，变频调速系统也将使用于起重机上。同时，微机控制也将在起重机上得到应用，如三峡工程 600t 坝顶门式起重机要求采用变频调速系统、微机自动纠偏以及大扬程高精度微机监测系统。

遥控起重机随着生产发展需要量也越来越大，宝钢在考察了国外钢厂起重机之后，提出了大力发展遥控起重机的建议，以提高安全性，减少劳动力。

（3）向大型化发展。由于国家对能源工业的重视和资助，建造了许多大中型水电站，发电机组越来越大。特别是长江三峡工程的建设对大型起重机的需要量迅速上升。三峡工程左岸电站主厂房安装了两台1200/125t桥式起重机，配备了2000t大型塔式起重机。

1.3.2　国外起重机的发展特征

国外起重机的发展有四大特征：

（1）简化设备结构，减轻自重，降低生产成本。芬兰Kone公司为某火力发电厂生产的起重机就是一个典型的例子。其中起升机构减速器的外壳与小车架一端梁合二为一，卷筒一端与减速器相连，另一端支撑于小车架的另一端梁上。定滑轮组与卷筒组连成一体，省去了支撑定滑轮组的承梁，简化了小车架的整体结构。同时小车运行机构采用三合一驱动装置，即减轻了小车架和小车的自重。副起升机构为电动葫芦，置于一台车上，由主起升小车牵引。小车自重的减轻使起重机主梁截面亦随之减小，因而整机自重大幅度减轻。国内生产的75/20t、31.5m跨度起重机自重94t，而Kone公司生产的80/20t、29.4m跨度起重机自重只有60t。法国Patain公司采用了一种以板材为基本构件的小车架结构，其重量轻、加工方便，适用于中、轻级中小吨位的起重机。该结构要求起升机构采用行星－圆锥齿轮减速器，不直接与车架相连接，以此来降低小车架的刚度要求，简化小车架结构，减轻自重。Patain公司的起重机大小车运行机构采用三合一驱动装置，结构较紧凑，自重较轻，简化了总体布置。此外，由于运行机构与起重机走台没有联系，走台的振动也不会影响传动机构。

（2）更新零部件，提高整机性能。法国Patain公司采用窄偏轨箱形梁做主梁，其高、宽比为4~3.5左右，大筋板间距为梁高的2倍，不用小筋板。主梁与端梁的连接采用搭接方式，使垂直力直接作用于端梁上盖板，由此可降低端梁的高度，便于运输。

在电控系统上该公司采用涡流联轴器和涡流制动器多电动机调速系统，可实现有载及空载的有级或无级调速，其工作原理图如图1-28所示。

变频调速在国外起重机上已开始应用，例如ABB公司、日本富士、奥地利伊林公司已广泛采用。该调速方案具有高调速比，甚至可达到无级调速，并可节能等优点。另外，遥控装置用于起重机在国外也已普遍化，特别是在大型钢铁厂已广泛使用。

（3）设备大型化。随着世界经济的发展，起重机械设备的体积和重量越来越趋于大型化，起重量和吊运幅度也有所增大，为节省生产和使用费用，其服务场地和使用范围也随之增大。例如新加坡裕廊船厂要求岸边的修船门

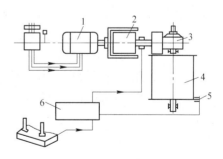

图1-28　涡流离合器调速原理图
1—起升电动机；2—涡轮离合器；
3—减速器；4—卷筒；5—制动器；6—控制屏

座起重机能为并排的两条大油轮服务，其吊运幅度为105m，且在70m幅度时能起吊100t；我国三峡工程中使用的1200t桥式起重机就对调速要求很高，为三维坐标动态控制。

（4）机械化运输系统的组合应用。国外一些大厂为了提高生产率，降低生产成本，把起重运输机械有机地组合在一起，构成先进的机械化运输系统。日本村田株式会社尤山

工厂在车间中部建造了一个存放半成品的主体仓库，巷道式堆垛机按计算机系统规定的程序向生产线上发送工件。堆垛机把要加工的工件送到发货台；然后由单轨起重小车吊起。按计算机的指令发送到指定工位进行加工。被加工好的工件再由单轨起重小车送到成品库率很高。

德国 Demag 公司在飞机制造厂中采用了一套先进的单轨或悬挂式运输系统，大大简化了运输环节。将所运物品装入专用集装箱内（有单轨系统的轨道）由码头运至工厂，厂内的单轨系统与集装箱内的轨道对接，物品进入厂房，并由单轨运输系统按计算机的指令入库或进入工位，实现"门"对"门"的运输。

1.4　起重机在国民经济中的地位

物料搬运在整个国民经济中有着十分重要的地位。提高起重机的生产效率，确保运行安全可靠性，降低物料搬运成本是十分重要的。

据统计，在美国，每百元工业产品成品中，物料搬运费用要占 20～25 美元，美国某厂生产流程中物料搬运所用的工时占总生产周期的 80%。英国每年用于工厂及工地物料搬运的费用高达 10 亿英镑、相当于全国工资支出的九分之一。1974 年英国工业部下属的物料搬运费用调查委员会曾对 30 家公司进行调查并指出：工序间的物料搬运费用占加工费的 12% 以上，如果加上工序内和工厂外的搬运费用估计要达到成本的 20%～25%。德国 Demag 公司也曾作过详细调查，证实物料搬运费用占生产费用的 45%（工序间物料搬运占 30%，工序内的物料搬运费用占 15%）。

我国东风汽车厂也作过统计，汽车零件在工厂中的加工工时仅占 5%，其他 95% 的工时均用在搬运和储存之中。生产 1t 产品要把物料提升 50t 次，生产 1t 铸件要搬运 80 次，东风汽车厂的生产能力原定为 10 万辆，物料搬运设备占了总设备的很大部分。

在冶金生产中，起重机械已用于生产的全部过程。据统计，一个年产百万吨的中小型钢铁厂，仅物品流通量就高达千万吨以上，其中有不少是在高温环境下快速进行搬运的，因此需要装备数百台起重机械。冶金企业中的原料、半成品、成品和渣料的吞吐量形成了庞大的物流系统，大概的情况是：要冶炼 1t 钢，需要 1.5t 矿石，0.825t 炼焦煤，0.37t 石灰石和其他原料，总的物料搬运量达到 5～8t；车间之间的转运量为 55～73t，车间内部的转运量为 160t；用于物料搬运的费用是整个生产费用的 35%～45%。可以看出起重机械在大型工业企业生产中起着非常重要的作用。

复习思考题

1-1　起重机有哪几种？

1-2　桥式起重机与门式起重机的主要异同点有哪些？

1-3　起重机的主要技术参数有哪些？

1-4　什么叫起重机的额定起重量？

1-5　什么叫起重机的额定速度？

1-6　什么叫起重机的工作级别？

1-7 额定起重量、额定速度、工作级别等与安全有何关系？

1-8 桥式起重机主要由哪几部分组成？

1-9 桥式起重机主梁的结构形式有哪几种？

1-10 桥式起重机大车运行的驱动方式有几种，它们由哪些零部件组成？说明各自特点。

1-11 桥式起重机起升机构和小车运行机构有何特点？

1-12 桥式起重机的电气设备、电气线路主要包括哪些？

2 天车的主要零部件

本书主要介绍通用桥式起重机和冶金桥式起重机,习惯上叫做"天车"或"行车"。天车的主要零部件包括:吊具、滑轮、卷筒、钢丝绳、减速器、联轴器、制动器及车轮等。

2.1 吊钩

吊钩是天车用得最多的取物装置,是起重机的重要部件之一,若使用不当极易损坏或折断,造成重大事故和经济损失,因此必须经常对吊钩进行检查,若发现问题,应及时处理。

2.1.1 吊钩的分类

根据制造方法,吊钩可分为锻造吊钩和片式吊钩两种。锻造吊钩一般用 20 钢、16Mn,经锻造或冲压、热处理后,再进行机械加工而成,具有强度高、塑性韧性好的特点。片式吊钩(又称板钩)一般是用 Q235 – A、Q235 – C 钢板或 Q345 钢板切割成型钢板铆合而成的。由于缺陷引起的断裂只局限于个别钢板,剩余钢板仍可支撑吊重,只需更换个别钢板即可,因此它具有较大的安全性和可靠性。但片状钩只能制造成矩形断面,所以钩体的材料不能被充分利用。片式吊钩有圆孔,用销轴与其他部件连接。片式吊钩的钩口有软钢垫块,以减轻钢丝绳的磨损。

根据形状,吊钩分为单钩和双钩两种。单钩偏心受力;双钩对称受力,钩体材料利用充分。单钩制造和使用方便,常用于起吊轻物;双钩用于起吊重量较大的物件。但吊钢包的吊钩,由于要和钢包耳轴配合,所以起重量虽大,仍然用片式单钩。

吊钩钩身截面形状有圆形、矩形、梯形和"T"字形。按受力情况分析,T 字形截面最合理,但锻造工艺复杂。梯形截面受力较合理,锻造容易。矩形截面只用于片状吊钩,断面的承载能力得不到充分利用,较笨重。圆形截面只用于小型吊钩。

锻造吊钩的尾部通常用三角螺纹,以便用螺母支撑在吊钩横梁上。应力集中严重,容易在裂纹处断裂。因此,吊钩多采用梯形或锯齿形螺纹,而国外则多采用圆形螺纹。

吊钩不允许采用铸造的,因为铸件内部缺陷不易发现和消除。也不能采用焊接吊钩。新吊钩在工作之前必须进行负荷试验,试验载荷为额定载荷的 1.25 倍,吊挂时间不得少于10min。试验前,应在钩嘴和钩杆处分别标记 A 点和 B 点并量得开口度。加载后其开口度不得超过原开口度的 0.25%;卸载后开口度不得有永久变形,用放大镜检查其表面,不准有残余变形和裂纹。吊钩表面要光滑,不准有刻痕、锐角、毛刺等,并不准对缺陷进行焊补。

合格的吊钩应打上合格标记,并在使用中经常检查。

锻造吊钩和叠片式吊钩都已标准化,可根据起重量选择,不必进行设计和验算。吊钩的开口尺寸以能容纳两根钢丝绳为依据。这两种吊钩的外形图分别如图 2 – 1 和图 2 – 2 所示,其中锻造吊钩又分为 A 型和 B 型两种,A 型为短钩,B 型为长钩。

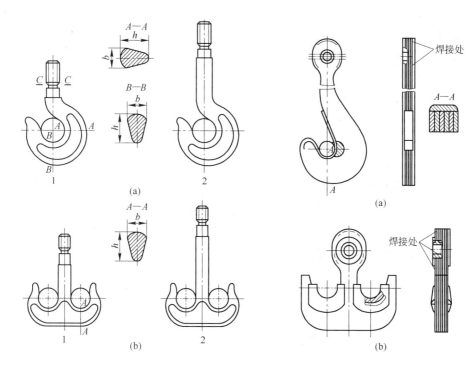

图 2-1 锻造吊钩的外形图
(a) 锻造单钩；(b) 锻造双钩
1—A 型（短钩）；2—B 型（长钩）

图 2-2 叠片式吊钩的外形图
(a) 叠片式单钩；(b) 叠片式双钩

吊钩使用时需注意以下几个方面：

(1) 吊钩的安全使用起重量，不得小于实际起重量。

(2) 在使用过程中，应经常检查吊钩的表面情况，保持光滑、无刻痕、无裂缝、转动灵活、无锈蚀。

(3) 挂吊索时要将吊索挂至吊钩底部，如需将吊钩直接钩挂在构件的吊环中，不能硬别，以免使钩身产生扭曲变形。

吊钩的安全系数根据工作级别而定，见表 2-1。吊钩严禁超载吊运，只有在静载试车时才允许起吊 1.25 倍额定起重量的重量（即 $1.25G_n$）。

表 2-1 吊钩的安全系数

部位 工作级别	钩体 A—A、B—B 截面	螺纹处 C—C 截面
$A_1 \sim A_5$	1.3	4
$A_6 \sim A_8$	1.5	5

2.1.2 吊钩组

吊钩组是吊钩与动滑轮的组合体。吊钩组有长型和短型两种，如图 2-3 所示。长型吊钩组采用短钩，支撑在吊钩横梁上，滑轮组支撑在滑轮轴上，它的高度较大，使有效起升高度减小。短型吊钩组有两种:一种用长吊钩;另一种用短吊钩。长吊钩的滑轮直接装在吊钩横梁上,如图2-3(b)所示,高度大大减小,但只能用于双倍率滑轮组;短吊钩[见图2-3(c)]只能用于小倍率滑轮组和小起重量。吊钩可绕垂直轴线与水平轴线旋转,便于系物工作。吊钩用止推轴承支撑在吊钩横梁上,吊钩尾部用螺母压在止推轴承上。

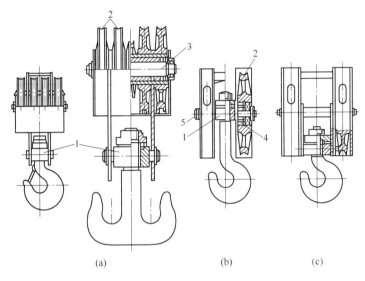

图2-3　吊钩组
(a) 长型; (b) 短型长钩; (c) 短型短钩
1—吊钩横梁; 2—滑轮组; 3—滑轮轴; 4—止推轴承; 5—螺母

吊钩组检验内容与要求见表2-2。

表2-2　吊钩组检验内容与要求

项　目	定　期　检　验	特　殊　检　验
吊钩回转状态	用手轻轻转动能灵活转动	—
防脱钩装置	用手检验,确认可靠	—
滑轮	转动时无异常响应,有防护罩	—
螺栓、销	不应松动脱落	—
危险断面磨损	按 GB/T 6067—1985《起重机械安全规程》不应超过原尺寸的10%	—
裂纹	6个月检查一次	磁粉探伤(6个月一次)
吊钩开口度	—	不能超过原尺寸的5%
螺纹	—	卸去螺母检查
轴承及轴枢	—	不得有裂纹和严重磨损

2.1.3　吊钩的报废标准

吊钩是重要的承载件,要经常检查,还应由专门的安全技术检验部门进行定期检验。

吊钩出现下述情况之一时应报废。

(1) 洗净钩身，再用20倍放大镜（有条件的应作探伤）检查钩身，特别是危险断面和螺纹部分，发现表面有裂纹、破口或发裂，应立即更换，不允许补焊。

(2) 危险断面磨损达原尺寸的10%。

(3) 开口度比原尺寸增加15%。

(4) 扭转变形超过10°。

(5) 危险断面或吊钩颈部产生塑性变形。

(6) 钩尾和螺纹过渡截面有刀痕或裂纹。

(7) 板钩衬套磨损达原尺寸的50%时，应报废衬套。

(8) 板钩心轴磨损达原尺寸的3%～5%时，应报废心轴。

(9) 板钩的衬套、心轴、耳环有疲劳裂纹。

2.2　钢丝绳

钢丝绳用于起升机构和捆扎吊运物件，故要求其有较高强度、挠性好、自重轻、运行平稳、极少突然断裂的特点。钢丝绳是用优质钢丝捻成的。钢丝由50、60和65号钢，热轧成直径为6mm的圆钢，经过多次冷拔、反复热处理，制成直径为0.2～2.0mm，拉伸强度在1400～2000MPa之间的优质钢丝，再将其捻制成股，然后将若干股围绕着绳芯制成绳。

2.2.1　钢丝绳的种类

2.2.1.1　根据钢丝绳的捻向分类

钢丝绳根据捻向可分为交互捻、同向捻、混合捻。

(1) 交互捻钢丝绳如图2－4（a）所示。钢丝绳成股时的绕制方向与股绕绳芯捻成绳时的绕制方向相反的钢丝绳，称为交互捻钢丝绳，这是常用的钢丝绳，由于绳与股的自行松捻趋势相反，互相抵消，没有扭转打结的趋势，使用方便。根据绳的捻向，又分别有右捻绳和左捻绳。起重机上多用右交互捻钢丝绳。

(2) 同向捻钢丝绳如图2－4（b）所示。钢丝绳成股时的绕制方向与股绕绳芯捻成绳时的绕制方向相同的钢丝绳，称为同向捻钢丝绳，有自行松捻和扭转的趋势，容易打结。由于其挠性较好。通常用于具有刚性的导轨的牵引。近来在制造工艺中采用预变形方法，成绳后消除了自行松散扭转的现象。这种绳又称为不松散绳。

(3) 混合捻钢丝绳如图2－4（c）所示。有半数股左旋，另半数股右旋。这种钢丝绳应用极少。

交互捻的标记为"交"或不记标记，同向捻的标记为"同"，混合捻的标记为"混"。钢丝绳通常是由数股绳绕绳芯捻制而成，钢丝绳的捻距是指钢丝绳中任一股缠绕一周的轴向长度。例如钢丝绳由6股捻成，则由钢丝绳表面的第1股到第7股之间的长度即为一个捻距 t，如图2－5所示。在钢丝绳的标记中，ZS表示右交互捻钢丝绳，SS表示左同向捻钢丝绳。

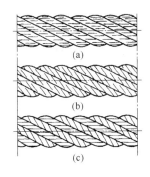

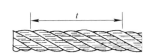

图 2 - 4　钢丝绳的捻向　　　　　　　　图 2 - 5　钢丝绳的捻距

（a）交互捻；（b）同向捻；（c）混合捻

2.2.1.2　根据绳股的构造分类

根据绳股的构造可分为点接触绳、线接触绳、面接触绳。

（1）点接触绳如图 2 - 6（a）所示。绳股中各层钢丝直径相同，股中相邻各层钢丝的捻距不等，互相交叉，在交叉点上接触。因此，点接触绳易于磨损、寿命低。

（2）线接触绳如图 2 - 6（b）所示。绳股中各层钢丝的捻距相等，外层钢丝位于里层钢丝之间的沟槽里，内外层钢丝互相接触在一条螺旋线上，改变了接触，增长了寿命，增加了挠性。相同直径的钢丝绳，线接触型比点接触型的金属断面面积大，因而承载能力大。

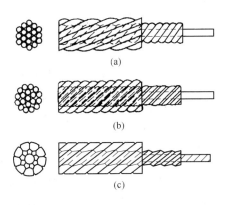

图 2 - 6　点、线、面接触的钢丝绳

（a）点接触绳；（b）线接触绳；（c）面接触绳

线接触钢丝绳又分为外粗式（西鲁型—S 式）、粗细式（瓦林吞型—W 式）和密集式（填充式—Fi 式），如图 2 - 7 所示。

外粗式钢丝绳股的构造如图 2 - 7（a）所示。它的中心为一粗钢丝，四周有 9 根细钢丝，在 9 个沟槽里再布置 9 根粗钢丝。这种股记为股（1 + 9 + 9）。这种钢丝绳股的优点是外层钢丝粗，因而特别耐磨。

粗细式钢丝绳股的构造如图 2 - 7（b）所示。中间是用 7 根钢丝绕成的股，在它 6 个

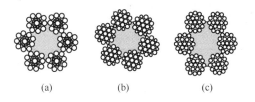

图 2 - 7　线接触钢丝绳的形式

(a) 外粗式钢丝绳；(b) 粗细式钢丝绳；(c) 密集式钢丝绳

沟槽中布置 6 根钢丝，再在随后的 6 个沟槽里各布置一根细钢丝，这样外层 12 根钢丝有两种不同的直径。这种股记为股 (1 + 6 + 6/6)。这种钢丝绳的挠性好，是起重机常用的形式。

密集式用代号 T 表示。图 2 - 7 (c) 所示为密集式 T (25) 股的构造，中间是用 7 根钢丝绕成的股，外层布置 12 根直径相同的钢丝，在每组依正方形排列的 4 根钢丝所形成的孔隙中，各填充一根细钢丝。

(3) 面接触绳如图 2 - 6 (c) 所示，股与股之间呈面接触，制作工艺复杂，多用于缆索起重机和空索道的支撑缆索。

2.2.1.3　根据钢丝绳捻绕的次数分类

根据钢丝绳捻绕的次数可分为单捻绳、双捻绳。

(1) 单捻绳。截面如图 2 - 8 所示，由若干断面相同或不同的钢丝一次捻制而成。由圆形断面的钢丝捻绕成的单股钢丝绳僵性大，挠性差，易松散，不宜用作起重绳，可作张紧绳用，密封钢丝绳一般只用作承载绳，其他场合较少采用。

图 2 - 8　单捻绳

(a) 圆钢丝单股钢丝绳；(b) 密封钢丝绳

(2) 双捻绳。先由钢丝绕成股，再由股绕成绳。双捻绳挠性好，制造也不复杂，起重机广泛采用。

2.2.1.4　根据钢丝表面情况分类

根据钢丝表面情况分光面和镀锌钢丝绳两种。

2.2.1.5　根据钢丝绳中股的数目分类

根据钢丝绳中股的数目有 6 股绳、8 股绳、17 股绳和 34 股绳等。外层股的数目愈多，钢丝绳与滑轮、卷筒槽接触的情况愈好，寿命愈长。目前起重机上大多采用 6 股的钢丝绳。

圆股钢丝绳按其绳和股的断面、股数和股外层钢丝的数目分类见表2-3。

表2-3　圆股钢丝绳分类

组别	类别	分类原则	典型结构		直径范围 /mm
			钢丝绳	股绳	
1	6×7	6个圆股，每股外层丝可到7根，中心丝（或无）外捻制1~2层钢丝	6×7 6×9W	(6+1) (3/3+3)	2~36 14~36
2	6×19 (a)	6个圆股，每股外层丝8~12根，中心丝外捻制2~3层钢丝	6×19S 6×19W 6×25Fi 6×26SW 6×31SW	(9+9+1) (6/6+6+1) (12+6F+6+1) (10+5/5+5+1) (12+6/6+6+1)	6~36 6~40 14~44 13~40 12~46
	6×19 (b)	6个圆股，每股外层丝12根，中心丝外捻制2层钢丝	6×19	(12+6+1)	3~46
3	6×37 (a)	6个圆股，每股外层丝14~18根，中心丝外捻制3~4层钢丝	6×29Fi 6×36SW 6×37S （点线接触） 6×41SW 6×49SWS 6×55SWS	(14+7F+7+1) (14+7/7+7+1) (15+15+6+1) (16+8/8+8+1) (16+8/8+8+1) (18+9/9+9+9+1)	10~44 12~60 10~60 32~60 36~60 36~64
	6×37 (b)	6个圆股，每股外层丝18根，中心丝外捻制3层钢丝	6×37	(18+12+6+1)	5~66
4	8×19	8个圆股，每股外层丝8~12根，中心丝外捻制2~3层钢丝	8×19S 8×19W 8×25Fi 8×26SW 8×31SW	(9+9+1) (6/6+6+1) (12+6F+6+1) (10+5/5+5+1) (12+6/6+6+1)	11~44 10~48 18~52 16~48 14~56
5	8×37	8个圆股，每股外层丝14~18根，中心丝外捻制3~4层钢丝	8×36SW 8×41SW 8×49SWS 8×55SWS	(14+7/7+7+1) (16+8/8+8+1) (16+8/8+8+8+1) (18+9/9+9+9+1)	14~60 40~56 44~64 44~64
6	17×7	钢丝绳中有17或18个圆股，在纤维芯或钢芯外捻制2层股	17×7 18×7 18×19W 18×19S 18×19	(6+1) (6+1) (6/6+6+1) (9+9+1) (12+6+1)	6~44 6~44 14~44 14~44 10~44
7	34×7	钢丝绳中有34或36个圆股，在纤维芯或钢芯外捻制3层股	34×7 36×7	(6+1) (6+1)	16~44 16~44
8	6×24	6个圆股，每股外层丝12~16根，股纤维芯外捻制2层钢丝	6×24 6×24S 6×24W	(15+9+FC) (12+12+FC) (8/8+8+FC)	8~40 10~44 10~44

（组别3~8的类别列左侧合并单元格为：圆股钢丝绳）

2.2.2　钢丝绳绳芯及钢丝绳润滑

为了增加钢丝绳的挠性与弹性且使之更好地润滑，一般在钢丝绳的中心布置一股绳芯，或在钢丝绳的每一股中布置绳芯。绳芯的种类如下：

（1）有机芯用麻做绳芯，常用的钢丝绳就是麻芯钢丝绳，这种钢丝绳不适用于高温环境。

（2）石棉芯用石棉做绳芯，能抗高温，适用于冶金、铸造等车间工作的起重机。

（3）金属芯用软钢的钢丝绳或绳股做绳芯，能抗高温和承受较大的横向压力，适用于高温或多层卷绕的地方。

为了提高钢丝绳的使用寿命，在编制钢丝绳时，预先对麻芯浸足润滑油或脂，或者把钢丝绳浸泡在油或脂中，让油、脂黏附在整个钢丝绳的所有部位。在工作时，钢丝绳拉伸和卷曲时受到挤压，这时蓄在麻芯内的油就被挤出，使钢丝绳不断得到润滑。因此，钢丝绳需要定期补充润滑剂。

麻芯浸油方法是先把钢丝绳清洗干净，然后根据表 2 - 4 选择钢丝绳麻芯所用润滑油，把油加热到 60℃ 左右，将钢丝绳浸泡到热的油液中，浸渍 1~2 天即可。

表 2 - 4　钢丝绳麻芯用油选择参考表

工 作 条 件	钢丝绳直径/mm	
	< 25	> 25
冬季露天	N32	N46
春秋露天	N46	N68
夏季露天	N100	N150
常温车间	N46	N68
高温环境	N100	N150

对使用中的钢丝绳要定期进行表面涂油。钢丝绳外部涂油的方法是：高温和露天下最好 30~50 天涂一次，常温或室内最好 100~120 天涂一次，且定期涂高黏度的油或脂。

钢丝绳外部涂油、脂的选择见表 2 - 5。

表 2 - 5　钢丝绳外部涂油、脂的选择参考表

钢丝绳直径/mm	工作条件	润滑油	润滑脂
< 40	常温车间	11 号气缸油	钙基脂
	夏季露天	24 号气缸油	铝基脂
	冬季露天	11 号气缸油	铝基脂
	高温环境	38 号气缸油	二硫化钼脂
> 40	夏季露天	24 号气缸油	铝基脂
	冬季露大	11 号气缸油	铝基脂
	高温环境	38 号气缸油	二硫化钼脂

2.2.3　钢丝绳的使用

钢丝绳的使用正确与否，将影响钢丝绳的使用寿命。对于天车上使用的钢丝绳应注意以下几点：

（1）钢丝绳不许有打结、绳股凸出及过于扭结。

（2）钢丝绳表面磨损、腐蚀及断丝不许超过规定标准。

（3）钢丝绳在绳槽中的卷绕要正确，钢丝绳绳头在卷筒上要固定牢靠。

（4）钢丝绳要润滑良好，保持清洁。

（5）不要超负荷使用钢丝绳，尽可能不使钢丝绳受冲击作用。

（6）钢丝绳与平衡轮之间不许有滑动现象存在，钢丝绳与平衡轮固定架之间不许发生摩擦或卡死现象。

（7）在高温环境下工作的钢丝绳，要有隔热装置。

（8）新更换的钢丝绳必须经过动负荷试验后才允许使用。

（9）钢丝绳每隔 7~10 天检查一次，如已有磨损或断丝，但还未达到报废标准规定的数值时，必须每隔 2~3 天检查一次。

（10）钢丝绳禁止与带电的金属（包括电线，电焊线等）接触，以免烧坏或受热降低抗拉强度。

天车在工作中，影响钢丝绳寿命的因素有以下几种：

（1）当吊钩沿平衡轮轴向游摆时，钢丝绳与平衡轮之间发生剧烈摩擦，使钢丝绳产生严重磨损。尤其当副钩停在极限高度，而主钩工作时，由于空钩钢丝绳较短，摆动频率高，摆幅大，磨损更严重。另外，当吊钩摆动时，平衡轮往往不能转动，使钢丝绳在平衡轮的槽里硬串，也产生剧烈摩擦。

（2）由于钢丝绳从起升机构上限开关的重锤套环中穿过，钢丝绳只有一、两个点与重锤及套环经常摩擦，使钢丝绳严重磨损。

（3）钢丝绳与穿过小车架底板上的孔及支撑平衡轮的立板，经常发生摩擦，也使钢丝绳产生严重磨损。

延长钢丝绳使用寿命的方法如下：

（1）当钢丝绳达到使用寿命的 1/3 时（使用寿命随天车的工作条件和工作性质不同而不同），从卷筒的一端截去 2~3 圈钢丝绳，以改变钢丝绳与平衡轮及上升限位开关和重锤接触的相对位置。

（2）从平衡轮上部对钢丝绳与平衡轮的轴浇注润滑油，以减少钢丝绳与平衡轮槽的摩擦。

（3）在上升限位开关重锤的套环上，套上尺寸合适的胶管，并把重锤靠钢丝绳的一侧缚上一层橡皮垫，这样可以基本上消除重锤对钢丝绳的磨损。

更换钢丝绳的方法是：

（1）把新钢丝绳缠绕到专门更换钢丝绳用的绳盘上，按所需要的长度将其切断，断头处用细铁丝缠好，以防松散。运到起重机下面，并放到能使绳盘转动的支架上。

（2）把吊钩下降到干净的地面上，并使滑轮垂直放置，再开动卷筒放下旧钢丝绳，直到不能再放为止。

（3）把卷筒一端的钢丝绳压板松开，使钢丝绳一头落在地面上（注意让地面人员躲开）。

（4）将新钢丝绳头与旧钢丝绳头连接起来，并使接头处顺利地通过滑轮槽。

（5）再开动卷筒，使钢丝绳上升，直到新绳升到卷筒上。拆开新旧绳头连接处，把新钢丝绳头暂时绑在小车架上,然后开动卷筒,把旧钢丝绳全部放置到地面上。

（6）用另外的提物绳子把新钢丝绳另一头也提升上来,将新钢丝绳两端用压板固定在卷筒上。

（7）开动起升机构,把新钢丝绳缠绕在卷筒上,提升起吊钩,这时,更换钢丝绳的工作即完毕。

钢丝绳是一种易损零件,在使用过程中,有的需要更换。更换时,并不是直径相同的钢丝绳都可以换用,因为直径相同或相近的钢丝绳类型很多,它们的绳芯不一样,钢丝绳的抗拉强度不同,因此,相同直径、不同类型的钢丝绳的破断拉力也不相同。所以,一般来说,直径相同或相近的钢丝绳不能换用。

2.2.4 钢丝绳的标记

按照国家标准 GB/T 8918—1996,钢丝绳标记举例如下:

2.2.4.1 全称标记示例及图解说明

例 1

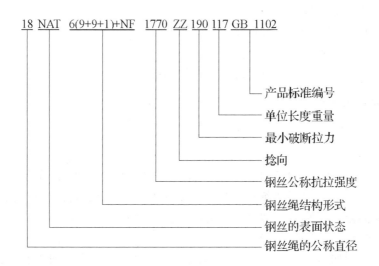

2.2.4.2 新国标的标注示例

钢丝绳 18NAT6×19W + NF1770ZZ190GB8918—88

18——钢丝绳的公称直径;

NAT——钢丝绳的表面状态,此为光面;

6——股数;

19——每股丝数;

W——瓦林吞型;

NF——绳芯材料,此为天然纤维;

1770——公称抗拉强度,MPa;

ZZ——捻向,前为丝向,后为股向;

190——最小破断拉力，kN；

GB8918—88——国标代号。

符号含义：

西鲁型——S；

瓦林吞——W；

填充型——Fi；

纤维芯——FC；

天然纤维芯——NF；

合成纤维芯——SF；

金属丝绳芯——IWR；

金属丝股芯——IWS。

标记中的"右"与"左"可记为"Z"与"S"。

2.2.4.3　简化标记示例

18NAT6×19S + NF1770ZZ190

18ZBB6×19W + NF1770ZZ

18NAT6×19Fi + IWR1770

18ZAA6×19S + NF

标记中的"右"与"左"可记为"Z"与"S"。

2.2.5　钢丝绳端部的固定

钢丝绳在使用中会有磨损，需要定期更换。钢丝绳与其他构件的固定方法有以下几种：

（1）编结法。如图2-9（a）所示，将钢丝绳绳端部各股散开，分别插于承载各股之间，每股穿插4~5次，然后用细钢丝扎紧。此方法牢固可靠，但需要较高的编结技术。

（2）斜楔固定法。如图2-9（b）所示，把钢丝绳放入锥形套中，靠斜楔自动夹紧，这种方法装拆简便，但不适用于冲击载荷。

（3）灌铅法。如图2-9（c）所示，将钢丝绳绳端散开，装入锥形套中，然后灌满熔铅。这种方法手续麻烦，拆换不便，仅用于大直径的钢丝绳。

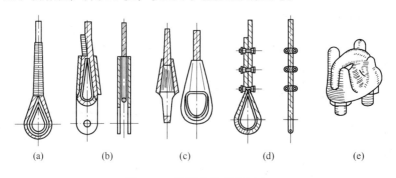

图2-9　钢丝绳端部的固定

（a）编结法；（b）斜楔固定法；（c）灌铅法；（d）绳卡固定法；（e）绳卡

（4）绳卡固定法。如图 2 -9(d)所示,钢丝绳绳端绕过绳环后用绳卡(见图 2 -9(e))将钢丝绳固定。当 $d \leqslant 16mm$ 时,可用 3 个绳卡;当 $16 < d \leqslant 20mm$ 时,用 4 个绳卡,当 $20 < d \leqslant 26mm$ 时用 5 个绳卡;当 $d > 26mm$ 时用 6 个绳卡。此方法使用方便,应用广泛。

2.2.6　钢丝绳的选择和计算

选择钢丝绳时,首先根据钢丝绳的使用情况（如一般、高温、潮湿、多层卷绕、耐磨等）优先选用线接触的钢丝绳,在腐蚀较大的场合采用镀锌钢丝绳,从表 2 -6 中确定钢丝绳形式。然后根据受力情况决定钢丝绳的直径。

表 2 -6　起重机常用的钢丝绳形式

钢丝绳的用途			钢丝绳形式
起重用	单层绕到卷筒上	$\dfrac{D_0}{d} \geqslant 20$	6W(19)
			普通 6×19
		$\dfrac{D_0}{d} < 20$	6×37
			普通 6×37
	多层绕到卷筒上	$\dfrac{D_0}{d} > 25 \sim 30$	$6 \times (19)$

钢丝绳受力复杂,工作中承受拉伸、弯曲、扭转、压缩等复合应力,还受到冲击载荷影响,因此很难精确计算。为了简化计算,采用最常用的"安全系数法"计算。

该方法先算出钢丝绳内的工作拉力 S_{max},然后乘以安全系数 n,得出绳内破坏拉力 $S_破$,以此作为选择钢丝绳的依据,其公式为：

$$S_{max} \leqslant \frac{S_破}{n} \tag{2-1}$$

式中　$S_破$——钢丝绳的破断拉力;

　　　　n——钢丝绳安全系数,即钢丝绳允许拉力与破断拉力之比;

　　　　S_{max}——钢丝绳的最大拉力,可通过查机械零件手册获得。

因为,有时手册中只列出全部钢丝的破断拉力总和,即 S_b 的值,它与钢丝绳的破断拉力 $S_破$ 之间存在下列关系：

$$S_破 = \varphi S_b \tag{2-2}$$

式中　φ——折算系数,见表 2 -7。

表 2 -7　钢丝绳破断拉力折算系数

钢　丝　绳　结　构	φ
1×7、1×19、$1 \times (19)$	0.90
6×7、6×12、7×7	0.88
1×37、6×19、7×19、6×24、6×30、$6 \times (19)$、6W(19)、6T(25)、$6 \times (24)$、6W(24)、$6 \times (31)$、8×19、$8 \times (19)$、8W(19)、8T$\times (25)$	0.85
6×37、8×37、6W(35)、6W(36)、$6 \times W(36)$、$6 \times (37)$	0.82
6×61、7×43	0.80

$$S_{\mathrm{b}} = \frac{S_{破}}{\varphi} = \frac{nS_{\max}}{\varphi} \qquad (2-3)$$

要求所选钢丝绳的破断拉力总和大于或等于计算的 S_{b}。

2.2.7 钢丝绳的保养和报废

为了延长钢丝绳的使用寿命，应经常对钢丝绳进行维护保养，定期润滑。钢丝绳的润滑应采用不含酸、碱的润滑油，如石墨和凡士林油的混合物。

2.2.7.1 钢丝绳的维护

（1）对钢丝绳应防止损伤、腐蚀或其他物理条件、化学条件所造成的性能降低。

（2）钢丝绳开卷时，应防止打结或扭曲。

（3）钢丝绳切断时，应有防止绳股散开的措施。

（4）安装钢丝绳时，不应在不洁净的地方拖线，也不应绕在其他物体上，应防止划、磨、碾压和过度弯曲。

（5）钢丝绳应保持良好的润滑状态。所用润滑剂应符合该绳的要求，并且不影响外观检查。润滑时应特别注意不易看到和不易接近的部位，如平衡轮处的钢丝绳。

（6）领取钢丝绳时，必须检查该钢丝绳的合格证，以保证力学性能、规格符合设计要求。

（7）对日常使用的钢丝绳每天都应进行检查，包括对端部的固定连接、平衡轮处的检查，并作出安全性的判断。

2.2.7.2 钢丝绳的报废原因

（1）弯曲疲劳。在大拉应力下，钢丝绳在卷筒和滑轮上被反复弯曲、挤压、拉直，经过一段时间后，钢丝绳的钢丝发生弯曲疲劳。钢丝绳反向弯曲的寿命是同向弯曲寿命的一半，反复弯曲、挤压达一定次数，加上磨损，钢丝就会折断。

（2）磨损。钢丝绳受力被拉长时，钢丝与钢丝之间互相产生摩擦；钢丝绳穿过滑轮和绕过卷筒时，滑轮和卷筒底槽与钢丝绳之间产生摩擦，两者都加速了钢丝绳表层细钢丝的磨损。

（3）腐蚀。起重机在腐蚀性气体、湿度大的环境中及露天作业时，也能引起钢丝绳损坏。

（4）超负荷。

（5）打硬结、机械碰撞、连电打火烧坏或受热降低抗拉强度。

2.2.7.3 钢丝绳报废标准

（1）钢丝绳断丝报废标准。当钢丝绳磨损、断丝数达到一定程度后，就要报废。国家标准（GB/T 6067—1985）《起重机械安全规程》中规定了在一个捻距中达到报废标准的断丝数目，见表2-8。

表 2-8 钢丝绳报废时一个捻距内的断丝数

钢丝绳安全系数	钢丝绳结构			
	6×19、6×(19)、6W(19)		6×37	
	交互捻	同向捻	交互捻	同向捻
≤5	12	6	22	11
6~7	14	7	26	13
>7	16	8	30	15

当安全系数小于 6 时,更新标准是在一个捻距内断丝数达钢丝总数的 10%。当安全系数小于 6~7 时,更新标准是在一个捻距内断丝数达钢丝总数的 12%。当安全系数大于 7 时,更新标准是在一个捻距内断丝数达钢丝总数的 14%。对于表 2-8 中的断丝数是指股内细钢丝的断丝数,对于粗细钢丝绳,粗钢丝按照每根相当于 1.7 根细钢丝计算。

(2) 钢丝绳磨损或腐蚀报废标准。当钢丝绳在径向外层单根钢丝磨损或腐蚀达到钢丝直径的 40% 时,不论其断丝数多少都报废。如果外层钢丝有严重磨损,但低于钢丝直径的 40% 时,应当根据磨损程度将表 2-8 报废断丝数按表 2-9 折减,并按折减后的断丝数报废。

表 2-9 折减系数 (%)

钢丝磨损或腐蚀量	10	15	20	25	30~40	>40
折减系数	85	75	70	60	50	0

在吊运金属液体、炽热材料、酸类、易燃、易爆、有毒原料和运输人等,所用钢丝绳的报废标准为表 2-8 和表 2-9 所列数值的一半。

【例 2-1】 有一根 6×37 的交绕钢丝绳,其安全系数为 5,钢丝绳表面磨损为 25%,试问在一个捻距内断几根钢丝报废?

解: 报废断丝数为:$M_废 = M_总 \times 10\% \times 60\% = 222 \times 10\% \times 60\% = 13.2$ 根

【例 2-2】 某吊运钢水的铸造天车,起升机构采用钢丝绳 6W(19) 的交绕钢丝绳,其安全系数为 5。今在其磨损严重段的一个捻距内,发现有 3 根细丝和 2 根粗丝破断,问该绳是否能继续使用?

解: 钢丝绳总丝数为:

$$M_总 = 6 \times 19 = 114 \text{ 根}$$

铸造天车吊钢水等危险品,其标准报废断丝数为:

$$M_废 = M_总 \times 10\% \times 50\% = 114 \times 10\% \times 50\% = 5.7 \text{ 根,取 6 根}$$

实际断丝数为:

$$M_实 = 3 + 2 \times 1.7 = 3 + 3.4 = 6.4 \text{ 根}$$

实际断丝数 6.4 根大于标准报废断丝数 6 根,该绳已超过报废标准,故应报废更换新绳。

(3) 热老化受到异常高温,外观呈回火色的钢丝绳应报废。

（4）钢丝绳有一股折断应报废。

（5）变形。钢丝绳失去正常形状产生可见的畸形称为变形。在变形部位可能导致钢丝绳内部应力分布不均匀。钢丝绳变形从外观上可分下述几种：

1）波浪形。如图 2-10 所示。这种变形是钢丝绳的纵向轴线成螺旋线形状，不一定导致降低强度，但变形严重会造成运行中产生跳动，发生不规则的传动，时间长了会引起磨损及断丝。出现波浪形时，在钢丝绳长度不超过 25d 的范围内，若 $d_1 \geq 4/3d$（d 为钢丝绳公称直径，d_1 是钢丝绳变形后包络面的直径），则钢丝绳应报废。

2）笼形畸变。如图 2-11 所示。这种变形出现在具有钢芯的钢丝绳上，多在外层绳股发生脱节或者变得比内部绳股长的时候发生，这是当钢丝绳处于松弛状态时还承受着外力引起的。出现笼形畸变的钢丝绳应立即报废。

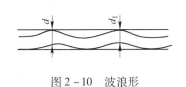

图 2-10　波浪形

图 2-11　笼形畸变

3）绳股挤出。如图 2-12 所示。这种状况通常伴随笼形畸变产生。绳股被挤出说明钢丝绳不平衡。这种钢丝绳应予报废。

图 2-12　绳股挤出

4）钢丝挤出。如图 2-13 所示。这种变形是一部分钢丝或钢丝束在钢丝绳背着滑轮槽的一侧拱起形成环状。常因冲击载荷引起。此种变形严重的钢丝绳应报废。

　　　　　　　（a）　　　　　　　　　　　　　　　（b）

图 2-13　钢丝挤出

5）绳径局部增大。如图 2-14 所示。钢丝绳直径有可能发生局部增大，并波及相当长度。绳径增大常与绳芯畸变有关（如在特殊环境中），纤维芯因受潮而膨胀，其结果会造成外层绳股定位不确而产生不平衡。绳径局部严重增大的钢丝绳应报废。

6）绳径局部减小。如图 2-15 所示。这种状态常与绳芯的折断有关。应特别仔细检

图 2-14 绳径局部增大

验靠近接头的绳端部位有无此种变形。绳径局部减小严重的钢丝绳应报废。

图 2-15 绳径局部减小

7) 局部被压扁。如图 2-16 所示。这是由于机械事故造成的。严重压扁的钢丝绳应报废。

图 2-16 局部被压扁

8) 钢丝绳扭结。如图 2-17 所示。这是指成环状的钢丝绳，在不可能绕其轴线转动的情况下被拉紧而造成的一种变形。其结果是出现节距不均，引起不正常的磨损。严重扭结的钢丝绳应立即报废。

9) 钢丝绳硬弯折。如图 2-18 所示。这是钢丝绳在外界影响下引起的角度变形。这种变形的钢丝绳应立即报废。

图 2-17 钢丝绳扭结

图 2-18 钢丝绳硬弯折

2.3 卷筒

卷筒的作用是卷绕钢丝绳，并把原动机的驱动力传递给钢丝绳，又将原动机的旋转运动变为直线运动。卷筒一般采用不低于 HT300 的灰铸铁或球墨铸铁制造，大型卷筒也可用 Q235A 钢板焊成。卷筒是起升机构的重要零部件，卷筒和减速器的连接形式有两种，如图 1-24 和图 1-25 所示。

2.3.1　卷筒的构造

2.3.1.1　卷筒绳槽尺寸

卷筒通常为圆柱形,有单层卷绕和多层卷绕两种,天车多用单层卷绕卷筒。单层卷绕卷筒的表面通常切出螺旋槽,以增加钢丝绳与卷筒的接触面积,保证钢丝绳排列整齐,防止相邻钢丝绳互相摩擦,从而提高钢丝绳的使用寿命。绳槽分为标准型槽与深槽两种形式,一般多采用标准槽,因为它的节距比深槽小些。如图 2 – 19 所示。

卷筒绳槽半径:$R = (0.54 \sim 0.6)d$。

绳槽深度:标准槽 $c_1 = (0.25 \sim 0.4)d(\text{mm})$;深槽 $c_2 = (0.6 \sim 0.9)d(\text{mm})$。

绳槽节距:标准槽 $t_1 = d + (2 \sim 4)(\text{mm})$;深槽 $t_2 = d + (6 \sim 9)(\text{mm})$。

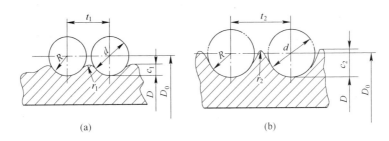

图 2 – 19　卷筒绳槽
(a) 标准型槽;(b) 深槽

多层卷绕卷筒用于起升高度大,或特别要求机构紧凑的情况。多层卷绕卷筒通常用不带螺旋槽的光卷筒。

2.3.1.2　卷筒直径

卷筒的名义直径 D_0 是从钢丝绳中心线度量的。卷筒直径的标准值有:300、400、500、650、700、800、900、1000。为了减少钢丝绳的弯曲疲劳,通常卷筒的直径为钢丝绳直径的 30 倍左右。

2.3.1.3　卷筒的壁厚 δ

铸造卷筒的壁厚 δ 可先由下面的经验公式决定,然后进行强度验算。

$$\delta = \frac{1}{50}D + (6 \sim 10)\text{mm}$$

对于铸造卷筒的壁厚不应小于 10 ~ 12mm。卷筒的尺寸已标准化,卷筒的长度可根据卷筒直径和卷扬高度来决定。两端还必须有不小于 3 圈的安全储备圈。

2.3.2　卷筒的拆装

卷筒组是天车起升机构中用来卷绕钢丝绳的部件,它由卷筒、连接盘、轴及轴承支架等组成,卷筒和减速器的连接如图 2 – 20 所示。

如图 2 – 20 所示的卷筒装置是天车上通常采用的一种方案。由图 2 – 20 可知,卷筒轴

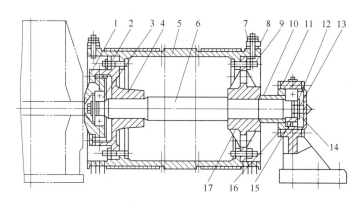

图 2－20 卷筒和减速器的连接

1，16—通盖；2，9，13—螺栓；3，15—轴承；4—内齿连接盘；5—卷筒；6—卷筒轴；7—钢丝绳；
8—压板；10—套筒；11—轴承座；12—轴端盖；13—轴承盖；17—卷筒毂

6 的左端是由装入减速器齿轮连接盘轴端孔内的轴承 3 来支撑的，它的右端则是由装入轴承座 11 内的轴承 15 支撑的。拆卸卷筒 5 的顺序如下：

（1）拆下钢丝绳压板 8，将钢丝绳 7 卸下。

（2）卸下左端通盖 1 的螺栓，使之与内齿连接盘 4 分离，在右端卸下轴承座 11 的地脚螺栓，使卷筒组与小车分离，并将卷筒组向右拉出。

（3）卸下轴承座 11 的轴承盖 14 和通盖 16 的螺栓，从而可卸下轴承座 11。

（4）卸下卷筒轴 6 两端的螺栓 13，取下轴端盖 12。

（5）用搂子拉下轴承 3 和 15，取下通盖 16 和套筒 10。

（6）卸下卷筒两端的法兰螺栓 2 和 9，将内齿连接盘 4 和卷筒毂 17 从卷筒轴 6 上拉出，卷筒即可卸下。

卷筒组的装配与拆卸顺序相反。装配安装后进行试运转，待各部转到正常，钢丝绳紧固牢靠后，即可正式运转。

在装配过程中，对各润滑部位加油润滑。

2.3.3 钢丝绳在卷筒上的固定

钢丝绳在卷筒上固定的要求是安全可靠，便于装拆。现在常用绳末端的固定方法有三种：

（1）利用楔形块固定。如图 2－21（a）所示，这种装置不用螺钉，常用于直径为 10～12mm 以下的比较细的钢丝绳。为了自锁起见，楔形块的斜度应做成 1∶4～1∶5。

（2）利用压紧螺钉和板条固定。如图 2－21（b）所示，绳端穿入卷筒内部特制的槽中，用螺钉及板条压紧，利用绳索和板条及卷筒之间的摩擦力来平衡绳的拉力。

（3）利用压板和螺栓把绳端固定。如图 2－21（c）所示，利用压板和螺栓把绳端固定在卷筒表面的方法，简化了卷筒结构，而且工作也安全可靠，便于观察和检查。压板的标准尺寸可查手册。这种固定装置的计算方法和板条和压紧螺钉固定法类似，不同的是螺钉不是受压而是受拉。在经常拆装钢丝绳的情况下，最好改用双头螺栓较合理。压板数至少为两个。

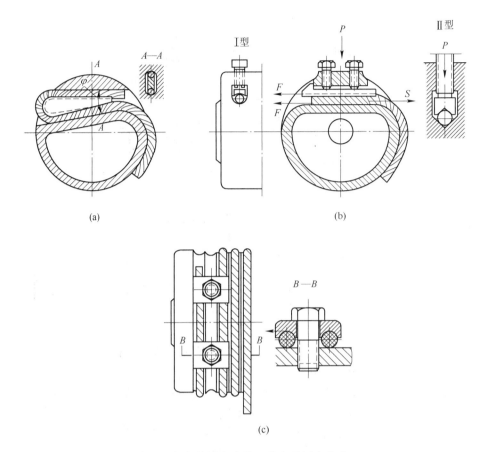

图 2 – 21　绳端在卷筒上的各种固定方法
(a) 用楔形块固定；(b) 用压紧螺钉和板条固定；(c) 用压板和螺栓固定

2.3.4　卷筒的安全检查

卷筒的安全检查内容如下：

(1) 卷筒是承载及转动部件，其轴承要经常润滑，并定期检修。

(2) 钢丝绳受力后，卷绕在卷筒上使卷筒壁产生压力。因此应注意检查卷筒有无裂纹，如发现卷筒有裂纹，应及时更换。

(3) 检查卷筒的磨损情况。卷筒轴磨损达公称直径的 3% ~ 5% 时要更换，卷筒壁磨损达原厚的 20% 时应更换。

(4) 检查钢丝绳在卷筒上的固定压板螺栓是否牢固，卷筒轴承是否运转正常。

(5) 钢丝绳在卷筒上脱槽跑偏，主要原因是钢丝绳相对绳槽偏斜角过大，会造成钢丝绳强烈磨损以致脱槽。偏斜角过大是由于吊装方法不正确，歪拉斜吊造成的。

2.3.5　卷筒的报废标准

卷筒的报废标准如下：

(1) 筒壁磨损达原壁厚的 20% 应报废。

(2) 检查卷筒裂纹，横向小裂纹允许有一处，纵向小裂纹允许有两处（应在裂纹两端钻小孔、用电焊焊补），超出这一界限就应报废。

（3）当气孔或砂眼的直径小于8mm，深度小于该处壁厚的20%，在100mm长度上不超过一处，全长上不多于5处时，可以不必焊补而继续使用。

2.4　滑轮与滑轮组

2.4.1　滑轮的用途和构造

滑轮是用来改变钢丝绳方向的，有定滑轮和动滑轮两种。定滑轮只改变力的方向，动滑轮可以省力。由钢丝绳、定滑轮与动滑轮组成的滑轮组是天车起升机构的重要组成部分。用来改变钢丝绳方向的滑轮，可作为导向滑轮；用来均衡两支钢丝绳张力的滑轮，可作为均衡滑轮。滑轮的结构如图2-22所示。

根据制造方法可分为：铸铁滑轮、铸钢滑轮、焊接滑轮、尼龙滑轮等。

（1）铸铁滑轮。有灰铸铁滑轮和球墨铸铁滑轮。灰铸铁滑轮，工艺性能良好，对钢丝绳磨损小，但易碎。多用于轻级、中级工作级别中。球墨铸铁滑轮比灰铸铁滑轮的强度和冲击韧性高些，所以可用于重级工作级别中。

（2）铸钢滑轮。具有较高的强度和冲击韧性，但工艺性能稍差，由于表面较硬，对钢丝绳磨损较严重。多用于重级和特重级的工作条件中。

（3）焊接滑轮。对于大尺寸（$D>800mm$）的滑轮多采用焊接滑轮，这种滑轮与铸钢滑轮大致相同，但质量很轻，有的可减轻到1/4左右。

（4）其他。目前尼龙滑轮和铝合金滑轮在起重机上已有应用。尼龙滑轮轻而耐磨，但刚度较低。铝合金滑轮硬度低，对钢丝绳的磨损很小。

图2-22　滑轮的结构
1—轮毂；2—轮辐；
3—加强肋；4—轮缘；
5—绳槽

2.4.2　滑轮的报废要求

滑轮出现下列情况之一时应报废：
（1）铸铁滑轮发现比较严重的裂纹。
（2）轮槽壁厚磨损达原壁厚的20%。
（3）轮槽底部的径向磨损量达到钢丝绳直径的50%或不均匀磨损达3mm。
（4）滑轮轮缘严重磨损。

2.4.3　滑轮组

2.4.3.1　滑轮组的分类

滑轮组由一定数量的定滑轮、动滑轮和钢丝绳组成。根据滑轮组的作用分为省力滑轮组（见图2-23）和增速滑轮组（见图2-24）。按构造形式可分为单联滑轮组（见图2-25）、双联滑轮组（见图2-26）。在天车上常用的是省力双联滑轮组。

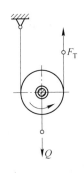
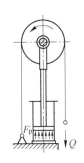

图 2 - 23　省力滑轮组　　　　　　　　图 2 - 24　增速滑轮组

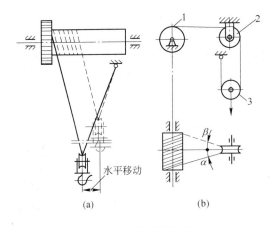
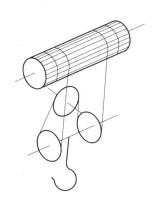

图 2 - 25　单联滑轮组　　　　　　　　图 2 - 26　双联滑轮组

（a）绳直接绕上卷筒；（b）绳经导向滑轮后直接绕上卷筒

1—卷筒；2—导向滑轮；3—动滑轮

在省力滑轮中绕入卷筒的绳索分支为主动部分，而动滑轮为从动部分。若被提升的物件重量为 Q，而绕入卷筒的绳索分支拉力 F_T 只有 Q 的一半，通过它可以用较小的绳索拉力吊起较重的货物，起到省力作用。它是最常用的滑轮组。天车起升机构都采用省力滑轮组，通过它可以用较小的绳索拉力吊起较重的物件，但这时物件的升降速度有所降低。

在增速滑轮组中，用液压缸或汽缸直接驱动动滑轮，动滑轮为主动部分，移动的绳索端部为从动部分，当主动部分施力大时，从动部分得到的力小，但是主动部分只稍移动较小的距离，就可使从动部分得到较大的位移及较大的速度，起到增速作用。增速滑轮组常用于液压和气动的起升机构。

单联滑轮组的特点是绕入卷筒的绳索分支数为一根。用单联滑轮组升降物品时，将发生水平移动和摇晃（见图 2 - 25（a）），使操作不便。为消除水平移动和摇晃。在绳索绕入卷筒之前，可先经过一个固定的导向滑轮，如图 2 - 25（b）所示。

2.4.3.2　滑轮组的倍率

滑轮组可以省力，省力的倍数称为滑轮组的倍率，用 m 表示。单联滑轮组的倍率等于钢丝绳分支数的一半。如果忽略滑轮阻力，单联滑轮组的钢丝绳每一分支所受的拉力为：

$$F = Q/m \qquad (2-4)$$

双联滑轮组的钢丝绳每一分支所受的拉力为：

$$F = Q/2m \qquad (2-5)$$

式中　F——钢丝绳的实际拉力，N；

　　　Q——载荷，N；

　　　m——滑轮组的倍率。

【例 2 - 3】　10t 铸造天车起升电动机的额定转速 $n_电 = 720\text{r/min}$，吊钩滑轮组的倍率 $m = 3$，减速机传动比 $i = 15.75$，卷筒的直径 $D = 0.4\text{m}$，计算天车的额定起升速度。

解： $v_升 = (\pi D n_电)/mi = (3.14 \times 0.4 \times 720)/(3 \times 15.75) = 19.14\text{m/min}$

双联滑轮组是由两个倍率相同的单联滑轮组并联而成的，绳索两端都固定在带有左右螺旋槽的卷筒上。为了使绳索由一边的单联滑轮组过渡到另一边的单联滑轮组，中间用一个均衡轮（或平衡杠杆）来调整两边滑轮组的绳索拉力和长度，如图 2 - 27 所示。当滑轮组的倍率为单数时，均衡滑轮布置在动滑轮（吊钩挂架）上（见图 2 - 27(b)）。当滑轮组的倍率为双数时，均衡滑轮布置在定滑轮（小车架）上（见图 2 - 27(a)、图 2 - 27(c)）。当滑轮组的倍率 $m \geqslant 6$ 时，用平衡杠杆来均衡两根钢丝绳拉力的布置形式如图 2 - 27(d)所示。

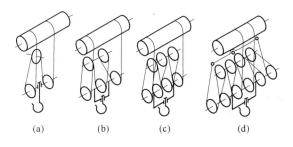

图 2 - 27　滑轮组的布置

(a) $m = 2$；(b) $m = 3$；(c) $m = 4$；(d) $m = 6$

2.4.4　吊钩滑轮组的检修

吊钩是天车应用最广泛的取物装置，通常与滑轮组的动滑轮组合成吊钩滑轮组，与起升机构的挠性构件连在一起。吊钩滑轮组如图 2 - 28 所示。

吊钩滑轮组的拆卸和检修内容如下：

（1）滑轮拆卸和检修。

1）滑轮的拆卸。

① 拧下螺栓 27、螺母 28，取下滑轮罩 6。

② 卸下锁紧螺母 15 和销子 14、垫圈 17、18、13。

③ 用撸子把整个滑轮组从滑轮轴 8 上拉出。

④ 取下压盖 9，用铜棒将轴承打出，拿出间隔套 19，取出涨圈 20，再打出滑轮 7 中的最后一个轴承，滑轮拆卸完毕。

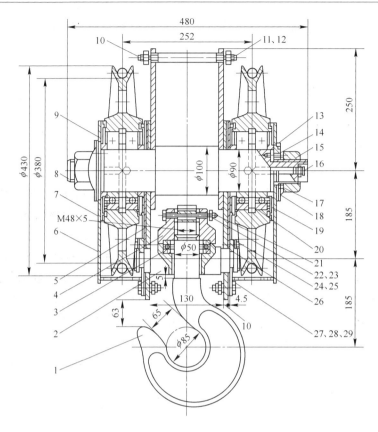

图 2 - 28　吊钩滑轮组

1—吊钩；2—吊钩横梁；3—推力轴承；4—吊钩螺母；5—拉板；6—滑轮罩；7—滑轮；8—滑轮轴；
9—压盖；10, 21, 24, 27—螺栓；11, 15, 22, 28—螺母；12, 13, 17, 23—垫圈；14—销子；
16—油杯；18—止动垫圈；19—间隔套；20—涨圈；25, 29—弹簧垫圈；26—定轴板

2）滑轮的检修。

① 清洗滑轮，检查滑轮的磨损情况。超过报废标准的要及时更换。铸钢滑轮可以补焊后重新车制；铸铁滑轮如发生裂纹或破碎，不准补焊，应报废更换。

② 滑轮轴的油孔和润滑油槽要清洗干净，轴承、间隔环、涨圈等清洗干净后待装。

（2）吊钩拆卸和检修。

1）吊钩的拆卸。

① 拧下两端的螺栓 24，卸下定轴板 26。

② 拆卸螺母 11，垫圈 12 和螺栓 10。

③ 卸去横梁 2 两侧的拉板 5。

④ 卸掉螺母 22 和螺栓 21，可拧下吊钩螺母 4，吊钩 1 即可从横梁 2 的孔中取出来。

2）吊钩的检修。

① 首先洗净钩身，用 20 倍放大镜检查钩身是否有裂纹，特别要注意危险断面和螺纹推刀槽处的检查，如发现裂纹，停止使用。

② 吊钩横梁 2、吊钩螺母 4、推力轴承 3 也要清洗检查，按前述报废标准控制，凡是磨损超标就报废更换。

③ 对吊钩组中的所有零件进行全面清洗和检查之后，按与拆卸顺序相反的工艺程序进行组装。

2.5 制动器

2.5.1 制动器的作用和种类

2.5.1.1 制动器的作用

为了满足工作需要和保证工作安全，在天车上都安装了制动装置。制动器的用途有：起升机构中的制动器保证吊运自重物能随时停在空中；运行机构中的制动器使其在一定时间内或一定的行程内停下来；露天工作或在斜坡上运行的天车上的制动器还有防止风力吹动或下滑的作用。

制动器是依靠摩擦而产生制动作用的，为了能用较小的制动器达到较好的制动效果，通常将制动器装在传动机构的高速轴上，即设在电动机轴或减速器的输入轴上。某些安全制动器则装在低速轴或卷筒轴上，以防传动系统断轴时物品坠落。

2.5.1.2 制动器种类

制动器按构造分为块式制动器（图2-29）、带式制动器（图2-30）和盘式制动器（图2-31）等类型，天车上常用的是块式制动器。根据操作情况，制动器又可分为常闭式、常开式和综合式3种类型。常闭式制动器在机构不工作时抱紧制动轮，工作时才将制动器分开。天车上各机构一般采用常闭块式制动器，特别是起升机构，必须采用常闭块式制动器，以保证安全。常开式制动器经常处于松开状态，只有在需要制动时，才施以闸力进行制动。综合式制动器是常闭式与常开式的综合体，具有常闭式安全可靠和常开式操纵方便的优点。

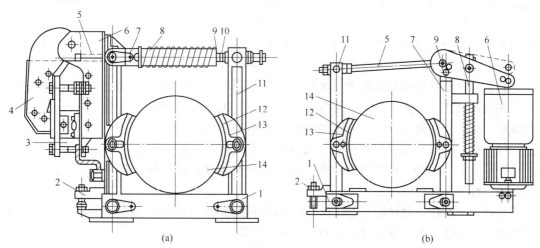

(a)　　　　　　　　　　　　　(b)

图2-29　块式制动器

（a）短行程交流电磁铁块式制动器；（b）长行程电动液压推杆块式制动器

1—底座；2—调整螺钉；3—电磁铁线圈；4—电磁铁衔铁；5—推杆；6—松闸器；7, 11—制动臂；
8—制动弹簧；9—夹板；10—辅助弹簧；12—瓦块衬垫；13—制动瓦块；14—制动轮

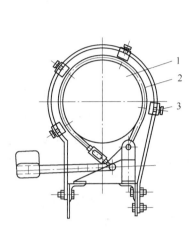

图 2 - 30　带式制动器
1—制动轮；2—制动带；3—限位螺钉

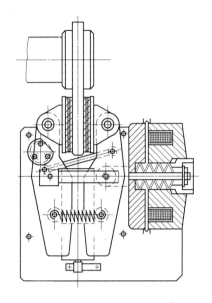

图 2 - 31　盘式制动器

　　块式制动器根据松闸行程的长短，可分为短行程制动器和长行程制动器两种。根据松闸器的不同，块式制动器又分为电磁铁制动器和液压推杆制动器。天车上常用的块式制动器有：短行程电磁铁块式制动器（型号 JWZ）、长行程电磁铁块式制动器（型号 JCZ）、液压推杆块式制动器（型号 YWZ）和液压电磁铁块式制动器（型号 YDWZ）。

　　短行程电磁铁块式制动器的优点是：结构简单、外形尺寸小、便于调整、松闸和抱闸的动作迅速、制动器重量轻。其缺点是：耗电多、噪声大、磁铁线圈易烧毁、使用寿命短。由于动作迅速，吸合时的冲击直接作用在整个制动器的机构中，因此，制动器上的螺钉容易松动，导致制动器失灵。由于动作迅速、制动行程小，天车在惯性作用下会使桥架剧烈振动。所以这种制动器多用于起重量较小的大、小车运行机构上。

　　长行程电磁铁块式制动器闭合动作较快，通过调整弹簧的张力，制动力矩就可以进行较为精确的调整，安全可靠，制动力矩大，工作时冲击比前者小，制动快。这种制动器结构复杂、外形尺寸及重量大。这种制动器广泛应用在天车的起升机构中。

　　液压推杆块式制动器制动平稳、无噪声、寿命较长、重量轻、体积小、接电次数多（允许每小时 720 次）、调整维修方便，但不能快速制动，这种制动器应用在运行和起升机构中，性能良好。

　　液压电磁铁块式制动器有寿命长、能自动补偿制动瓦的磨损、启动和制动平稳、无噪声等特点。但使用交流电源时，需要一套硅整流器。

2.5.2　块式制动器的构造和工作原理

　　常用的块式制动器如图 2 - 29 所示，主要由制动轮、制动瓦块、制动臂、制动弹簧、松闸器等组成。短行程制动器的松闸行程小，可直接装在制动臂上，结构紧凑、松闸力小、产生的制、动力矩也小,制动轮直径不超过300mm;长行程制动器的松闸器行程长,通过杠杆系统能产生很大的松闸力和制动力矩,制动轮直径可达800mm。

图2-29(a)是短行程交流电磁铁块式制动器。松闸器固定在制动臂上,电磁铁线圈3接入机构电动机的电路中。电动机断电,机构不工作时,电磁铁线圈中没有电流,制动弹簧的推力通过夹板和推杆,使两个制动臂连同瓦块压紧制动轮,产生制动作用,电磁铁的衔铁被推杆从线圈中顶出。机构工作时,电动机和电磁铁线圈同时通电,电磁铁产生吸力,线圈铁心与衔铁互吸。衔铁所受吸力通过推杆进一步压缩制动弹簧;在电磁铁的自重力矩作用下,左制动臂绕下铰点转动,使左倾制动瓦块离开制动轮;与此同时,辅助弹簧将右制动臂推开,使右制动瓦块离开制动轮,实现松闸。

图2-29(b)是长行程电动液压推杆块式制动器,不工作时靠制动弹簧上闸,工作时由松闸器的电动液压推杆松闸。

2.5.3 制动器的调整

2.5.3.1 短行程制动器的调整

(1)主弹簧工作长度的调整。为使制动器产生相应的制动力矩,须调整主弹簧的工作长度。调整方法如图2-32所示,用一扳手拧住螺杆方头,用另一扳手转动主弹簧的固定螺母,把主弹簧调至适当长度,再用另一螺母固定住,以防松动。

(2)电磁铁冲程的调整。电磁铁冲程的大小影响制动瓦块的张开量。故须调整一个合适的电磁铁冲程,调整方法如图2-33所示,用一扳手拧住锁紧螺母,用另一扳手转动制动器弹簧的推杆方头。电磁铁的允许冲程见表2-10。

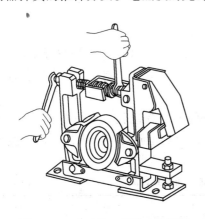

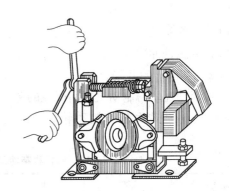

图2-32 主弹簧工作长度的调整　　　　图2-33 电磁铁冲程的调整

表2-10 电磁铁的允许冲程

电磁铁型号	MZD1-100	MZD1-200	MZD1-300
电磁铁的允许冲程/mm	3	3.8	4.4

(3)制动瓦块与制动轮间隙的调整。调整方法如图2-34所示,先把衔铁推在铁心上,制动瓦块即松开,然后调整螺栓使制动瓦块与制动轮的间隙控制在表2-11规定的数

值范围内，并使两侧间隙相等。

表 2 − 11　短行程制动器制动瓦块与制动轮间允许间隙　　　（mm）

制动轮直径	100	200/100	200	300/200	300
允许间隙	0.6	0.6	0.8	1	1

2.5.3.2　长行程制动器的调整

长行程制动器的调整如图 2 − 35 所示。

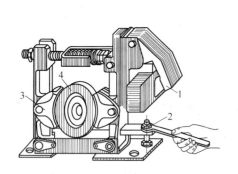

图 2 − 34　制动瓦块与制动轮间隙的调整
1—衔铁；2—螺栓；3—制动瓦块；4—制动轮

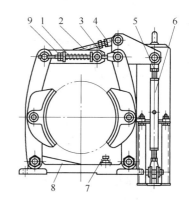

图 2 − 35　长行程制动器的调整
1—主弹簧；2，6—螺杆；3—拉杆；4，5—螺母；
7—螺栓；8—底架；9—锁紧螺母

（1）主弹簧长度的调整。拧动锁紧螺母 9 来调整主弹簧长度，然后用螺母锁紧。

（2）电磁铁冲程的调整。拧开螺母 4 和 5，转动螺杆 2 和 6，制动瓦块在磨损前，衔铁应有 25 ~ 30mm 的冲程。

（3）制动瓦块与制动轮之间间隙的调整。抬起螺杆 6，制动瓦块自动松开，调整螺杆 2 和螺栓 7，使制动瓦块与制动轮之间的间隙在表 2 − 12 规定的范围内，并使两侧间隙相等。

表 2 − 12　长行程制动瓦块与制动轮间的允许间隙　　　（mm）

制动轮直径	200	300	400	500	600
间　隙	0.7	0.7	0.8	0.8	0.8

2.5.3.3　调整要求

在调整各机构制动器时，要保证制动器各机件工作灵活可靠，不得卡死。制动力矩要调整适宜，既要保证各机构工作安全，又要满足由于惯性作用产生一段制动距离的需要。根据多年实践经验所得的制动距离如下。

（1）大车运行机构的制动最小距离为：

$$S_{min} = \frac{V_{大车}^2}{5000} \qquad (2-6)$$

大车运行机构的制动最大距离为：

$$S_{max} = \frac{V_{大车}}{15} \qquad (2-7)$$

（2）小车运行机构的制动最小距离为：

$$S_{min} = \frac{V_{小车}^2}{5000} \qquad (2-8)$$

小车运行机构的制动最大距离为：

$$S_{max} = \frac{V_{小车}}{20} \qquad (2-9)$$

（3）对于起升机构，满载下降时制动的最大距离为：

$$S_{max} = \frac{V_{升}}{80} \qquad (2-10)$$

如果制动距离过小（制动力矩过大），会使刹车过猛，造成冲击和吊钩不稳，容易损坏零件。但制动距离过大（制动力矩过小），吊物下降快，易产生溜钩现象，极其危险。

【例 2-4】 某天车大车运行机构的电动机额定转速 $n_{电} = 940 r/min$，减速器的传动比 $i = 15.75$，大车轮直径 $D = 0.5 m$，试计算大车的额定运行速度及断电后的最大与最小制动行程。

解： 大车的额定运行速度为：$V_{大车} = \frac{\pi D n_{电}}{i} = \frac{3.14 \times 0.5 \times 940}{15.75} = 93.7 m/min$

断电后的最小制动行程为：$S_{min} = \frac{V_{大车}^2}{5000} = \frac{93.7 \times 93.7}{5000} = 1.755 m$

断电后最大制动行程为：$S_{max} = \frac{V_{大车}}{15} = \frac{93.7}{15} = 6.24 m$

【例 2-5】 10t 铸造天车，电动机的额定转速 $n_{电} = 720 r/min$，吊钩滑轮组的倍率 $m = 3$，减速器的传动比 $i = 15.75$，卷筒直径 $D = 0.4 m$，试求其额定起升速度。若吊 1000kg 重的钢锭下降，断电后钢锭下滑约 200mm，试判断天车是否溜钩？

解： 天车的额定起升速度为：$V_{升} = \frac{\pi D n_{电}}{mi} = \frac{3.14 \times 0.4 \times 720}{3 \times 15.75} = 19.14 m/min$

天车制动行程为：$S_{max} = \frac{V_{起}}{80} = \frac{19140}{80} = 239 mm$

天车额定起升速度为 19.14m/min，因实际下滑距离为 200mm < 239mm，所以天车不溜钩。

2.5.3.4 制动器的安全检查

对于起升机构的制动器要做到每班检查，而运行机构的制动器可 2 ~ 3 天检查一次。如遇轴栓被咬住、闸瓦贴合在闸轮上、闸瓦张开时在闸轮两侧的空隙不相等的一些情况，应及时调整、维修，每周润滑一次，以防止造成制动器的损坏。

每次起吊时，要先将重物吊起离地面 150 ~ 200mm，检查制动器是否正常，然后再起吊。

对制动器的检查要求如下：

（1）闸瓦衬垫厚度磨损达 2mm 及闸带衬垫磨损达 4mm 时应更换。

（2）制动轮表面的硬度为 400 ~ 450HBS，表面淬火层的深度为 2 ~ 3mm，所以磨损达 1.5 ~ 2mm 时，必须重新车制并进行表面淬火。制动轮车制后，壁厚若较原厚小 50%，则应更新。制动轮出现裂纹应报废。

（3）小轴及心轴要进行表面淬火，其磨损量超过原直径 5% 和圆度超过 0.5mm 时应更新，发现杠杆及弹簧上有裂纹时要更换。

（4）通往电磁铁杠杆系统的"空行程"不应超过电磁铁冲程的 10%。

（5）制动轮与衬垫的间隙要均匀一致。闸瓦开度不应超过 1mm，闸带开度不应超过 1.5mm。

（6）电磁铁铁心的起始行程要超过额定行程的 1/2，以备由于磨损而调整用。

在起吊中若发现制动器失灵，切不可惊慌。在条件允许的情况下，可将吊钩起升，同时开动大、小车，将车开到适合落物的地方，再慢慢地把重物放在安全的地方。

2.5.3.5　制动器常见故障

（1）制动器不能刹住重物。

1）制动器杠杆系统中有的活动铰链被卡住。

2）制动轮工作表面有油污。

3）制动带磨损，铆钉裸露。

4）主弹簧张力调整不当或弹簧疲劳、制动力矩过小。

（2）制动器打不开。

1）制动带胶粘在有污垢的制动轮上。

2）活动铰链被卡住。

3）主弹簧张力过大。

4）制动器顶杆弯曲，顶不到电磁铁。

5）电磁铁线圈烧毁。

6）油液使用不当。

7）叶轮卡住。

8）电压低于额定电压的 85%，电磁铁吸力不足。

（3）制动器易脱开调整位置。

1）主弹簧的锁紧螺母松动，致使调整螺母松动。

2）螺母或制动推杆螺扣破坏。

（4）液压电磁铁通电后推杆不动作。

1）推杆卡住。

2）电压低于额定电压的 85%。

3）整流装置的延时电器延时过短。

4）整流装置损坏。

5）时间继电器常开触头不动作。

6）无油或严重漏油。

（5）液压电磁铁行程小。

1）油量不足。

2）活塞与轴承间有气体。

（6）液压电磁铁启动、制动时间长的原因有：

1）电压过低。

2）运动部分被卡住。

3）制动器制动力矩过大。

4）时间继电器触头打不开。

5）油路堵塞。

6）机械部分有故障。

2.5.3.6 制动器和制动轮报废标准

（1）制动器报废标准。

1）制动瓦的刹车带的磨损量，超过原厚度的50%。

2）小轴及心轴的磨损量超过原直径5%和圆度超过0.5mm。

3）拉杆、制动臂、弹簧有疲劳裂纹。

4）液压推杆制动器滚动轴承过度发热或损坏。

（2）制动轮报废标准。

1）制动轮表面有缺陷和裂纹。

2）制动轮工作表面爪痕深度或径向磨损达1.5mm，应重新车制并热处理。起升机构的制动轮经加工后再有磨损，其磨损量超过原厚度40%应报废；运行机构的制动轮经加工后再有磨损，其磨损量超过原厚度60%应报废。

2.6 减速器和联轴器

2.6.1 减速器

减速器是天车起升、运行机构的主要部件之一，其作用是传递转矩，减少传动机构的转速。天车起升机构常用卧式减速器；小车、大车运行机构使用立式减速器。新减速器每季换一次油，使用一年后每半年至一年换一次油。

2.6.1.1 天车常用的减速器类型

减速器型号标记符号的意义见表2-13。

表2-13 减速器型号标记符号的意义

型号字母	Q	Z	C	D	L	S	H	J	B
意 义	起重机	圆柱齿轮	立式	单级传动	二级传动	三级传动	圆弧齿轮	校正	变位齿轮

天车上常用的减速器有：卧式圆柱齿轮减速器，型号为 ZQ，改进的型号为 JZQ；三级立式圆柱齿轮减速器，型号为 ZSC；角变位圆柱齿轮减速器，型号为 ZBQ；卧式圆弧圆柱齿轮减速器，型号为 ZQH 以及 QS 型减速器。

（1）ZQ、JZQ 型减速器。ZQ、JZQ 型减速器是卧式渐开线圆柱齿轮减速器，齿轮圆周速度不超过 10m/s，效率系数约为 0.94。它是两级传动，共有 9 种传动比和 9 种装配形式，如图 2-36（a）~（i）所示，图中 G 为高速轴，D 为低速轴。低速轴端形式有：圆柱型（Z 型）、齿轮型（C 型）和浮动联轴器型（F 型）。

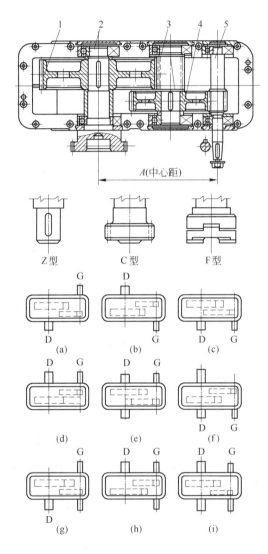

图 2-36　ZQ 型减速器装配图
1—齿轮；2—齿轮连接轴；3—中间齿轮轴；4—中间齿轮；5—主动齿轮轴

该减速器中的小齿轮材料为 45 钢，调质处理硬度为 228~255HBS；大齿轮材料为 ZG340~640，正火处理硬度为 170~210HBS，齿斜角为 8°6′34″，齿宽系数为 0.40。

ZQ 型减速器的标记方法如下：

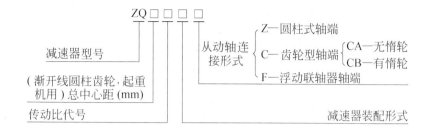

标记举例

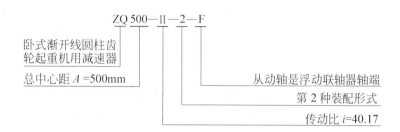

（2）ZSC 型立式减速器。ZSC 型减速器是立式渐开线圆柱齿轮减速器，通常用在天车的小车运行机构上。

这种减速器的小齿轮材料为 40Cr，调质处理硬度为 241～262HBS，齿面热处理硬度为 40～45HRC；大齿轮材料为 45 钢或 ZG340～640，正火处理硬度为 228～255HBS。除 ZSC-350 和 ZSC-400 全部采用直齿外，其余的高速齿轮轴都采用齿斜角为 8°6′34″的斜齿轮，中速级和低速级都采用直齿。

ZSC 型减速器有两种装配形式，其装配图和装配形式如图 2-37 所示。

ZSC 型减速器的标记方法如下：

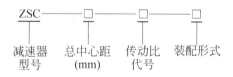

（3）ZQH 型减速器。ZQH 型减速器是两级传动的外啮合圆弧圆柱齿轮减速器。圆弧齿轮比渐开线齿轮的承载能力高，传动效率可达 0.99～0.995，传动比大。该减速器的高速齿轮轴和中间齿轮轴材料不低于 45 优质碳素结构钢，调质处理硬度为 241～269HBS；锻造齿轮材料牌号不低于 45 优质碳素结构钢，调质处理硬度为 197～228HBS；铸造齿轮材料牌号不低于 ZG340～640 铸钢，调质处理硬度为 197～207RBS；低速轴材料牌号为 40Cr 合金结构钢，调质处理硬度为 241～269HBS。

ZQH 型减速器的公称传动比有 9 种，即：50、40、31.5、25、20、16、12.5、10、8。ZQH 型减速器的装配形式与 ZQ 型减速器相同（见图 2-36）。ZQH 型减速器的标记方法如下：

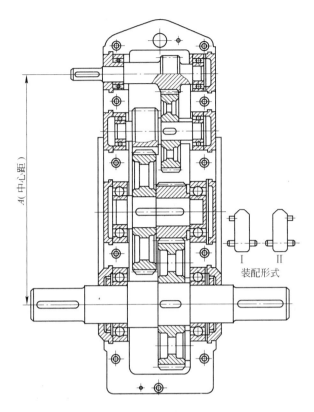

图 2 - 37   ZSC 型减速器装配图

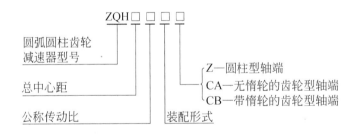

当圆柱型轴端为加粗单伸轴端 ϕ95mm 时，需标注说明，例如 ZQH500 - 25 Ⅱ Z（ϕ95mm）

（4）QS 型减速器。如图 2 - 38 所示，锥形电动机 1 与锥形制动器 2 合二而一形成锥形制动电动机，电动机轴与减速器 3 的高速轴之间，通过联轴器 7 连接，形成一体。车轮轴通过花键与减速器的输出齿轮连接，驱动起重机行走。由于电动机、制动器、减速器三者无法拆分成具有各自独立使用性能的部件，故称"三合一"运行机构。

2.6.1.2 减速器的检修

（1）拆卸和安装整台减速器。

1）整台减速器的拆卸。首先卸下减速器主动（高速）轴端和从动（低速）轴端

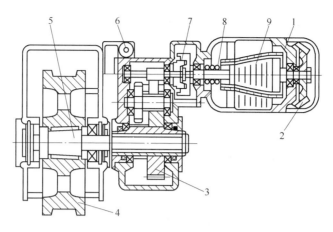

图 2 – 38 DEMAG "三合一"运行机构
1—锥形电机；2—锥形制动器；3—减速器；4—车轮；5—车轮轴；
6—扭力矩支撑；7—联轴节；8—压力弹簧；9—锥形转子

上联轴器的连接螺栓，使减速器与传动系统脱开，然后卸下地脚螺栓，整台减速器即可卸下。

2）整台减速器的安装首先把主动轴端和从动轴端上的联轴器轴接手或外齿套装上，然后把整台减速器放置在传动系统中应放的位置上，再用螺栓把它与电动机轴端、工作机轴端上的联轴器连接在一起，用地脚螺栓将减速器固定在机座上，找正后紧固牢靠，便安装完毕整台减速器。

（2）减速器的检修内容。

1）减速器箱体接合面的检修减速器箱体经过一段时间运转后，箱体接合面处可能发生变形，将会引起漏油，因此，必须进行检修。首先用煤油清洗箱体，清除接合面上的污垢、油泥等，然后在接合面上涂以红铅油，使两接合面研合，每研磨一次刮掉个别的高点，经几次研磨后，就可达到所要求的精度。研磨后需对接合面进行检查，用塞尺检验接合面的间隙，其值不应超过 0.03mm，表面粗糙度值不大于 $R_a0.8\mu m$，底面与接合面的平行度误差在 1m 长度内不应大于 0.5mm。

2）减速器齿轮的检修。

① 检查齿轮的齿表面点蚀状况，疲劳点蚀面积沿齿高和齿宽方向超过 50% 时，应报废。

② 检查齿轮轮齿表面的磨损情况，齿轮磨损后齿厚会变薄，强度将降低，为保证安全，起升机构减速器的轮齿磨损量不应超过原齿厚的 20%，运行机构减速器的齿轮轮齿磨损量不应超过原齿厚的 25%，超过此值时应更换。

3）轴的检修。

① 用磁力或超声波探伤器对轴进行检查，如发现有疲劳裂纹，应予更换。

② 检查轴的变形，把轴放在 V 形架支座上，用百分表检查轴的径向圆跳动误差和直线度误差。齿轮轴允许径向圆跳动误差不大于 0.02 ~ 0.03mm，传动轴的直线度误差不超过 0.5mm。当轴的直线度误差超过此值时，应进行冷矫或热矫，以使轴恢复原状。

2.6.1.3　减速器常见故障

（1）减速器产生噪声。减速器产生的噪声各种各样，其原因各不相同，常见的有：

1）连续的清脆撞击声是由于齿轮轮齿表面有严重伤痕所致。

2）断续的嘶哑声原因是缺少润滑油。

3）尖哨声是由于轴承内圈、外圈或滚动体出现了斑点、研沟、掉皮或锈蚀所引起的。

4）冲击声表明轴承有严重损坏的地方。

5）剧烈的金属锉擦声是由于齿轮的侧隙过小、齿顶过高、中心距不正确，使齿顶与齿根发生接触。

6）周期性声响是由于齿轮分度圆中心与轴的中心偏移，节距误差或齿侧间隙超差过大造成的。

（2）减速器产生振动。减速器产生振动的原因很多，主要有：

1）减速器主动轴与动力轴之间的同轴度超差过大。

2）减速器从动轴与工作机传动轴之间的同轴度超差过大。

3）减速器本身的安装精度不够。

4）减速器的机座刚性不够，或地脚螺栓松动。

5）连接减速器的联轴器类型选用的不合适。

（3）减速器漏油。减速器漏油的原因有：

1）减速器运转时由于齿轮搅动，使减速器内压力增大，另外，齿轮在啮合过程中要产生热量，使减速器内温度上升，压力进一步增大，从而使溅到内壁上的油液向各个缝隙渗透。

2）由于箱体接合面加工粗糙，接合不严密，轴承端盖与轴承孔间隙过大，密封圈老化变形而失去密封作用螺栓固定不紧密，油脂油量不符合技术规定等。

防止漏油的措施有：

1）均压：为使减速器内外气压保持一致，减速器通气孔应畅通，不得堵塞。

2）堵漏：刮研减速器接合面，使其相互接触严密，符合技术标准；在接触面、轴承端盖孔等处设置密封圈、密封垫和毛毡等。

3）采用新的润滑材料：实践证明，中小型低速转动的减速器采用二硫化钼作润滑剂，可解决漏油问题。

2.6.1.4　减速器齿轮报废标准

（1）在起升机构中第一根轴上的齿轮磨损量超过原齿厚的10%，其余各轴上齿轮磨损量超过原齿厚的20%。

（2）大车、小车运行机构减速器第一根轴上齿轮磨损量超过原齿厚的15%，其余各轴上齿轮磨损量超过原齿厚的25%。

（3）开式齿轮的磨损量超过原齿厚的30%。

（4）吊运炽热金属或易燃、易爆等危险品的天车上的齿轮按以上报废标准相应的减半。

（5）齿面点蚀损坏达啮合面的30%，且深度达原齿厚的10%时。

（6）齿根上有一处或数处疲劳裂纹或断齿。

2.6.2 联轴器

联轴器用来连接各电动机、减速器、工作机构等机械部件的轴与轴，并传递转矩的机械部件，称为联轴器。

2.6.2.1 联轴器的分类

联轴器分为刚性联轴器和弹性联轴器。凡是不能补偿连接各传动轴之间的轴向位移和径向位移的联轴器，称为刚性联轴器。凡是能补偿连接轴之间的轴向和径向位移的联轴器，称为弹性联轴器。

天车上广泛采用弹性联轴器。常用的弹性联轴器有齿轮联轴器、万向联轴器、弹性圈联轴器和尼龙柱销联轴器等。常用的齿轮联轴器有三种形式：CL 型全齿轮联轴器（见图 2-39）、CLZ 型半齿轮联轴器（见图 2-40）和 CT 型制动轮齿轮联轴器（见图 2-41）。

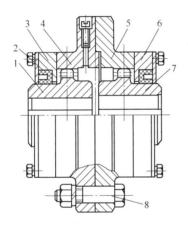
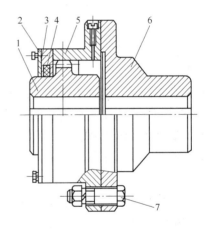

图 2-39　CL 型全齿轮联轴器

1，7—外齿套；2—橡胶密封圈；3，6—密封盖；
4，5—内齿圈；8—连接螺栓

图 2-40　CLZ 型半齿轮联轴器

1—外齿套；2—压盖；3—密封盖；4—橡胶密封圈；
5—内齿圈；6—半联轴器；7—连接螺栓

2.6.2.2 联轴器的拆卸和磨损原因

A　联轴器的拆卸

以起升机构浮动轴上齿式联轴器为例，见图 2-42，其拆卸顺序如下：

（1）卸下浮动轴两端齿轮联轴器的螺母 9 和连接螺栓 8，可把浮动轴 10 连同两端的内齿圈 11 一起取下。

（2）卸去锁紧螺母 5 和止动垫圈 6，将制动轮 4 取出；卸去锁紧螺母 2 和止动垫圈 1，将联轴器轴接手 13 从电动机轴上卸下。

（3）卸去浮动轴 10 两端内齿圈 11 上的螺栓 3，将内齿圈 11 从外齿套 12 上退出。

（4）用拉轮器拉出浮动轴 10 上的外齿套 12，为了便于拆卸，可将外齿套加热使其膨胀后拉出，或用液压机压出。至此，整套联轴器拆卸完毕。

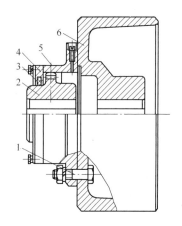

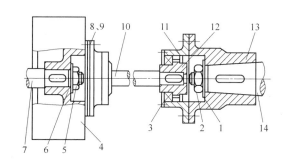

图 2 - 41   CT 型制动轮联轴器

1—联结螺栓；2—外齿套；3—橡胶密封圈；

4—密封盖；5—内齿圈；6—制动轮

图 2 - 42   联轴器的拆卸

1，6—止动垫圈；2，5—锁紧螺母；3—螺栓；

4—制动轮；7—从动轴；8—连接螺栓；9—螺母；

10—浮动轴；11—内齿圈；12—外齿套；

13—联轴器轴接手；14—主动轴

B   联轴器的磨损

齿轮联轴器在使用中的主要问题是齿的磨损。

（1）安装精度差，两轴的偏移大，内外齿啮合不正，局部接触应力大。

（2）润滑不好，由于它是无相对运动的连接形式，油脂被挤出后无法自动补充，故可能处于干摩擦状态传递力矩，因而加速了齿面的磨损和破坏。

（3）在高温环境下工作，润滑油因被烘干，而使润滑状态变坏，加速了齿面磨损和破坏。

（4）违反操作规程，经常反车制动，加速了轮齿的破损。

提高齿轮联轴器使用寿命的关键措施是：提高各部件的安装精度，对于联轴器的安装精度，当两轴中心线无径向位移时，在工作过程中因两联轴器的同轴度误差所引起的每一外齿轴套线对内齿圈轴线的偏斜不应大于 $0°30'$；加强日常检查和定期润滑，同时还要遵守操作规程、提高操作技术。当联轴器出现裂纹、断齿或齿厚磨损达到原齿厚的 15% 以上时，应予报废。

2.7 车轮与轨道

2.7.1 车轮

车轮也叫走轮，是天车大、小车运行机构中的主要部件之一。大车车轮用来支撑桥架，并在轨道上移动桥式起重机。小车车轮支撑小车及吊物的重量。

2.7.1.1 车轮的类型

按车轮轮缘数目可分为双轮缘、单轮缘和无轮缘三种（见图 2 - 43），轮缘的作用是导向和防止脱轨。在通常情况下，大车车轮采用双轮缘，小车车轮采用单轮缘，轮缘放在轨道外侧。如采用无轮缘车轮，需加装水平轮来导向和防止脱轨。

按车轮踏面可分为圆柱形和圆锥形。对于天车，集中驱动的大车主动轮踏面采用圆锥形，从动轮采用圆柱形；单独驱动的大车主、从动轮都采用圆柱形；所有小车车轮都采用圆柱形。圆锥形踏面的锥度为1：10，要求配用具有圆弧形轨顶的轮道，这样可在运行时自动对中，减轻或防止车轮啃道，改善天车的运行状况。

车轮与轴、轴承及角型轴承箱装在一起，组成车轮组，如图2-44所示。

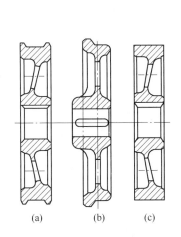

图2-43 车轮形式

（a）双轮缘；（b）单轮缘；（c）无轮缘

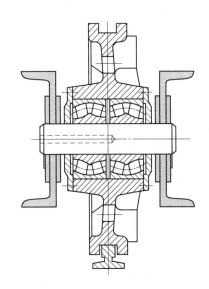

图2-44 安装在定心轴上的车轮组

2.7.1.2 车轮材料

车轮大多采用ZG340-640铸钢或ZG50SiMn低合金钢制成，工作面需经淬火，淬火层深度不低于20mm。对于ZG340~640铸钢车轮，规定滚动面硬度为300~350HBS，对于ZG50SiMn车轮，规定滚动面硬度为420~480HBS。

2.7.1.3 车轮的安装

桥式起重机上车轮的安装分为定轴式和转轴式两种。

（1）定轴式。如图2-44所示，把车轮装在固定不转的心轴上，轮毂与轴之间可以装入滑动或滚动轴承。车轮在轴上可以自由转动。轴不传递扭矩，驱动力矩是通过开式齿轮传给车轮，开式大齿轮做成齿圈形式，用螺栓和车轮轮缘连接在一起。齿轮与车轮装配时要有径向配合的定位面。这种带齿圈的主动轮，去掉齿圈就可以作从动车轮用。

（2）转轴式。车轮装在转轴上。在转轴上传递扭矩的就是主动车轮，不传递扭矩的便是从动车轮。近代桥式起重机大都采用滚动轴承，并优先选用自动调心的球面滚子轴承，这种轴承可以容许一定程度的安装误差和车架变形。大小车的车轮一般装在角型轴承箱内，变成一个单元组合件，整体的安装在车架上。这样不仅支撑条件较好，而且也简化了车轮的安装和拆卸。这种装置的主动车轮不直接与齿轮相连，而是通过联轴节来传递驱动力矩。

2.7.1.4　车轮的安全检验和报废标准

车轮应经常进行下列项目的检验：

（1）圆柱形踏面的两主动轮，车轮直径在 250~500mm 范围内，当两轮直径偏差大于 0.125~0.25mm 时；车轮直径在 500~900mm 范围内，当两轮直径偏差大于 0.25~0.45mm 时，应进行修理。

（2）圆柱形踏面的两被动轮，车轮直径在 250~500mm 范围内，当两轮偏差大于 0.60~0.76mm 时；车轮直径在 500~900mm 范围内，当两轮直径偏差大于 0.76~1.10mm 时，应进行修理。

（3）圆锥形踏面两主动轮，直径偏差大于名义直径的 1/1000 时应重新加工修理。

（4）踏面剥离面积大于 $2cm^2$、深度大于 3mm 时，应重新加工修理。

（5）轮缘断裂破损或其他缺陷的面积不应超过 $3cm^2$，深度不得超过壁厚的 30%，且同一加工面上的缺陷不应超过 3 处。

（6）车轮装配后基准断面的摆幅不得大于 0.1mm，径向跳动应在车轮直径的公差范围内。装配好的车轮组，用手转动应灵活、无阻滞。当采用圆锥滚子轴承时，不允许有轴向间隙。

（7）当车轮出现下列情况之一时应报废：

1）有裂纹。

2）轮缘厚度磨损达原厚度的 50%。

3）踏面厚度磨损达原厚度的 15%。

4）当运行速度低于 50m/min，线轮廓度达 1mm；或当运行速度高于 50m/min，线轮廓度达 0.5mm。

5）踏面出现麻点，当车轮直径小于 500mm，麻点直径大于 1mm；或车轮直径大于 500mm，麻点直径大于 1.5mm，且深度大于 3mm，数量多于 5 处。

2.7.1.5　车轮的拆卸和装配

A　车轮的拆卸

现以更换 ϕ500mm 主动车轮为例，说明车轮的拆卸。当车轮组自天车上取下后，可按下列顺序进行拆卸，如图 2-45 所示。

（1）卸掉螺栓 3，取下闷盖 25，撬平轴端的止动垫圈 23 并卸下锁紧螺母 24。

（2）把车轮组垂直吊起，使带有半联轴器 12 的一端朝下，放在液压机工作台 13 的垫块 8 上，车轮轴 20 对准压头 1 的中心线。

（3）车轮组支撑牢靠后，在车轮轴 20 上端垫以压块 2。

（4）开动液压机进行试压，逐渐加载，待机件发出"砰"的响声后，说明车轮轴 20 与车轮 5 产生相对运动，可继续慢速加压，直到车轮轴 20 与车轮 5 脱开为止，车轮 5 和上端轴承箱便可卸下。

（5）用拉轮器将半联轴器 12 拉下，卸下通盖 6，取下锁紧螺母 14 和止动垫圈 15。

（6）用拉轮器拉下角型轴承箱 16、轴承 9 和 17，取下通盖 18 和轴套 19，至此，车

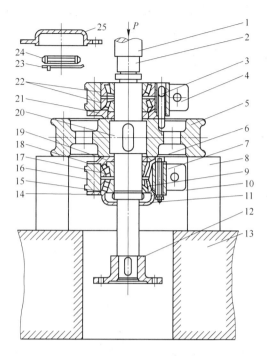

图 2-45 车轮拆卸示意图

1—压头；2—压块；3，10—螺栓；4，16—角型轴承箱；5—车轮；6，11，18，21—通盖；
7—间隔环；8—垫块；9，17，22—轴承；12—半联轴器；13—液压机工作台；
14，24—锁紧螺母；15，23—止动垫圈；19—轴套；20—车轮轴；25—闷盖

轮拆卸完毕。

B 车轮的装配

（1）根据主动轴上的键槽配键。

（2）把车轮置于工作台的垫块上，主动轴垂直对准车轮孔和键槽，配合面滴油润滑。

（3）主动轴上端垫以压块对正。开动液压机试压，稳妥后，逐渐加压到安装位置为止。

（4）轴两端装入轴套 19，并装入带有螺栓 10 的通盖 18 和带有螺栓 3 的通盖 21。

（5）把用沸油加热的轴承 17 内环趁热装入车轮轴上，将装有轴承 17、9 的外环和间隔环 7 的角型轴承箱装到轴上。

（6）装轴承 9 的内环，套入止动垫圈 15、紧固锁紧螺母 14。

（7）两端分别装闷盖 25 和通盖 11，紧固螺栓 3 和 10。

（8）将用油加热的半联轴器 12 趁热用大锤砸到车轮轴 20 上，至此，整套主动车轮组装配完毕。

2.7.2 轨道

2.7.2.1 轨道类型和固定方法

天车轨道大量采用铁路钢轨，轨顶是凸的，其断面形状如图 2-46（a）所示。重型

天车的大、小车轨道承受轮压较大时，常采用天车专用轨道。轨顶也是凸的，但曲率半径较铁路钢轨大，其断面形状如图 2 - 46（b）所示。

也有用方钢或扁钢作天车轨道的。这种轨道轨顶是平的，底面较窄，只宜支撑在钢结构上，不能铺在混凝土基础上。

天车轨道在桥架上的固定方式有焊接（见图 2 - 47（a））、压板固定（见图 2 - 47（b））和螺栓连接（见图 2 - 47（c））等几种。图 2 - 47（b）是国内最常用的固定方法，每两块压板之间的距离约为 700mm。采用压板便于装配，但拆卸麻烦，只能用扁铲铲除，不宜用气割。图 2 - 47（c）所示的固定方法适用于重级或超重级的天车。图 2 - 47（d）是把大车轨道固定于天车轨道梁上的方法。

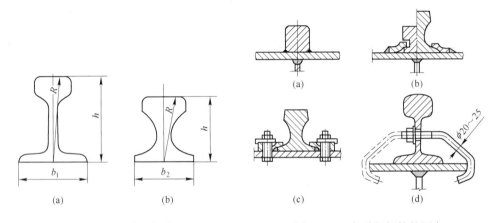

图 2 - 46 天车用轨道   图 2 - 47 起重机钢轨的固定

2.7.2.2 轨道的安装要求

（1）轨道接头可制成直接头，也可以制成 45°角的斜接头，斜接头可以使车轮在接头处平稳过渡。一般接头的缝隙为 1 ~ 2mm，在寒冷地区冬季施工或安装时的气温低于常年使用时的气温，且相差在 20℃ 以上时，应考虑温度缝隙，一般为 4 ~ 6mm。两条钢轨的接头应错开 500mm 以上。两根轨道的端头（共 4 处）应安设强固的掉轨限制装置（焊接端头立柱），以防止桥式起重机从两端出轨，造成桥式起重机从高空坠毁的严重后果。

（2）接头处两根钢轨的横向位移和高低不平的误差均不得大于 1mm。

（3）两根平行的轨道在跨度方向的各个同一截面上，轨面的高低误差在柱子处不得超过 10mm，在其他处不超过 15mm。

（4）同一侧轨道面，在两根柱子间的标高与相邻柱子间的标高误差不得超过 $B/1500$（B 为柱子间距离，单位 mm），但最大不得超过 10mm。

（5）轨道跨度、轨道中心与支撑梁中心、轨道不直线性误差等不得超过规定。

钢轨检验：检查钢轨、螺栓、夹板有无裂纹、松脱和腐蚀。如果发现裂纹应及时更换，或有其他缺陷应及时修理；钢轨顶面有较小疤痕或损伤时，可用焊接补平，再用砂轮打光；轨道顶面和侧面磨损不应超过 3mm。

2.7.2.3 车轮轨道的选择计算

A 轮压的计算

（1）小车轮压的计算。在桥式起重机小车上的各机构相互布置位置和载荷的作用点，都影响轮压的分配。为了保证小车运行平稳，设计时应尽量做到4个车轮上压力相近。一般在一个支撑上的轮压不要超过平均轮压的20%。在初步计算时，可取平均值，即：

$$P = \frac{1}{4}(G_小 + P_Q) \tag{2-11}$$

式中 P——小车平均轮压；

$G_小$——小车自重；

P_Q——起升载荷。

（2）大车轮压的计算。桥式起重机打车上的压力与小车在大车上的位置有关。当小车满载位于大车桥架极限位置之一时，大车车轮轮压达到最大值。最大轮压为：

$$P_{max} \approx G_大/4 + (G_小 + P_Q)/2 \tag{2-12}$$

式中 $G_大$——大车的自重。

B 车轮和轨道的选择

（1）计算最大最小轮压。

（2）确定计算载荷。根据经验，车轮在使用中基本上为疲劳破坏，车轮踏面的疲劳计算载荷为：

$$P_c = (2P_{max} + P_{min})/3 \tag{2-13}$$

式中 P_{max}——正常工作时最大轮压；

P_{min}——正常工作时最小轮压。

（3）初选车轮与轨道。首先根据计算载荷查表初步决定车轮直径与其相应的轨道。

（4）进行计算或验算。验算车轮的疲劳强度，要视车轮与轨道的接触情况而有所不同。车轮与轨道的接触情况通常有以下两种方式。

1）线接触。圆柱踏面的车轮在平顶轨道上行驶，即属于这种接触方式，可以认为二者是在一条线上接触，故称之为线接触式。

2）点接触。圆柱或圆锥踏面的车轮在凸顶轨道上行驶，二者在一点上接触，称之点接触式。

两种接触方式的公式各不相同，按公式计算接触疲劳强度即可。如验算不满足需重新选取再验算，直至通过验算为止。

2.7.2.4 轨道报废标准

大车、小车损坏到如下程度时，都应该报废更新。

（1）钢轨上的裂纹可以线路轨道探伤器检查，横向裂纹可以用鱼尾板连接，斜向、纵向裂纹则需更换新轨道。

（2）轨顶面和侧面磨损量（单侧）超过3mm。

（3）轨道夹板或鱼尾板有裂纹。

2.8　抓斗和电磁吸盘

2.8.1　抓斗

2.8.1.1　抓斗的种类

抓斗是一种抓取搬运散状物料的自动取物装置，应用较广。根据结构及工作原理的不同，抓斗可分为双绳抓斗、单绳抓斗和电动抓斗三种，其中双绳抓斗最为广泛。

（1）双绳抓斗。双绳抓斗的构造及其工作原理如图 2 - 48 所示，它由颚板、下横梁、撑杆和上横梁构成。起升绳索下端与上横梁相连，上端绕在起升卷筒上；而开闭绳下端连接在下横梁上，上端穿过上横梁后，绕在开闭卷筒上。

它由两种绳索来操纵其升降和开闭，这两种绳索（起升绳和闭合绳）分别绕在单独的卷筒上，故称双绳抓斗。

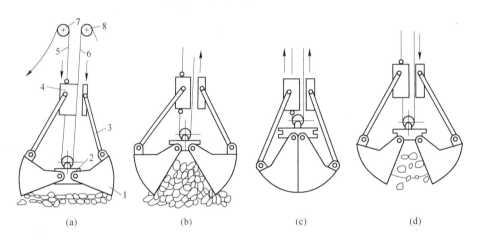

图 2 - 48　双绳抓斗的构造及工作过程

（a）降斗；（b）闭斗；（c）升斗；（d）开斗

1—颚板；2—下横梁；3—撑杆；4—上横梁；5—起升绳；6—开闭绳；7—起升卷筒；8—开闭卷筒

双绳抓斗的工作过程见表 2 - 14。

表 2 - 14　双绳抓斗的工作过程

抓斗动作	降	闭	升	开
起升绳	降	停	升	停
开闭绳	降	升	升	降

双绳抓斗工作效率高，能抓取散碎物料的品种较多，本身自重小，结构简单，操作方便，工作可靠，在任意高度均可卸料。缺点是需要两套卷筒机构，在一般吊钩起重机上不能使用。目前双绳抓斗的额定容积的系列标准为 0.5、0.75、1.5、2、2.5、3、4（m³）。

（2）单绳抓斗。单绳抓斗如图 2 - 49 所示，是由一根绳索悬挂在起升机构的一个卷筒上工作。抓斗悬挂在固接于中横梁 2 的起升绳索 1 上，中横梁 2 由特殊的挂钩 5 与下横梁3连接在一起（颚板4即铰接在下横梁3上），当抓斗起升至规定高度时，固定挡板6压住杠杆7，而使挂钩5和中横梁2与下横梁3脱开。于是在物料和颚板重力作用下，抓斗张开卸下物料。当张开的抓斗落在物料表面上时，在其本身重力的作用下，颚板自动插入物料内部，当绳索继续下降时，中横梁2随即落下，并自动地用钩子与下横梁3连接在一起。

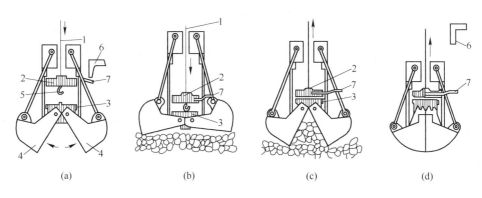

图2-49 单绳抓斗

1—绳索；2—中横梁；3—下横梁；4—颚板；5—挂钩；6—挡板；7—杠杆

当拉紧绳索时，颚板装满物料并逐渐闭合，上、中、下横梁被绳索牵引一起上升，在这种情况下即可起升抓斗。当碰到挡板6时，抓斗张开自动卸料。有时在杠杆7上系一操纵绳代替挡板6，则在任意高度只要牵动操纵绳即可卸料。单绳抓斗只有一种绳索，起到闭合与起升作用，故称为单绳抓斗。这种抓斗主要优点是可以直接挂到普通桥式起重机吊钩上使用，而不需要任何附加装置。缺点是工作可靠性较差，生产率低，一般不能在任一高度卸下物品等，适用于装卸量不大的场合。

（3）电动抓斗。将双绳抓斗的开闭卷筒及其驱动装置移到抓斗的内部就是电动抓斗。图2-50所示是把标准电葫芦装在抓斗头部作为开闭机构的电动抓斗。电动抓斗可作为普通吊钩天车的备用取物装置，由于其可在任意高度卸料，因而生产率比单绳抓斗高，但比双绳抓斗低。电动抓斗自重大、重心高、易翻倒，需要装设开闭驱动装置。

2.8.1.2 抓斗的使用和安全检验

（1）抓斗是由起升和闭合两个卷筒来操纵其升降和斗口的闭合，必须经常检查抓斗钢丝绳的磨损及断丝情况。

（2）抓斗的刃口和齿容易磨损，应经常检查。发现磨损或变形严重时，要及时修理或更换。

（3）经常检查滑轮磨损情况，保持滑轮与其他物体间的适当间隙。间隙过小，会造成滑轮或罩子磨损；

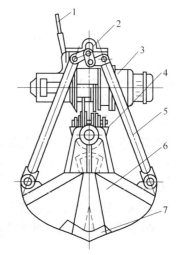

图2-50 电动抓斗

1—电缆；2—吊环及上横梁；

3—电动葫芦；4—动滑轮组及下横梁；

5—撑杆；6—颚板；7—颚齿

间隙过大，会造成钢丝绳松脱或夹在滑轮轮缘与罩子之间。

（4）经常检查铰轴的磨损情况。当铰轴磨损达原直径的 10% 时，应更换铰轴；衬套磨损超过原壁厚的 20% 时，应更换衬套；各铰点应经常加注润滑脂。

（5）应经常检查钢丝绳出口处的圆角光滑程度，如果粗糙或已磨出棱角，须将圆角处重新锉光滑。

（6）使用中应经常检查抓斗各部件的情况。抓斗闭合时，两水平刃口和垂直刃口的错位差及斗口接触处的间隙，不得大于 3mm，最大间隙处的长度不应大于 200mm；抓斗张开后，斗口不平行偏差应不大于 20mm；抓斗提升后，斗口对称中心线与抓斗垂直中心线应不大于 20mm。

2.8.2　电磁吸盘

电磁吸盘又称起重电磁铁，是用于提升和吊运具有导磁性的黑色金属的。电磁吸盘的基本部分是铸钢外壳 1 和置于其中的线圈 2，如图 2－51 所示。将直流电输送给线圈绕组，通电后所形成的磁通由电磁铁的外壳通过物品而闭合。这时物品被电磁铁吸住，并继续维持到断电卸载为止。

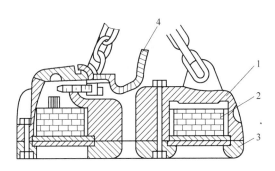

图 2－51　圆形起重电磁铁
1—外壳；2—线圈；3—底面（高锰钢）；4—导线

电磁吸盘有圆形和矩形两种。MW1－6、MW1－16、MW1－45 型圆形起重电磁铁适于常温下吸取重量大的原钢板、钢块等。当用于吸取废钢和碎钢时，由于磁路没有充分利用，其吸重效率要相应降低。

MW2－5 型矩形起重电磁铁适于吸取条形钢材，如钢轨、型钢、钢管、方钢等。对于各种长度的重物可以采用固定在同一平衡梁上的两个或多个矩形电磁铁同时工作来协同吸持。这种电磁铁已采用加强绝缘和绝热的措施，可以用来吸吊 500℃ 以下的高温材料。

电磁铁一般起吊温度为 200℃ 以下的钢材，当温度在 500℃ 时，电磁吸盘的起重能力就会下降 50% 左右，当温度为 700℃ 时则没有起重能力。

复习思考题

2－1　吊钩的报废标准是什么？

2-2 线接触钢丝绳有哪几种，它们各自的构造特点是什么?

2-3 什么叫钢丝绳的破断力、允许拉力和安全系数?

2-4 钢丝绳的报废标准是什么?

2-5 钢丝绳在卷筒上的常用固定方法有哪些?

2-6 钢丝绳在卷筒上要留几圈安全圈，为什么?

2-7 卷筒的安全检查项目有哪些?

2-8 卷筒报废标准是什么?

2-9 什么叫双联滑轮组，其滑轮组倍率如何计算?

2-10 叙述块式制动器的工作原理。

2-11 说明短行程块式制动器的调整。

2-12 制动器调整要求有哪些?

2-13 减速器应经常检查哪些内容?

2-14 联轴器应检查哪些内容?

2-15 天车常用减速器有哪几种?

2-16 车轮的报废标准是什么?

2-17 抓斗有几类?

2-18 使用起重电磁铁有哪些安全注意事项?

天车的安全防护装置

为了保证起重机械安全运行和避免造成人身伤亡事故，在起重设备上配备有各种安全防护装置。了解安全防护装置的构造、工作原理和使用要求，对起重机械的操作人员来说是非常重要的。

天车应装的安全装置有：超载限制器、上升极限位置限制器、运行极限位置限制器、联锁保护装置、缓冲器等。门式起重机应装的安全装置有：超载限制器、上升极限位置限制器、运行极限位置限制器、联锁保护装置、缓冲器、夹轨钳和锚定装置等。在天车和门式起重机上装设的安全防护装置的名称、要求程度和要求范围见表 3 – 1。在使用中应及时检查、维护这些防护装置，使保持正常工作性能，如发现性能异常，应立即进行修理或更换。

表 3 – 1　起重机的安全防护装置

安全防护装置名称	天车		门式起重机	
	要求程度	要求范围	要求程度	要求范围
超载限制器	应装	额定起重量大于 20t	应装	额定起重量大于 10t
	宜装	动力驱动，额定起重量为 3～20t	宜装	动力驱动、额定起重量为 5～10t
上升极限位置限制器	应装	动力驱动	应装	动力驱动
下降极限位置限制器	宜装		宜装	
运行极限位置限制器	应装	动力驱动，并且在大车和小车运行的极限位置（单梁吊的小车可除外）	应装	动力驱动，并且在大车和小车运行的极限位置
偏斜高调整显示装置			宜装	跨度大于或等于 40m 时
联锁保护装置	应装	由建筑物登上起重机的门与大车运行机构之间，由司机室登上桥架的舱门与小车运行机构之间，设在运动部分的司机室在进入司机室的通道口与小车运行机构之间	应装	装卸桥设在运动部分的司机室在进入司机室的通道口与小车运行机构之间
缓冲器	应装	在大车、小车运行机构或轨道端部	应装	在大车、小车运行机构或轨道端部
夹轨钳和锚定装置或铁鞋	宜装	露天工作	应装	露天工作
登机信号按钮	宜装	具有司机室		装卸桥司机室位于运动部分的应装
防倾翻安全钩	应装	单主梁起重机在主梁一侧落钩的小车架上	应装	单主梁门式起重机在主梁一侧落钩的小车架上

安全防护装置 名称	天 车		门式起重机	
	要求 程度	要求范围	要求 程度	要求范围
检修吊笼	应装	在司机室对面靠近滑线一端		
扫轨板和支撑架	应装	动力驱动的大车运行机构上	应装	在大车运行机构
轨道端部止挡	应装		应装	
导电滑线防护板	应装			
暴露的活动零部件 的防护罩	宜装		宜装	
电气设备的防雨罩	应装	露天工作	应装	露天工作

3.1 超载限制器

超载限制器，又称为起重量限制器，它的功能是防止起重机超载吊运。超载限制器主要有机械型超载限制器和电子型超载限制器两种。当起重机超载吊运时，它能够停止起重机向不安全方向继续动作，但应能允许起重机向安全方向动作，同时发出声光报警信号。

3.1.1 机械型超载限制器

机械型超载限制器一般是将吊重直接或间接地作用在杠杆上或偏心轮或弹簧上，进而使它们控制电器开关。

（1）杠杆式超载限制器。杠杆式超载限制器如图 3 – 1 所示，主要由杠杆、弹簧及控制开关等组成。当吊重小于额定起重量时，起升钢丝绳的合力 F_R 对杠杆转轴中心 O 的力矩小于弹簧力 F_N 对 O 的力矩，即 $F_{Ra} \leqslant F_{Nb}$，这时撞杆不动，起升机构正常运行。当吊重大于额定起重量时，$F_{Ra} > F_{Nb}$，弹簧被压缩变形，撞杆向下移动，触动与起升机构线路联锁的控制开关，使电动机断电，起升机构停止吊运，起到超载限制作用，其中撞杆的行程是可调的。

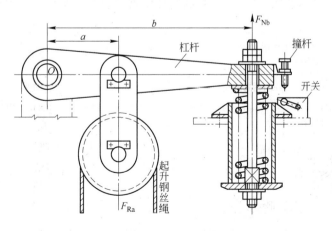

图 3 – 1 杠杆式超载限制器

（2）弹簧式超载限制器。弹簧式超载限制器如图 3 - 2 所示，主要由弹簧 13、控制开关 5 等组成。当吊重小于额定起重量时，弹簧 13 压缩量较小，与起升钢丝绳连接的滑杆 12 带动触杆 4 向下移动也较小，不会触动控制开关 5，起升机构正常运行。当吊重大于额定起重量时，弹簧 13 压缩变形较大，滑杆 12 带动触杆 4 触动控制开关 5，使起升机构停止吊运，从而起到超载限制作用。触杆 4 的行程可以通过调节螺母 2 调节。图 3 - 2 同时有上升极限位置限制器的作用。当吊钩滑轮组上升到极限位置时，托起重锤 10，在弹簧 6 的作用下，拉杆 7 上移，触动控制开关 5，使起升机构停止起升动作。

3.1.2　电子型超载限制器

电子型超载限制器主要由载荷传感器、测量放大器和显示器等部分组成。

载荷传感器是在一弹性金属体上粘贴电阻应变片，这些电阻应变片构成一个平衡电桥回路。当传感器受力时，电阻应变片就产生变形，使电阻应变片的电阻发生变化，在桥路中产生一个不平衡电压，从而使桥路失去平衡，并输出电压信号。

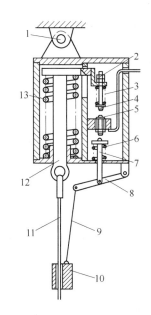

图 3 - 2　弹簧式超载限制器

1—支铰；2—调节螺母；3、6、13—弹簧；4—触杆；5—控制开关；7—拉杆；8—杠杆；9—链条；10—重锤；11—钢丝绳；12—滑杆

测量放大器的作用是将微弱的电压信号放大和功率放大，驱动微型电机旋转，用转角来反映出载荷的大小。经测量放大、A/D（模/数）转换后，在 LED（大电子显示器）上准确地显出重量。

超载控制和报警是通过负荷测量放大器输出的电压，与设定电压相比较，当负荷达到设定负荷（额定起重量）的 90% 时，比较器控制电路开启，发出警报；当负荷达到设定值时，比较器控制继电器，中断起升回路，吊钩只能下降，不能再起升，起到超载保护作用。

载荷传感器可以安装在平衡轮处，也可以安装在钢丝绳上，图 3 - 3 是载荷传感器安装在平衡轮支架上的示意图。图 3 - 4 是载荷传感器安装在钢丝绳上的示意图。

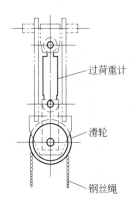

图 3 - 3　载荷传感器安装在平衡轮支架上

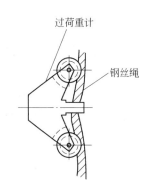

图 3 - 4　载荷传感器安装在钢丝绳上

3.1.3 超载限制器的安全要求

超载限制器的安全要求如下：

（1）超载限制器的综合误差：电子型的应不大于±5%；机械型的应不大于±8%。

（2）当载荷达到额定起重量的90%时，应能发出提示性报警信号。

（3）装设超载限制器后，应根据其性能和精度情况进行调整或标定，当起重量超过额定起重量时，能自动切断起升动力源，并发出禁止性报警信号。

超载限制器的综合误差计算方法如下：

$$综合误差 = (动作点 - 设定点)/设定点 \times 100\%$$

式中，动作点是指在装机条件下，由于超载限制器的超载防护作用，起重机停止向不安全方向动作时，起重机的实际起重量。

设定点指的是超载限制器标定时的动作点。设定点的调整应使起重机在正常工作条件下可吊运额定起重量。设定点的调整要考虑超载限制器的综合误差，在任何情况下，超载限制器的动作点不得大于110%额定起重量。设定点宜调整在100%～105%额定起重量之间。

3.2 位置限制器

3.2.1 上升与下降极限位置限制器

上升极限位置限制器的作用是防止吊钩或其他吊具过卷扬，拉断钢丝绳并使吊具坠落而造成事故。当取物装置上升到极限位置时，要求应自动切断电动机电源。所以起升机构均应装置上升极限位置限制器。下降极限位置限制器是防止因下降距离过大而使钢丝绳在卷筒上缠绕的圈数少于安全圈数要求而造成重物坠落事故。上升与下降极限位置限制器主要有重锤式和螺杆式两种。

（1）重锤式上升极限位置限制器。重锤式上升极限位置限制器如图3-5所示，它主要由重锤和限位开关构成。当吊钩起升到上极限位置时，碰到重锤（见图3-5（a））或碰到碰杆抬起重锤（见图3-5（b）），限位开关上的偏心重锤即在重力作用下打开限位开关，使起升机构断电，吊钩不再向起升方向运行。

（2）螺杆式上升极限位置限制器。螺杆式上升极限位置限制器如图3-6所示，它是设有润滑油池的双向极限位置限制器。它由卷筒端连接，通过与螺母一起的撞头，随着卷筒正反转而前后滑行，当吊钩上升或下降到极限位置时，撞头5即撞动上下过卷扬限位开关3或2而断电，使吊钩不再上升或下降。

（3）安全要求与检验。当取物装置上升到规定的极限位置时，应能自动切断电动机电源；当有下降限位要求时，应设有下降深度限位器，除能自动切断电动机电源外，钢丝绳在卷筒上的缠绕，除不计固定钢丝绳的圈数外，还应至少保留两圈。安全检验以功能试验为主。在有检验人员现场监护观察的条件下，进行空钩起升，吊钩或吊具达到起升极限位置时，起升系统断电，吊钩或吊具不能继续上升，证明上限位器有效；吊钩或吊具超过上极限位置时，起升系统仍可继续上升，则应进行检修或更换上限限位器。

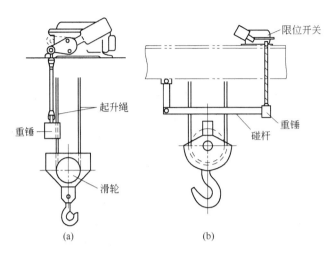

图 3 - 5　重锤式上升极限位置限制器

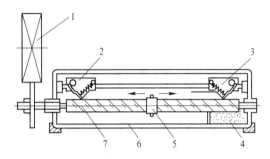

图 3 - 6　螺杆式上升极限位置限制器

1—卷筒齿轮；2，3—上下过卷扬限位开关；4—油池；5—撞头；6—壳体；7—螺杆

3.2.2　运行极限位置限制器

　　运行极限位置限制器，也称行程开关。当天车的大车或小车运行至极限位置时，撞开行程开关，切断运行机构电路，使大车或小车停止运行。常用的运行极限位置限制器为直杆式限制运行位置的行程开关，如图 3 - 7 所示。它由一个行程开关及配合触发开关的安全尺构成。当大车或小车运行到极限位置时，安全尺推压限位开关的转动臂，使电路断开，电动机停转，运行机构制动器使大车或小车停止运行。

　　表 3 - 2 为各种行程开关的极限速度。

表 3 - 2　各种行程开关的极限速度　　　　　　　　　（m/min）

行程开关形式 极限速度	杆形操动臂自动复位式	叉形操动臂非自动复位式	重锤式	旋转式
最高速度	200	100	80	不限
最低速度	5	3	1	直流 8r/min

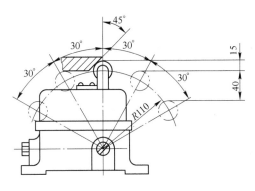

图 3-7 直杆式极限位置限制器

表 3-3 为 L×10 系列行程开关的基本技术数据表。

表 3-3 L×10 系列行程开关基本技术数据

外壳形式	保 护 式		防 溅 式	
控制回路数	单	双	单	双
型 号	L×10-11 L×10-21 L×10-31	L×10-12 L×10-22 L×10-32	L×10-11J L×10-21J L×10-31J	L×10-12J L×10-22J L×10-32J

外壳形式	防 水 式		额定电流 (380V)	备 注
控制回路数	单	双		
型 号	L×10-11S L×10-21S L×10-31S	L×10-12S L×10-22S L×10-32S	10A	自复位,用于平移机构 非自复位,用于平移机构 重锤式,用于起升机构

限位开关的检验:

(1) 限位开关应有坚固的外壳,并应有良好的绝缘性能,密封性能较好,在室外或粉尘场所应能有效的防护。

(2) 触点不应有明显的磨损和变形,应能准确的复位。

(3) 限位开关动作灵敏可靠。

(4) 上升极限位置限制器的动作距离,一般情况下,吊钩滑轮组与上方接触物的距离应不小于 250mm。

3.3 偏斜调整装置

当门式起重机和装卸桥的跨度 $L \geqslant 40\text{m}$ 时,由于大车运行不同步,车轮打滑以及制造安装不准等原因,常会出现一腿超前,另一腿滞后的偏斜运行现象。偏斜运行的起重机,会使起重机的金属结构产生较大的应力和变形,也会造成车轮啃轨,使运行阻力增大,加速车轮与轨道的磨损。因此必须装设偏斜调整装置和显示装置,以使偏斜现象得到及时调整。

常用的偏斜调整装置有凸轮式和电动式两种。

3.3.1 凸轮式偏斜调整装置

凸轮式偏斜调整装置如图3-8所示。门式起重机和装卸桥的两条支腿刚度不同，一条是刚度较大的刚性支腿，另一条是刚度较小的柔性支腿。在柔性支腿4上固接一个转动臂5，通过转动臂5带动固定于桥架3上的拨叉6，当桥架两端支腿出现偏斜时，桥架与支腿发生相对转动，固定在柔性支腿上的转动臂，通过拨叉6带动凸轮2转动。凸轮的形状如图3-9所示。

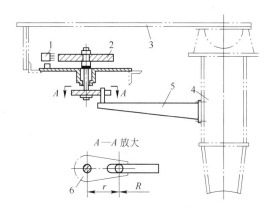 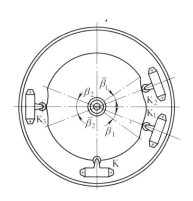

图3-8 凸轮式偏斜调整装置　　　　　图3-9 凸轮的形状
1—开关；2—凸轮；3—桥架；4—柔性支腿；
5—转动臂；6—拨叉

当偏斜量在允许范围（一般为5/1000跨度）内时，凸轮的转动角度小于 β_1，纠偏电动机开关K不动作。当偏斜量超过允许值时，开关K动作，并发出信号，提示司机；同时接通运行机构的纠偏电动机，使柔性支腿一边的运行速度增快或减慢，直到两条支腿平齐为止。如果刚性支腿超前，柔性支腿滞后，凸轮顺时针转动，开关 K_1 动作，使柔性支腿一边的运行速度加快，直到两条支腿平齐为止；如果柔性支腿超前，刚性支腿滞后，则凸轮逆时针转动，开关 K_2 动作，使柔性支腿一边的运行速度减慢，直到两条腿平齐为止。

如果起重机向相反方向运行，偏斜时凸轮转动方向与前进时方向相反，各开关及纠偏电动机的动作也与向前运行时相反。

纠偏电动机能使柔性支腿的运行速度增加或减少10%左右，调整速度的能力是有限的。如果纠偏速度不能适应偏斜的发展速度或纠偏开关失灵，就会使起重机的偏斜量越来越大。因此设置偏斜量极限开关 K_3，即当偏斜量达到结构允许的极限值（一般为7/1000跨度）时，凸轮转过 β_2 角度，极限开关 K_3 动作，使超前支腿的运行机构断电，直到两条支腿平齐后接通。

3.3.2 电动式偏斜调整装置

电动式偏斜调整装置的安装布置如图3-10所示。两个电动式偏斜调整装置2布置在刚性支腿同一侧轨道上，并通过线路连接起来。偏斜调整装置上的滚轮4顶在轨道侧面。正常运行时，两个偏斜调整装置里面的铁心有相同的位移量，由它们构成的电桥处在平衡状态；当两条支腿偏斜时，两个偏斜调整装置里的铁心位移量就不相同，从而电桥失去平衡，发出信号，并通过与纠偏机构联锁构成偏斜调整装置。

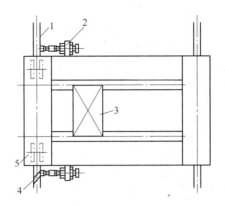

图 3 - 10　电动式偏斜调整装置
1—大车轨道；2—偏斜调整装置；3—小车；4—滚轮；5—车轮

3.3.3　偏斜调整装置的检验

偏斜调整装置的检验主要包括两项内容：一项是偏斜调整装置是否有效；另一项是偏斜调整装置的精度。

偏斜调整装置的有效性检验，先在起重机停止状态进行观察，或拨动开关及机械信号传输系统，检验其运动是否灵活。然后观察起重机运行状况，电气开关的通断，以及运行偏斜时的自动调整性能。

检验偏斜调整装置精度时，应用经纬仪测出开关动作时的偏斜量，与装置显示的偏斜量相对照，即可测出装置的精度。

3.4　缓冲器

缓冲器是天车或小车与轨道终端或天车与天车之间相互碰撞时起缓冲作用的安全装置。天车上常用的缓冲器有橡胶缓冲器、弹簧缓冲器和液压缓冲器等。

3.4.1　橡胶缓冲器

橡胶缓冲器如图 3 - 11 所示，它构造简单，因其弹性变形量较小。缓冲量不大，因此，只适用于车体运行速度小于 50m/min，并且环境温度限制在 - 30 ~ 50℃ 的范围内。

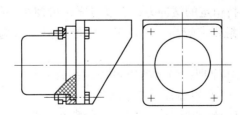

图 3 - 11　橡胶缓冲器

3.4.2   弹簧缓冲器

弹簧缓冲器如图 3 - 12 和图 3 - 13 所示。

（1）弹簧缓冲器的结构及特点：弹簧缓冲器的结构很简单，除铸钢外壳和推杆外，内部只是一个弹簧。它的特点就是结构简单、维修方便、使用可靠，对工作温度没有什么要求，吸收能量较大。缺点是有强烈的"反坐力"。使用于运行速度在 50 ~ 120m/min 之间的天车，速度再大时不宜使用。

（2）弹簧缓冲器的工作原理：当大车、小车运行到极限处，或两车相撞时，推杆被撞，推杆另一端正与缓冲器里面的弹簧相接，弹簧在推杆力的作用下由自由长度不断缩短，缩短的距离为缓冲行程，从而起到了缓冲作用。

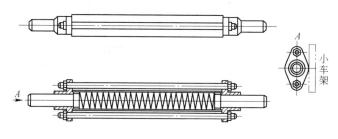

图 3 - 12   小车弹簧缓冲器

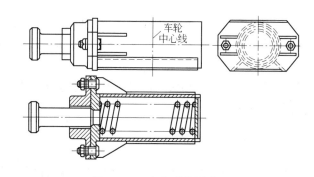

图 3 - 13   大车弹簧缓冲器

3.4.3   液压缓冲器

液压缓冲器如图 3 - 14 所示。

（1）液压缓冲器的结构及特点：液压缓冲器是由弹簧、液压缸、活塞及撞头和心棒组成的。它的特点是能维持恒定的缓冲力，平稳可靠，可使缓冲行程减为 1/2。缺点是构造复杂，维修麻烦，对密封要求较高，并且工作性能受温度影响。适用于运行速度大于 120m/min 的天车。

（2）液压缓冲器的工作原理：当运动质量撞到缓冲器时，活塞压迫液压缸中的油，使它经过心棒与活塞间的环形间隙流到存油空间。适当设计心棒的形状，可以保证液压缸里的压力在缓冲过程中恒定而达到匀减速的缓冲，使运动质量柔和地在最短距离内停住。

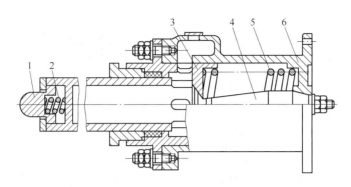

图 3 – 14　液压缓冲器
1—撞头；2，5—弹簧；3—活塞；4—心棒；6—液压缸

3.4.4　缓冲器的检验

缓冲器的检验内容如下：

（1）对缓冲器零件的试验在桥式起重机和门式起重机的大、小车运行机构或轨道端部都应装设缓冲器，要求缓冲器零件的性能可靠，试验后零件应无损坏，连接无松动，无开焊。

（2）对在役起重机缓冲器的检验主要检查其完好性，并实地低速碰撞后进行检查。

3.5　防风装置

露天工作的天车和门式起重机，为了防止被大风吹走而造成倾翻事故，必须装设防风装置。天车上常用的防风装置有两大类，即夹轨器和锚定装置。

3.5.1　夹轨器

夹轨器又称夹轨钳，是广泛应用的一种防风装置。它的工作原理是通过钳口夹住轨道，使起重机不能滑移，从而达到防风吹动的目的。按作用方式不同，夹轨器可分为手动夹轨器、电动夹轨器和手电两用夹轨器。

（1）手动夹轨器。手动夹轨器如图 3 – 15 所示，是一种比较常用的夹轨器，它结构简单、成本低、操作方便，但夹紧力有限，动作慢，仅适用于中、小型起重机。

图 3 – 15（a）是垂直螺杆夹轨器，使用时转动手轮 1，使螺杆 2 上下移动。当螺杆向下移动时先使连接板 5 碰到轨道顶面，进行高度定位，然后通过连杆 3 使夹钳臂 4 绕连接板 5 的铰点转动从而使钳口 6 夹紧轨道。当螺杆向上移动时，先使钳口松开，然后将夹钳臂提高，离开轨道顶面，钳口从而松开轨道。图 3 – 15（b）是水平放置的螺杆夹轨器。

（2）手电两用夹轨器。手电两用夹轨器如图 3 – 16 所示，它由电动机 2、圆锥齿轮 1、螺杆 9、塔形弹簧 5、夹钳 6、7 等组成。

这种夹轨器主要靠电动机工作，其夹紧力是由电动机带动螺杆传动，压缩塔形弹簧产生的。弹簧的作用是保持夹紧力，以免夹钳松弛。脱钳时，使螺母退到一定位置，触动终点限位开关，运行机械方可通电运行。当遇到电气故障或停电时，可采用摇动手轮夹紧。

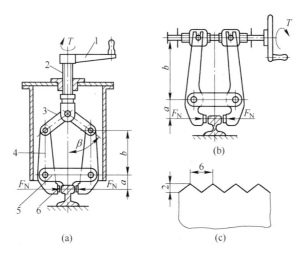

图 3 – 15　手动螺杆夹轨器

1—手轮；2—螺杆；3—连杆；4—钳臂；5—连接板；6—钳口

（3）电动夹轨器。楔形重锤式夹轨器如图 3 – 17 所示，它是电动夹轨器的一种。楔形重锤式夹轨器的提升机构包括电动机 10、减速器 8、卷筒 7、制动器 11、安全制动器 9 以及滑轮、钢丝绳等。

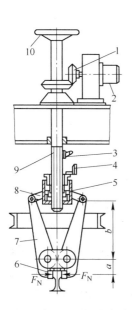

图 3 – 16　手电两用夹轨器

1—圆锥齿轮；2—电动机；3—限位开关；

4—安全尺；5—塔形弹簧；6—钳口；7—钳臂；

8—连杆；9—螺杆；10—手轮

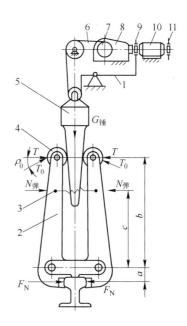

图 3 – 17　楔形重锤式夹轨器

1—杠杆系统；2—钳臂；3—弹簧；4—滚轮；

5—楔形重锤；6—钢丝绳；7—卷筒；8—减速器；

9—安全制动器；10—电动机；11—制动器

当需要夹紧钳时，楔形重锤靠自重下降。当重锤降到下面极限位置时，安全制动器 9

自动闭合，防止钢丝绳继续放出。这时重锤克服弹簧力，迫使夹钳臂上端分开，下端夹紧轨道，实现上钳。

当需要松钳时，电动机10驱动卷筒7，提升楔形重锤5。当重锤上升到一定高度（松钳）撞开第一限位开关，使起重机运行机构电动机接电。继续提升撞第二个限位开关，使电动机10停电，并接通上闸电磁铁将绞车制动，使重锤悬吊不下滑，这时起重机运行机构方可开动。这种夹轨器的缺点，是重锤自重较大，滚轮容易磨损。

（4）夹轨器的检验。

1）夹轨器的各个铰点动作应灵活，无锈死和卡阻现象。

2）夹轨器上钳时，钳口两侧能紧紧夹住轨道两侧；松钳时，钳口能离开轨道，达到规定的高度和宽度。当钳口的磨损量达到规定值时，钳口应修复或更换。

3）夹轨器的电气联锁功能和限位开关的位置，应符合要求。当钳口夹住轨道时，能触动限位开关，并将电动机关闭；当电动机关闭后，钳口就能夹紧轨道。松钳时，安全尺应能触动限位开关，将电动机停止。

4）夹轨器的各零部件无明显变形、裂纹和过度磨损等情况。夹轨钳钳口应达到规定的高度和宽度。

3.5.2 锚定装置和铁鞋止轮式防风装置

3.5.2.1 锚定装置

防风锚定装置主要有链条式和插销式两种，如图3-18所示。链条式锚定装置，是用链条把起重机与地锚固定起来，通过链条间的调整装置把链条调紧，防止链条松动使起重机在大风吹动下产生较大的冲击。插销（或插板）锚定装置是用插销（或插板）把起重机金属结构与地锚固定起来。当风速超过规定值时（一般风速超过 60m/s，相当 10~11级风），把起重机开到设有锚定装置的地段，采用链条或插销（插板）把起重机与锚定装置固定起来。

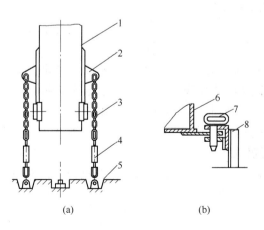

图 3-18 锚定装置

（a）链条式；（b）插销式

1—支腿；2—连接板；3—锚链；4—调整装置；5—锚固点；6—金属结构；7—插销；8—锚固架

要定期检查，锚链不得开裂，链条的塑性变形伸长量不应超过原长度的5%，链条的磨损不应超过原直径的10%，插销（或插板）无变形、无裂纹、锚固螺栓无裂纹、锚固架无过大变形、无裂纹。

3.5.2.2 铁鞋止轮式防风装置

铁鞋作为一种防风装置，其工作原理是：当大风时，铁鞋伸入车轮与轨道之间，依靠铁鞋和钢轨之间的摩擦起防风作用。铁鞋可分为手动控制（见图3-19）和电动控制（见图3-20）两种。

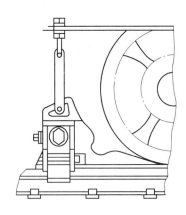

图3-19 手动防风锚定铁鞋

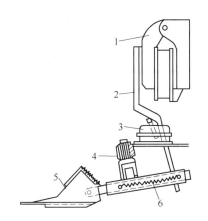

图3-20 电动防风铁鞋
1—电磁铁；2—推杆；3—限位开关；
4—电磁铁；5—铁鞋；6—弹簧

手动控制的防风铁鞋，它将铁鞋和锚链锚固功能结合在一起，通过一个自锁功能装置将夹轨装置固定到轨道上。防止铁鞋与轨道之间产生滑动，锚链的一端连在起重机上，另一端连在铁鞋上，就相当于将起重机锚固在轨道上。电动控制的防风铁鞋，它靠电磁铁的吸合和弹簧作用来实现铁鞋的放下和移开。

铁鞋的检验：

（1）铁鞋落下时，铁鞋舌尖与车轮踏面和轨面都应接触。铁鞋前端的厚度 δ 应在下列范围内：$0.008D \leqslant \delta \leqslant 0.012D$，其中 D 为车轮直径。铁鞋前端的厚度 δ，对防风作用有很大影响。厚度小，起重机车轮在风力不大时，也很容易爬上铁鞋，给工作带来不必要的麻烦。厚度过大，车轮不易爬上，起不到防风作用。

（2）电动控制的铁鞋当放下铁鞋时，起重机大车运行机构应不能开动；只有当铁鞋移开轨道时，大车运行机构才能开动。

（3）各铰点和机构应动作灵活，无卡阻现象，机构的各零部件无缺陷和损坏。

3.6 防碰撞装置

随着天车的运行速度不断提高，在同一轨道上常有数台天车同时工作，为了防止天车之间或天车与轨道末端建筑物相互碰撞，天车上应装设防碰撞装置。

当天车运行到危险距离内时，防碰撞装置便发出警报信号，进而切断天车运行机构电路，使天车停止运行，从而避免天车之间发生相互碰撞事故。常用的防碰撞装置主要有超声波、微波和激光等几种防碰撞装置。

3.6.1 超声波防碰撞装置

超声波防碰撞装置的基本原理，是利用回波测距，测出天车之间距离，当天车进入危险距离时，便发出报警信号，进而切断天车运行机构的电源，使天车停止运行，从而起到防止碰撞的作用。超声波防碰撞装置主要由检测器、控制器和反射板等组成。检测器安装在大车的走台上，反射板安装在另一台天车的相对位置上，控制器安装在司机室内。

检测器定期发出超声波，它在空气中的传播速度约为 $v = 340 \text{m/s}$，从发射到收到反射回波的时间为 t，离反射体的距离为 s，则 $t = 2s/v$ 或 $s = vt/2$。当反射体进入设定距离内时，就能检测出该物体，并发出报警信号。

3.6.2 激光防碰撞装置

激光防碰撞装置由发射器、接收器和反射板等组成。发射器经过交直流变换和脉冲调制，产生脉冲电流，通过半导体激光管产生平行光束，当天车之间处在设定距离内时，投射到安装在另一台天车上的反射板上，并把反射回来的光束汇聚到接收器上，接收器把光信号转换成电信号，光电转换采用的是光电二极管。产生的电信号经过放大器放大，接通报警装置发出报警信号。激光防碰撞装置的检出距离一般为 2~50m 左右，最大可达300m。激光防碰撞装置不受其他光、烟尘、雾气、声的影响。

3.6.3 测设定值

设定距离为防止碰撞的天车之间的最小距离。设定距离是人为设定的，设定距离的大小与天车的运行速度、制动距离等参数有关。一般报警设定距离为 8~20m，减速和停止的设定距离为 6~15m。检测距离的设定值与天车运行速度有关，它们之间关系见表3-4。

表 3-4　检测设定值

起重机运行速度/m·min^{-1}	60~90	90~120	>120
设定距离/m	4~7	8~12	10~20

复习思考题

3-1　天车上有哪些安全防护装置？

3-2　超载限制器的作用是什么？

3-3　超载限制器主要有哪几种形式？

3-4　杠杆式超载限制器主要由哪几部分组成，它是如何起到安全防护作用的？

3-5　弹簧式超载限制器主要由哪几部分组成，它是如何起到安全防护作用的？

3-6　电了型超载限制器主要由几部分组成，它的工作原理是什么？

3-7　对超载限制器的安全要求有哪些？

3-8　超载限制器的综合误差如何计算?

3-9　位置限制器主要有哪几种?

3-10　起升机构为什么要装置极限位置限制器?

3-11　起升机构极限位置限制器主要有哪几种,它们是如何起到防护作用的?

3-12　起升机构极限位置限制器的安全要求是什么?

3-13　运行机构极限位置限制器有哪些安全要求?

3-14　为什么要安装偏斜调整装置,常用的偏斜调整装置有哪几种?

3-15　凸轮式偏斜调整装置的工作原理是什么?

3-16　缓冲器有哪几种,各有什么优缺点?

3-17　防风装置有哪几种?

3-18　夹轨器在使用中应注意哪些事项?

4 天车的电气设备

不同的桥式起重机其电气设备不尽相同，但基本的设备是一样的，电气设备有电动机、控制器、接触器、继电器、电阻器和保护箱等。

4.1 电动机

电动机可分为交流电动机和直流电动机两大类。在交流电动机中又有异步电动机和同步电动机之分。交流异步电动机又分笼型（YZ）和绕线型（YZR）两个系列。

鼠笼式电动机优点是结构异常简单，造价低；缺点是启动电流大，速度不能调节，一般只用在功率不大和启动次数不太频繁的场合。绕线式电动机具有启动电流小（启动电流一般不超过额定电流的 2~2.5 倍）、启动力矩大、可调速三大特点。故在桥式起重机上广泛应用。

4.1.1 电动机的结构

三相绕线转子异步电动机的结构如图 4-1 所示，它主要由定子和转子两个基本部分组成。

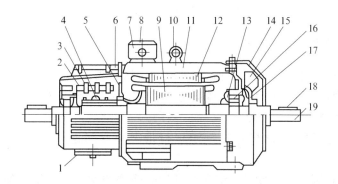

图 4-1　YZR112~250 电动机的结构图

1—排尘孔盖；2—刷杆；3—刷握；4—集电环；5—挡尘板；6—观察窗盖；7—接线盒座；
8—接线盒盖；9—转子；10—吊环；11—机座；12—定子；13—轴承内盖；
14—端罩；15—风扇；16—轴承；17—轴承外盖；18—键；19—轴

（1）定子。异步电动机的定子由机座、定子铁心、定子绕组和端盖等零部件组成。定子是电动机静止不动的部分。定子铁心由 0.5mm 厚的硅钢片叠成，是电动机的磁路部分。定子绕组嵌放在定子铁心槽内，是电动机的电路部分。定子绕组有三相，对称分布在定子铁心上。三相绕组的首端分别用 U1、V1、W1 表示，末端对应用 U2、V2、W2 表示。三相绕线转子异步电动机定子绕组的一相断开，只有两相定子绕组接通电源的情况，称为单相。三相绕组的六个接线端都接在电动机的接线盒内，根据需要接成星形（丫）或三角形（△），图 4 - 2 所示为绕组作星形与三角形联结的示意图。

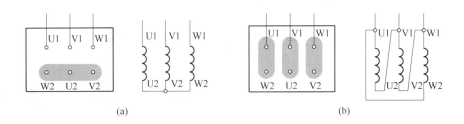

图 4 - 2 定子三相绕组联结示意图
(a) 星形；(b) 三角形

（2）转子。转子是电动机的转动部分，它由转子铁心、转子绕组和转轴等组成。其作用是输出机械转矩。转子铁心与定子铁心一样，也是由 0.5mm 厚的硅钢片叠成的，是电动机的磁路部分。绕线型异步电动机的转子绕组与定子绕组相似，也是三相对称绕组，转子的三相绕组都接成星形，三个出线端分别接到固定转轴上的三个铜制集电环上，环与环之间以及环与轴之间都彼此绝缘。在每个集电环上都有一对电刷，通过电刷使转子绕组与外接电阻器相连接。

三相绕线式异步电动机通过调节串接在转子电路中电阻进行调速的，串接电阻越大，转速越低。

YZR 系列绕线转子异步电动机中心高 400mm 以上机座，定子绕组为三角形联结，其余为星形联结；功率在 132kW 及以下，定子绕组为星形接法。

4.1.2 电动机的工作制

电动机工作制表明电动机的各种负载情况，包括空载、停机和断续及其持续时间和先后顺序的代号，称为工作制。电动机按额定值和规定的工作制运行称为额定运行。

电动机的工作制分为三大类：

（1）连续工作制。电动机可按额定运行情况长时间连续使用。这种工作制用 S_1 表示。

（2）短时工作制。电动机只允许在规定的时间内按额定运行情况使用，这种工作制用 S_2 表示，短时定额时限分为 15min、30min、60min、90min 4 种。

（3）断续工作制。电动机间歇地运行，但周期性重复。

天车上使用的电动机一般按断续周期工作制 S_3 制造（S_3——每一个周期为 10min）。基准工作制为 S_3—40%（即工作制为 S_3 基准接电，持续率 F_c 为 40%）或 S_3—25%。

负载持续率

$$F_c = \frac{t_g}{t_g + t_0} \times 100\% \tag{4-1}$$

式中 t_g——在额定条件下运行的时间，min；

　　　t_0——停机和断能时间，min。

标准断续工作制电动机的标准持续率分为 15%、25%、40% 及 60% 四种。电动机铭牌上标志的额定数据通常是指 $F_c=40\%$ 时的（老产品为25%）数据。

4.1.3　绕线转子异步电动机的特点

天车的工作特点是：周期性断续运行；频繁启动和改变运转方向；频繁的电气和机械制动；超负荷；下放重物时，还经常出现超速；显著的机械振动和冲击；工作环境多灰尘；有的还含金属粉尘；环境温度范围大（ $-40℃\sim+70℃$ ）等。

为了满足天车以上的工作特点，要求天车用电动机有它独特的特性：

（1）天车电动机一般按断续周期工作制 S_3 制造，基准工作制为 S_3—40%（即工作制为 S_3 ，基本负载持续率 F_c 为40%）或 S_3—25%。

（2）电动机最大转矩 T_{max} 倍数和最初起动转矩 T_{st} 倍数大，以适应重载下频繁地启动、制动和反转，满足经常过载和缩短启动、制动时间的要求。

（3）电动机转子转动惯量较小，转子的长度 L 与直径 D 之比较大，加速时间短，启动损耗小。

（4）定子与转子均具有较高的机械强度，允许的最大安全转速超过额定转速的倍数较高。

（5）电动机的防护等级不低于 IP_{44} ，冶金电动机的防护等级不低于 IP_{54} 。

4.1.4　电动机的绝缘等级

电动机的绝缘等级分为 A、E、B、F、H 五级，对应的允许工作温度及允许温升值见表4-1。

表4-1　不同绝缘等级电动机的允许温升

绝缘等级	允许工作温度/℃	环境温度为40℃时，允许的温升值/℃
A	105	60
E	120	75
B	130	80
F	155	100
H	180	125

起重用电动机绝缘为 F 级，环境温度不超过40℃；冶金用电动机绝缘为 H 级，环境温度不超过60℃。

4.1.5　天车用电动机的工作状态

天车上的电动机运行时有以下几种不同的工作状态：电动机工作状态、再生制动工作状态、反接制动工作状态和单相制动工作状态等。

电动机工作状态就是电动机运行时用其电磁转矩克服负载转矩运行。当大、小车运行电动机驱动车体运行，起升机构电动机起升物件时，负载转矩对电动机来说起阻力矩作用，电动机需要把电能转换为机械能，用来克服负载转矩，这时电动机处于电动机工作状态。

发电机工作状态就是负载转矩为动力转矩，转子以相反方向切割定子磁场，电动机变成发电机，其电磁转矩对负载起制动作用。当起升机构起吊的物件下降时，电动机的转矩和旋转方向与起升时相反，而这时的负载转矩对电动机来说，变成动力转矩，它加速电动机转动，这时电动机变成发电机工作状态。当电动机转速超过电动机同步转速后，发电机的电磁转矩变成制动转矩，转子速度超过磁场速度越多，制动转矩就越大。当制动转矩与重力转矩相平衡时，转子速度便稳定下来，物体就以这个速度下降，这时电动机工作在发电反馈制动状态。电动机运行在发电机状态时，其制动转矩与转子外加电阻有关，电阻大时，转子电流小，制动力矩也小，物件下降速度就快。反之，下降速度就慢。为确保安全，在再生制动状态时，电动机应在外部电阻全部切除的情况下工作。

反接制动工作状态是电动机转矩小于负载转矩，迫使电动机沿负载方向运转。如起升机构为了以较低的下降速度下降重载时，电动机按慢速起升状态接通电源，电动机沿起升方向产生转矩，但由于物件较重，电动机的转矩小于负载转矩，电动机在负载转矩的拖动下，被迫沿下降方向运转。这种反接制动工作状态，用以实现重载短距离的慢速下降。

单相制动工作状态是将起升机构电动机定子三相绕组中的两相接于三相电源中的同一相上，另一相接于电源另一相中，电动机构成单相接电状态，电动机本身因不产生电磁转矩而不能启动运转。当物件下降时，电动机在物件的位能负载作用下，使电动机向下降方向运转。因此，这种接线方式，只适用于轻载短距离慢速下降，对于重载会发生吊物迅猛下降事故。

4.1.6　电动机的维护

维护电动机，首先应检查电动机的绝缘程度，并需要做到以下几点：

（1）经常清扫。运行中的电动机要经常加以清扫，积存在内部、集电环和刷握上的灰尘用清洁无水分的压缩空气或使用吹风机来清除。有些电动机并不过载，但异常发热，这往往是灰尘堵塞风道而引起的。机座、端盖、轴承等处的灰尘可用砂布或棉线卷擦净。集电环的表面应是清洁和光亮的，如发现有烧伤的地方，可用 00 号玻璃砂纸磨光。

（2）温度检查。起重用电动机为 F 级绝缘，检查其各部分的最高允许温度，如表 4 - 2 所示。

表 4 - 2　起重用电动机 F 级绝缘时各部分最高允许温度　　　　　　　　　（℃）

电动机的部分	最高允许温度	电动机的部分	最高允许温度
定子绕组	125	集电环	130
转子绕组	125	滚动轴承	95
定子铁心	140		

（3）电刷的检查。检查集电环的电刷表面是否紧贴集电环，引线有无相碰，电刷上下移动是否灵活，电刷的压力是否正常。磨损的电刷应更换新的。

（4）轴承的维护和润滑。经常检查轴承的温度，如果手能长时间紧密接触发热物体，温度约在 60℃ 以下。经常监听轴承有无异常的噪声，运行正确的滚动轴承应是均匀的嗡嗡声而不应有其他杂音。滚动轴承采用复合铝基润滑脂润滑。

4.2　控制器

天车在工作时必须安全可靠，电气方面的安全保护装置有：

（1）低压电气保护开关箱。内箱三级刀开关的熔断器，可对天车的电源线起短路保护和分断电源的作用。

（2）照明开关板。可为天车提供照明、工作行灯用的安全电压，为安全检修提供可靠保证，安全电压的电铃可使天车工作安全。

（3）保护箱内箱。有三级刀开关、主电路接触器和过电流继电器等，可对天车实现零位保护、限位保护、过载保护以及其他各种安全保护等。

（4）天车的接地保护。使天车上所有不带电的金属外壳均可靠地接地。

（5）司机室铺有绝缘板或绝缘胶垫。在安全保护装置中控制器是一种具有多种切换线路的控制电器，它用以控制电动机的启动、调速、换向和制动，以及线路的联锁保护，进而使各项操作按规定的顺序进行。

4.2.1 控制器的分类

在桥式起重机上常用的控制器有凸轮控制器、主令控制器和联动控制台。凸轮控制器结构简单、工作可靠、维修方便，直接或半直接控制中小型桥式起重机的运行机构、起升机构的电动机。主令控制器触点的额定电流一般在 10A 以下，它是一种小型的凸轮控制器，用于切换控制屏中的接触器、继电器，对大中型桥式起重机各机构电动机进行间接的远距离控制。联动控制台是凸轮控制器、主令控制器等电器的组合，可用较少的手柄，控制较多的机构，操作方便，劳动强度低，在机构多、工作频繁的桥式起重机上才采用。

4.2.2 凸轮控制器

凸轮控制器安装在驾驶室内前方窗口附近。由于工作电流直接通凸轮控制器，故一般只应用在电动机功率不太大的情况下（不大于45kW），否则因电流过大，控制器不易工作。凸轮控制器由操纵机构、凸轮与触头系统及壳体等三部分组成。操作手柄带有零位自锁装置，可以避免由于振动和意外碰撞使操作机构误动作。操作时，只需将手柄压下，零位自锁装置打开，便可操作。

4.2.2.1 凸轮控制器的作用

控制电动机启动、制动、换向、调速；控制电阻器并通过电阻器来控制电动机的启动电流，防止电动机启动电流过大，并获得适当的启动转矩；凸轮控制器与限位开关联合工作，可以限制电动机的运转位置，防止电动机带动的机械运转越位而发生事故；操作手柄带有零位自锁装置，可以避免由于振动和意外碰撞使操作机构误动作。

控制器手轮正反向各有 5 个挡位，对应于图 4 - 3 中 1 ~ 5 的五条竖细线，0 对应零位。×代表触头接通。控

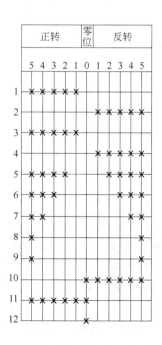

图 4 - 3　凸轮控制器的触头
分合展开图

制器共有 12 副触头，上面四副接工作电路（接电动机定子，控制电动机的启动、正反转），由于工作电路电流大，故触头上装有灭弧室。中间五副接电动机转子和电阻器，控制电动机的转速。下边三副接控制线路，起过载保护、零位保护、限位保护和紧急停车作用。

4.2.2.2　凸轮控制器的特点

（1）控制绕线转子异步电动机时，转子串接不对称电阻，以减少凸轮控制器触头的数量。

（2）一般为可逆对称电路，挡位为 5 - 0 - 5，平移机构正、反方向挡位数相同，具有相同的速度，从一挡至五挡速度逐级增加。反之从第五挡至第一挡速度逐渐减小。起升机构上升时，从一挡至五挡速度逐级增加。起升机构下降时，从一挡至五挡速度逐级减慢。下降时，电动机处于再生制动状态，稳定速度大于同步速度，五挡速度最低。不能得到稳定低速，如需准确停车，只能靠点动操作来实现。重载时需慢速下降，可将控制器打至上升第一挡，使电动机工作在反接制动状态。

4.2.2.3　凸轮控制器的型号

目前生产中使用的主要有 KTJ1、KT10、KTK、KT14 系列凸轮控制器。而新产品 KTJ15、KTJ16 系列凸轮控制器将取代 KT10、KTK、KT14，因为新产品在通、断能力和使用寿命等方面都优于旧产品。

凸轮控制器型号的含义如下：

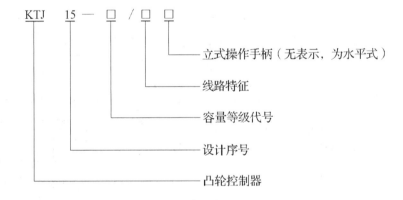

其中：线路特征用数字 1~5 来表示，1 表示控制 1 台绕线转子异步电动机；2 表示控制 2 台绕线转子异步电动机，转子回路定子由接触器控制；3 表示控制 1 台笼型异步电动机；4 表示控制 1 台绕线转子异步电动机，转子电路的两组电阻器并联；5 表示控制 2 台绕线转子异步电动机。容量等级代号：32—额定工作电流为 32A，63—额定工作电流为 63A。

表 4 - 3 是 KTJ15 系列交流凸轮控制器的技术数据。

KTJ15 - □/5 型凸轮控制器有零位触点、行程触点、定子回路触点、转子回路触点。

表 4-3 KTJ15 系列交流凸轮控制器的技术数据

控制器型号	额定电流/A	位 置 数		控制电动机功率/kW
		向前或上升	向后或下降	
KTJ15—32/1	32	5	5	15 及以下
KTJ15—32/2		5	5	
KTJ15—32/3		1	1	
KTJ15—32/5		5	5	
KTJ15—63/1	63	5	5	30 及以下
KTJ15—63/2		5	5	
KTJ15—63/3		1	1	
KTJ15—63/5		5	5	

注：1. KTJ15—32/1、63/1 型凸轮控制器控制 1 台绕线转子异步电动机。

2. KTJ15—32/2、63/2 型凸轮控制器控制 2 台绕线转子异步电动机，转子回路定子由接触器控制。

3. KTJ15—32/3、63/3 型凸轮控制器控制 1 台笼型异步电动机。

4. KTJ15—32/5、63/5 型凸轮控制器控制 2 台绕线转子异步电动机。

4.2.2.4 凸轮控制器的使用和维修

（1）凸轮控制器应用安装螺钉固定。对于立式手柄，应将手柄杆插入操纵轮孔中用力下推，定位销便能自动锁住，然后即可操作。

（2）按照电气原理的要求，分别逐挡操作控制器，观察触头的分合是否与线路中触头分合程序相符。如有不符，应调整或更换凸轮片。

（3）通电前必须坚持电动机和电阻器等与控制器有关电气系统的接线是否正确，接地是否可靠。

（4）通电后应按相应的电气原理图，细心观察电动机的运行情况，若有异常，应立即切断电源，待查明原因后方可继续通电。

（5）控制器应作定期检查和维修，触头接线螺栓及其他所有螺栓连接部分必须牢固；摩擦部分应经常涂钙基润滑脂保持一定的润滑。

（6）触头工作表面应无明显熔斑，灼烧部位可用细锉刀精心修理，不允许使用砂纸打磨。

（7）控制区内的灰尘应及时清除，但勿用湿布擦抹；损坏的零件要及时更换。

4.2.3 主令控制器

主令控制器是向控制电路发出指令，通过各种接触器及继电器，来控制工作电路的接通、切断和换接（即控制电动机的启动、停止、换向和调速）。由于通过主令控制器只是控制电流，其值较小，故主令控制器虽然用来控制功率较大的电动机，但外形尺寸却比凸轮控制器小。

交流控制屏与主令控制器相配合，可以用来控制天车上较大容量电动机的启动、制动、调速和换向。我国目前生产的有用于平移机构的 PQY 控制屏；用于起升机构的 PQS 控制屏等。

4.2.3.1　主令控制器的结构

主令控制器触点组的结构如图 4 - 4 所示。主令控制器具有工作可靠、操作轻便、能实现多点多位控制等优点，这对于工作机构操作频繁的天车来说是很重要的。

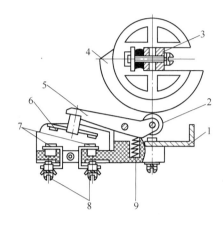

图 4 - 4　主令控制器触点组结构

1—安装板；2—小轮；3—转轴；4—凸轮；5—支杆；6—动触点；7—静触点；8—接线柱；9—弹簧

4.2.3.2　PQY 平移机构控制屏特点

（1）PQY 平移机构控制屏为可逆对称线路，挡位为 3 - 0 - 3，平移机构正、反方向挡位数相同，具有相同的速度，从一挡至三挡速度逐级增加。反之从第三挡至第一挡速度逐渐减小。

（2）电动机转子回路串接 4（或 5）级启动电阻，第一、二级电阻为手动切除，其余由时间继电器控制自动切除。

（3）制动器操纵元件与电动机同时通电或断电。

（4）允许直接打反向第一挡，实现反接制动停车。

4.2.3.3　PQS 起升机构控制屏特点

（1）PQY 起升机构控制屏为可逆不对称线路，挡位为 3 - 0 - 3，升降机构正、反方向挡位数相同，具有相同的速度。起升机构上升时，从一挡至三挡速度逐级增加。起升下降时，从一挡至三挡速度也逐级增加。

（2）电动机转子回路串接 4（或 5）级启动电阻，上升第一、二级电阻为手动切除，其余由时间继电器控制，自动切除。

（3）下降第一挡为反接制动，可实现重载（半载以上）慢速下降。

（4）下降第二挡为单相制动，可实现轻载（半载以下）慢速下降。

（5）下降第三挡为再生制动下降，可使任何负载以略高额定速度下降。

（6）停车时，由于时间继电器 KT1 的作用，使制动器操纵元件比电动机先停电 0.6s，以防止溜钩。

4.2.3.4　主令控制器的应用范围

由于主令控制器线路复杂、使用元件多、成本高，所以仅适用于下列情况：电动机容量大，凸轮控制器容量不够；操作频率高，每小时通断次数接近 600 次或 600 次以上；天车工作繁重，要求电气设备有较高的寿命；天车机构多，要求减轻天车工的劳动强度；由于操作需要（如抓斗机构）；要求天车工作时有较好的调速、点动性能等。

4.2.3.5　主令控制器的型号

目前生产的主令控制器有 LK14、LK15、LK16，其额定电流为 10A，新产品 LK18 将取代它们。主令控制器型号的表示方法如下：

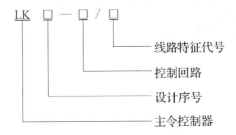

4.2.4　联动控制台

把单个的凸轮控制器或主令开关均安装在座椅支撑台上，可以与座椅一起移动的控制台，称为联动控制台。采用联动控制台视野开阔、操作方便，大大改善了驾驶人的劳动条件。

4.2.5　控制器的维护

控制器的各对触头开闭频繁，尤其是控制器内的定子回路触头，不但要保持其接触良好，而且动静触头间的压力要适宜，这就要求天车工和维修人员应经常检查控制器各触头的接触情况并调整触头间的压力。

每班工作前应仔细检查控制器各对触点工作表面的状况和接触情况，对于残留在工作表面上的珠状残渣要用细锉锉掉。修理后的触头，必须在触头全长内保持紧密接触，接触面不应小于触头宽度的 3/4。动静触头之间的压力要调整适宜，确保接触良好。触头压力不足、接触不良，是造成触头烧伤的主要原因。当动合触头磨损量达 3mm，动断触头磨损量达 1.5mm 时，应更换。

4.3　接触器

接触器是一种自动电器，通过它能用较小的控制功率控制较大功率的主电路与控制电路。在天车上，接触器用来控制电动机的启动、制动、加速和减速过程。由于它是用电磁控制的，所以能远距离控制和频繁动作，并能实现自动保护。

4.3.1　接触器的结构

　　CJ12 系列接触器的结构如图 4 – 5 所示。它是条架式平面布置，在一条扁钢上安装。电磁系统在右，主触头系统在中间，联锁（辅助）触头在左边，衔铁停挡可以转动，便于维修。

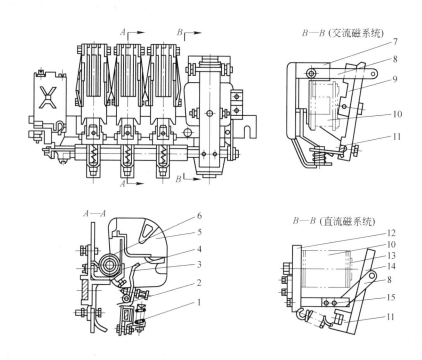

图 4 – 5　CJ12 系列交流接触器的结构

1—触头弹簧；2—软连接；3—主动触头；4—主静触头；5—灭弧罩；6—吹弧线圈；
7—静铁心；8—停挡；9—动铁心；10—线圈；11—转轴；12—磁轭；
13—铁心；14—衔铁；15—螺钉

　　接触器的电磁系统由"∏"型动、静铁心及吸引线圈组成。动、静铁心均有弹簧缓冲装置，能减轻磁系统闭合时的碰撞力，减少主触头的振动时间。接触器的主触头系统为单断点串联磁吹结构，配有纵缝式塑料灭弧罩。联锁触头为双断触头式，有透明的防护罩。联锁触头的常开（动合）、常闭（动断）可按 51、42 或 33 任意组合，其额定电流为10A。触头系统的动作，由接触器电磁系统的扁钢方轴带动。

4.3.2　接触器的工作原理与型号

　　（1）工作原理：线圈与静铁心（下铁心）固定不动，当线圈通电时，静铁心线圈产生电磁吸力，将动铁心（上铁心）即衔铁吸合，由于动触头与动铁心都固定在同一条扁钢方轴上，因此动铁心就带动动触头与静触头接触，使电源与负载接通。当线圈断电时，电磁吸力消失，在弹簧的反作用下，动铁心与静铁心分离（释放），动、静触头断开，负载便断电。接触器动触头与静触头间压力不足会使触头发热，但是也不能将压力调到最大。

（2）型号：TH 表示适应于温热地区；电流代号：Z 表示直流，交流可不写；改型：T 表示改型，没改型可不写。

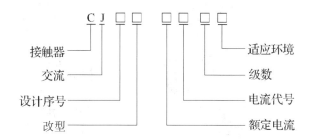

天车上一般采用 CJ12、CJ10 和 CJ20 型交流接触器。其中 CJ12 系列交流接触器可用于冶金、轧钢起重机，供远距离接通与分析，适宜于频繁地启动、制动、反转和停止电动机。

4.4 继电器

继电器是一种电器保护装置，当某些参数（如电压、电流、温度、压力等）变化到一定值时就动作，接通与分断控制电路，起到保护作用。继电器只有通过接触器或其他电器才能对主电路实现控制。与接触器相比，继电器触点容量小、一般不设置灭弧装置、结构简单、体积小、质量轻；灵敏度好、准确度高；参数调节方便，有足够的调节范围。常见的继电器有零电压继电器、过电流继电器、热继电器和时间继电器。

4.4.1 零电压继电器

桥式起重机控制箱中的线路接触器、各种控制屏中的 CJ10－10 接触器，都起零电压继电器的作用。在工作过程中，电源断电，接触器便释放，其触点断开控制回路或主电路的电源，以防止突然恢复供电发生意外事故。在电源供电正常之后，必须将所有的控制器手柄置于零位，才可能重新启动各机构。

4.4.2 过电流继电器

过电流继电器是在电路中如果发生短路或严重过载时，需要迅速切断电源。桥式起重机使用 JL5、JL12、JL15、JL18（J—继电器、L—电流、5 等数字—设计序号）等型号的过电流继电器。JL5、JL15、JL18 为瞬动元件，只能作桥式起重机的短路保护；JL12 为反时限元件，可以作桥式起重机的过载和短路保护。因此过电流继电器有瞬动式和反时限式两类。

（1）过电流继电器的结构。JL12 系列过电流继电器的外形及油杯断面图如图 4－6 所示。它由三部分组成：

1）螺管式电磁系统。双玻璃丝包线线圈或裸铜线线圈 2、磁轭 14 及封口塞。

2）阻尼系统。装有阻尼剂 5（201—100 甲基硅油）的导管 4（即油杯），动铁心 7 及动铁心中的钢珠 8。

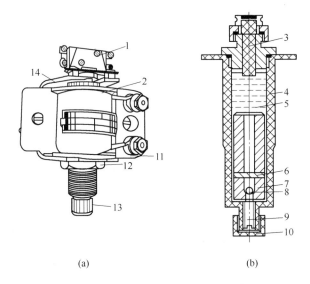

图 4 - 6　JL12 系列过电流继电器的外形及油杯断面图

（a）外形图；（b）油杯断面图

1—微动开关；2—线圈；3—顶杆；4—导管；5—阻尼剂；6—销钉；7—动铁心；
8—钢珠；9—调节螺钉；10，13—封帽；11—接线座；12—螺母；14—磁轭

3）触头部分。微动开关 1 作触头，型号为 JLK1 - 11。

由图可知 JL12 系列过电流继电器，必须垂直安装在绝缘板上。

（2）过电流继电器的工作原理。当天车各机构的电动机发生过载、过电流时，导管 4 中的动铁心 7 将受到电磁力的作用，克服阻尼剂 5 的阻力，向上运动直到推动顶杆 3，打开微动开关 1，断开控制电路，使电动机断电为止。继电器动作后，电动机停止工作，动铁心 7 在重力作用下返回原位。

在继电器下端装有调节螺钉 9，旋动调节螺钉可以调节铁心位置的上升与下降。在环境温度较低时，由于温度对硅油黏度的影响，使继电器动作的时间增长，则可调节螺钉 9，使动铁心 7 的位置上升，从而使继电器的动作时间缩短。反之，在环境温度较高时，由于温度对硅油黏度的影响，使继电器的动作时间缩短，则可调节螺钉 9，使动铁心 7 的位置下降，从而使继电器的动作时间增长。

4.4.3　热继电器

天车上的电动机在运行过程中，因操作频繁及过载等原因，会引起定子绕组中的电流增大、绕组温度升高等现象。如果电动机过载不大，时间较短，电动机绕组的温度不超过允许的温升，这种过载是允许的。但如果过载时间较长或电流过大，使绕组温升超过允许值时，将会损坏绕组的绝缘，缩短电动机的使用寿命，严重时甚至会使电动机烧毁。电路中虽然有熔断器，但熔丝的额定电流为电动机额定电流的 1.5 ～ 2.5 倍，所以不能可靠地起过载保护作用，采用热继电器就能起到电动机的过载保护作用。

在交流电动机定子回路中串入热继电器是为了保护交流电动机不过载，热继电器也具有反时限动作特性。当电动机过电流不超过动作特性，热继电器不动作，可充分发挥电动

机的过载能力；当电动机过电流超过动作特性，热继电器将动作，并通过其他电器，使电动机断电以避免过热。常用的 JR16（J—继电器、R—热、16—设计序号）型热断电器，它不仅能起过热保护的作用，而且能起断相保护的作用。

（1）热继电器的结构。JR16 – 150 型热继电器的结构如图 4 – 7 所示。它由双金属片 2、偏心轮 5、推杆 3、杠杆 7、连杆 4、内外导板 8 和 9 以及静、动触头 10 和 11 等组成。JR16 是三相结构，并带有差动式断相保护机构。

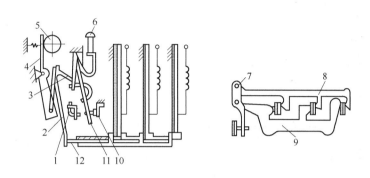

图 4 – 7　JR16 – 150 型热继电器

1—复位调节螺钉；2—补偿双金属片；3—推杆；4—连杆；5—偏心轮；6—复位按钮；

7，12—杠杆；8—内导板；9—外导板；10—常闭静触头；11—动触头

（2）热继电器的工作原理。当三相均衡过载时，双金属片 2 受热向左弯曲，推动外导板 9（同时带动内导板 8）左移，通过补偿片及推杆 3，使动触头 11 与常闭静触头 10 分断，从而断开控制回路。如果一相断路，该相双金属片逐渐冷却向右移动，且带动内导板右移，外导板继续在未断相的双金属片推动下左移，于是产生差动作用。然后通过杠杆传动，使热继电器的动作加快。

4.4.4　时间继电器

时间继电器是一种利用电磁原理或机械动作原理来延迟触头闭合或断开的自动控制电器。它有电磁式、电动式、空气阻尼式、晶体管式等多种类型。天车控制屏中多采用 JT3 系列直流电磁式时间继电器。

（1）时间继电器的结构及作用。JT3 系列直流时间继电器由线圈、动铁心、静铁心、微调弹簧和动、静触头等组成，如图 4 – 8 所示。

（2）时间继电器的工作原理。JT3 系列直流时间继电器的延时作用是根据磁路中磁通缓慢衰减的原理而得到的。延时的长短由磁通衰减的速度来决定。在继电器的静铁心 3 上有一个铜或铝制的阻尼套，当线圈 1 断电时，阻尼套中产生感应电流，这

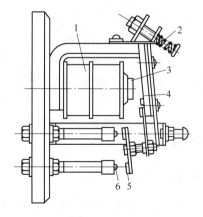

图 4 – 8　JT3 系列直流时间继电器

1—线圈；2—微调弹簧；3—静铁心；

4—动铁心；5—动触头；6—静触头

个电流使铁心中的磁通衰减变得缓慢，所以断电后继电器的动铁心 4 不能立刻释放，而是经过一定时间才释放。这种继电器在线圈通电后，其延时闭合触头瞬时断开，延时断开触头瞬时闭合；线圈断电后，其延时闭合触头延时闭合，延时断开触头则延时断开，所以本继电器仅在断电释放时才有延时作用，延时的时间长短可根据需要进行调节。

改变衔铁上非磁性垫片的厚度或调节螺母改变微调弹簧的压力，就可以调整继电器的延时时间。

4.5　电阻器

电阻器是由电阻元件、换接设备及其他零件组合而成的一种电器。电阻器串接在绕线转子异步电动机的转子回路中，其作用是调速和限制启、制动电流。按照控制器的挡位不同，切除短接或接入外接的电阻，使其阻值按工作的需要减少或增加，从而使电动机变换运转速度，以满足天车工作所需要的力矩和转速。

4.5.1　电阻器的类型

（1）按用途分。按其用途可分为启动用的电阻器和启动、调速用的电阻器两种。

1）启动用的电阻器。启动用的电阻器是在电动机启动时把电阻全部串入转子电路中，随着电动机转速不断地增加，逐级切除，当电阻器全部被切除后，电动机就处在额定转速状态下运行，所以这种电阻是短时使用的用电器。

2）启动、调速用的电阻器。这种电阻器接在电动机的转子电路中，启动和调速都用，所以它是连续使用的用电器。天车上一般都使用这种电阻器。

（2）按材料分。按材料的不同，电阻器又可分为铸铁电阻器、康铜电阻器和铁铬铝合金电阻器三种。

1）铸铁电阻器。铸铁电阻器的特点是价廉，材料容易获得，制造也不困难。它的主要缺点是性脆，易断裂，因为制成栅状，高温时易弯曲变形造成短路，其次是温度系数比其他电阻材料高得多。随着铁铬铝的大量生产，近年来逐渐用铁铬铝代替铸铁。

2）康铜电阻器。康铜是铜镍合金，康铜丝是理想的电阻材料，各方面的性能都很好。由于铜、镍都是贵金属，所以制成康铜丝，只用于作小电动机的电阻。康铜电阻器在起重机上最常用的规格是 $\phi 0.1 \sim 2.0\text{mm}$，较大容量的可采用双股并绕，这样绕制起来较方便。这种电阻的优点是比较坚固，耐冲击；缺点是容量小、温升高。

3）铁铬铝合金电阻器。铁铬铝也是较好的电阻材料，它具有良好的防氧化性和耐高温、耐振动、散热条件较好的特性。除铬以外，铁和铝都是较普通的材料，现已被用在大中型起重机的电阻器上。

4.5.2　电阻器的型号

桥式起重机上使用 ZX2、ZX9、ZX10、ZX12、ZX15 等系列电阻器。与 ZX9、ZX10 电阻器相比，ZX12 电阻器具有性能可靠，无自励振动噪声，产生的寄生电感量小、零件少、结构简单、抽头调节方便、重量轻、成本低、寿命长等优点，已成为取代 ZX9、ZX10 电阻器的新型产品。

4.6 保护箱

保护箱又称保护盘、控制箱、配电盘。它是用来配电、保护和发出信号的电气装置，而且也是一种较为复杂的成套电器。保护箱与凸轮控制器或主令控制器配合使用，实现电动机的过载保护和短路保护，以及失压、零位、安全、限位等保护。

4.6.1 保护箱的结构

保护箱结构如图4-9（a）所示，它是由断路器、过电流继电器、接触器、熔断器、变压器等组成。过电流继电器保护电动机过载；熔断器起短路保护作用；变压器一次侧是380V，二次侧分为220V和36V，分别供给照明灯和信号灯用。保护箱外形如图4-9（b）所示，它的箱体是用型钢和薄钢板焊接而成的。天车上常用的保护箱有 XQB1、XQ1、GQR 和 KQK 等系列。

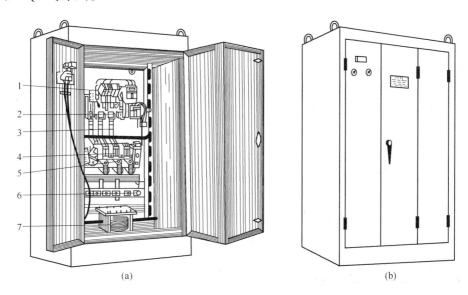

图4-9 保护箱的结构、外形示意图
（a）结构图；（b）外形图

1—断路器；2—过电流继电器；3—三相电源；4—接触器灭弧罩；5—接触器；6—熔断器；7—变压器

4.6.2 保护箱中各电器元件的作用

保护箱中各电器元件的作用如下：

（1）隔离开关在非工作或检修时切断天车电源用（人工操作）。在带负荷时，如果闭合刀开关，会使开关处产生一个很大的弧光，发生弧光短路或人身事故，所以，绝对禁止带负荷闭合刀开关。

（2）主电路接触器它是用来接通或切断天车电源的。与其他电器相配合，可对天车进行过载、短路、零位、各机构限位等各种安全保护。

（3）总过流继电器和各电动机过电流电器对各相应电动机的过载或短路起保护作用。

（4）熔断器作为控制电路以及照明二信号电路的短路保护用。

4.6.3 保护箱中的主电路及控制电路

4.6.3.1 保护箱中的主电路

图 4 - 10 为保护箱中的主电路,图中的 QS 为总电源开关,不工作时用来切断电源,检修时作为隔离开关。KM 为线路接触器,用于接通和断开电源,同时它还能起到失电压、欠电压保护的作用。KOC 为总过电流继电器;KOC1、KOC4 为各支路的过电流继电器;KOC2、KOC3 分别为驱动的大车运行机构电动机用的过电流继电器。U′、W′ 两个端头接天车大车走行凸轮控制器,再将大车走行凸轮控制器的电源接到主回路 U、V 端。如果大车运行机构集中驱动,则 KOC2、KOC3 的接线方式要改成与 KOC1、KOC4 一样的接线方式。

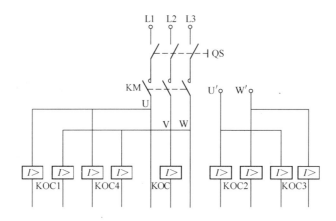

图 4 - 10   保护箱中的主电路

4.6.3.2 保护箱中的控制电路

保护箱中的控制电路如图 4 - 11 所示。

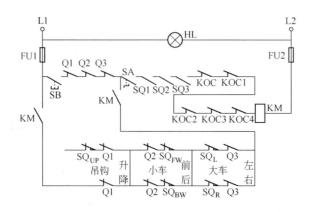

图 4 - 11   保护箱中的控制电路

在图 4 – 11 中：

（1）FU1、FU2 为熔断器。

（2）HL 为信号灯，只要一接通电源，信号灯就亮。

（3）SA 为紧急开关，供在出事故时紧急停电和正常情况下分断电源用。

（4）按钮 SB 在正常情况下接通电源用。

（5）Q1、Q2、Q3 分别为起升、小车、大车机构用凸轮控制器的零位（常闭）触头。

（6）SQ1、SQ2、SQ3 分别为舱口盖、横梁门的安全开关。

（7）KOC、KOC1、KOC2、KOC3、KOC4 分别是过电流继电器及各机构电动机过电流继电器的常闭触头。

（8）KM 为线路接触器，在正常工作时用来接通及分断电源，非正常情况下用来紧急切断电源，兼作失压保护。

（9）SQ_{UP}、SQ_{FW}、SQ_{BW}、SQ_L、SQ_R 分别是起升、小车、大车的限位开关。

当机构向某方向运行时，则与此方向相应的限位开关和控制器辅助头接入电路，而向相反方向运行的控制器辅助触头断开。当机构运行至某个方向的极限位置时，相应的限位开关断开而使线路接触器分断，整个天车停止工作。此后，必须将全部控制器置于零位重新送电，机构才可向另一方向运行。为了安全可靠，有的天车起升机构安装两个限位开关，如不安装限位开关（或限位开关失灵），起升机构在控制失灵的情况下吊钩上升不停，就容易发生吊钩"上天"的事故。

复习思考题

4 – 1　绕线式电动机有哪些特点？

4 – 2　天车用电动机的工作状态有几种，简述其工作状态的特点。

4 – 3　天车在电气方面的安全保护装置有哪些？

4 – 4　天车用的凸轮控制器的作用是什么，它有哪些触头？

4 – 5　主令控制器的应用范围有哪些？

4 – 6　继电器有哪几种？

4 – 7　保护箱内装有哪些电气元件，其作用是什么？

4 – 8　过电流继电器是怎样实现对电动机的过载保护和短路保护的？

4 – 9　电阻器在天车上的作用是什么？

4 – 10　接触器的作用是什么？

4 – 11　交流保护箱的作用是什么？

5 天车的电气线路

天车的电气线路由照明电路、主电路和控制电路三大部分组成。

照明电路的电源取自保护箱内刀开关的进线端，自成独立系统，在切断动力设备电源时仍有照明用电，有利于检修工作。

主电路又称动力电路，是直接驱动各电动机工作的电路。它由电动机的定子外接回路和转子外接回路组成。主电路由控制电路所控制，只有在控制电路正常工作的情况下，主电路才能工作，以保证安全运行。

控制电路对主电路电源的接通与断开自动控制，主要由接触器和各种电器元件组成，用以接通或切断主电路，对天车各机构的正常运行起到安全保护作用。

5.1 照明电路

天车的照明电路是天车电气线路的一部分，它是由桥上照明、桥下照明和驾驶室照明等几部分组成的。

5.1.1 天车照明电路的作用

桥上照明供操作者和维修人员检查和修理设备用；桥下照明供操作者观察桥下工作情况和下面工作者捆绑物件时用；驾驶室照明包括电铃和信号灯等，供操作者与地面工作人员联系或发出危险信号用。

5.1.2 天车照明电路的工作原理

天车的照明电路如图 5-1 所示。

由图 5-1 可见，它的电源是由变压器供给的，变压器一次侧经刀开关 SA 和熔断器 FU1 接在保护箱内的电源刀开关下端，原绕组电压为 380V，两个副绕组的电压分别为 36V 和 220V。两个副绕组的电压分别为 36V 和 220V。36V 供声响指示器 HA 和信号灯 HL 等用；220V 供照明灯 EL1、EL2、EL3 用。声响指示器、信号灯、照明灯分别由手动开关 SB1、SB2、SB3 控制，使用时合上开关即可。XS1、XS2、XS3 为插座，供电风扇等用。在变压器原、副绕组侧安装熔断器 FU1、FU2，作短路保护用。

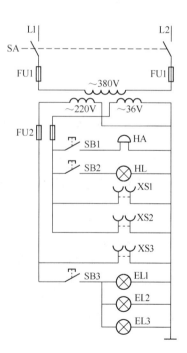

图 5-1 天车照明电路

5.2 主电路

主电路又称动力电路，是直接驱动各电动机工作的电路。它包括电动机绕组和电动机外接电路两部分。外接电路有外接定子和外接转子电路，简称定子电路和转子电路。

定、转子电路控制方式是由电动机容量、操作频率、工作繁重程度、工作机构数量等多种因素决定的，定子电路由接触器控制，转子电路由凸轮控制器控制。

5.2.1 定子电路

5.2.1.1 定子电路的组成

定子电路如图 5-2 所示。由三相交流电源、隔离开关 QS、过电流继电器的线圈 KOC1、KOC2，正反向接触器的主触头 KMF、KMR 及电动机定子绕组等组成。

隔离开关 QS 是主电路与电源接通和断开的总开关；过电流继电器 KOC1、KOC2 作电动机过流保护用；正反向接触器的主触头 KMF、KMR 均为常开触头，两者之间具有电气联锁和机械联锁，防止发生线（相）间短路事故。当正转接触器主触头 KMF 闭合时，电动机正转；当反转接触器主触头 KMR 闭合时，则电动机反转。

5.2.1.2 定子电路的作用

主电路中定子回路的作用是为电动机三相定子绕组提供三相电源使其产生电磁转矩，同时通过电气控制设备及装置来使其换相，以达到改变电动机旋转方向之目的。要改变电动机运转方向就必须将三相电源中的任意两相对调。电动机的停止、正反转换向都是由凸轮控制器定子回路触头的闭合状态所决定的。表 5-1 为凸轮控制器控制电动机转向的情况。

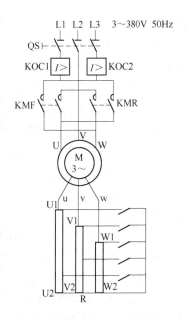

图 5-2 主回路电路图

表 5-1 凸轮控制器控制电动机转向的情况

电路变化情况	L1 L2 L3 U V W M 3~	U V W M 3~	U V W M 3~
控制器触头闭合情况	L1 1 V 2 L3 3 W 4	L1 V L3 W	L1 1 U 2 L3 3 W 4
电动机转向	正 转	零位（停止）	反 转

当凸轮控制器的手柄置于零位时，其触头断开，电动机不工作；当凸轮控制器手柄逆时针方向转动时，触头 1、3 闭合，电动机正转。当凸轮控制器手柄顺时针方向转动时，

触头 2、4 闭合，电动机反转。

5.2.2　转子电路

转子回路是指通过接触器（或凸轮控制器）触头的分合来改变转子外接电阻的大小而实现限制启动电流及调速的电路。转子电路由转子绕组、外接电阻器及凸轮控制器的主触头等组成。转子电路的外接电阻是由三相电阻器组成的，三相电阻的出线端 U2、V2、W2 连接在一起，另外三个出线端 U1、V1、W1 用三根导线经电刷 – 集电环分别与转子绕组 u、v、w 相连接。开始工作前，先将凸轮控制器手柄置于零位，这时电动机处于静止状态。

（1）电动机在额定负载下 $T_L = T_n$，当凸轮控制器手柄置于第一挡时，电动机的定子电路与电源接通，转子电路串接全部电阻，电动机转矩小于负载转矩 $T < T_L$，电动机并不转动，只消除传动装置间隙，以减小机械冲击。

（2）当凸轮控制器手柄置于第二挡时，其触头 1 闭合，电阻减小，电机转矩大于负载转矩，电动机的启动转速上升。

（3）当凸轮控制器手柄置于第三挡时，其触头 1、2 闭合，电阻进一步减小，转矩增大，电动机转速继续上升。

（4）当控制器手柄置于第四挡时，其触头 1、2、3 闭合，电阻进一步减小，电动机转速继续上升。

（5）当控制器手柄置于第五挡时，其触头 1~5 闭合，转子各相电阻全部被短接，此时电动机的转速最高，且等于额定转速。

可见，凸轮控制器手柄从一挡至五挡，由于其触头顺序闭合，转子电路外接电阻逐级短接（切除），电动机的转速从低速到高速。同理，控制器手柄从五挡至一挡，由于其触头顺序断开，转子电路外接电阻逐级接入，电动机的转速从高速到低速，以至停止。

5.3　控制电路

控制电路是对主电路电源的接通和断开进行自动控制的，只有当控制电路闭合接通时，主电路才接通；当控制电路分断时，主电路亦随之分断。所以，控制电路又叫操作电路。

5.3.1　控制电路分析

图 5 – 3 是天车的控制电路原理图。控制电路主要由三部分组成：零位保护电路、限位保护电路和联锁保护电路，其中接触器线圈串接在联锁保护电路中。零位保护电路和限位保护电路并联后与联锁保护电路相串联。

（1）QS 为隔离开关，控制电路与电源接通。

（2）FU1、FU2 为熔断器。

（3）SA 为紧急开关，在出事故时紧急停电和正常情况下分断电源用。

（4）按钮 SB 在正常情况下接通电源用。

（5）Q1、Q2、Q3 分别为起升、小车、大车机构用凸轮控制器的零位（常闭）触头。

（6）SQ1、SQ2、SQ3 分别为舱口门、横梁门的安全开关。

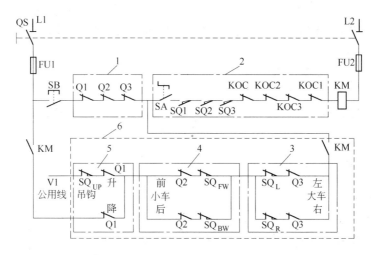

图 5 - 3 天车的控制电路原理图

1—零位保护回路；2—联锁保护电路；3—大车电路；4—小车电路；5—升降电路；6—限位保护电路

（7）KOC、KOC1、KOC2、KOC3 分别是过电流继电器及各机构电动机过电流继电器的常闭触头。

（8）KM 为线路接触器，在正常工作时用来接通及分断电源，非正常情况下用来紧急切断电源，兼作失压保护。

（9）SQ_{UP}、SQ_{FW}、SQ_{BW}、SQ_L、SQ_R 分别是起升、大车、小车的限位开关。

合上隔离开关 QS，控制电路与电源接通。当大、小车及升降用凸轮控制器的手柄置于零位，紧急开关 SA 及舱口门、横梁门的行程开关 SQ1、SQ2、SQ3 处于闭合状态时，按下启动按钮 SB，电源 L1→熔断器 FU1→启动按钮 SB→各凸轮控制器零位触头 Q1、Q2、Q3→紧急开关 SA→舱口门、横梁门行程开关 SQ1、SQ2、SQ3→各过电流继电器触头 KOC、KOC2、KOC3、KOC1→接触器 KM 线圈→熔断器 FU2→电源 L2。接触器线圈 KM 得电吸合，主触头 KM 闭合接通电源，辅助触头 KM 闭合实现自锁，启动按钮 SB 及 Q1、Q2、Q3 零位触头不再起作用，大车电路、小车电路、升降电路等串接入接触器 KM 线圈电路。这时各机构并不动作。

当大、小车凸轮控制器的手柄处于零位，将升降机构凸轮控制器的手柄置于上升位置时，控制电路由公用线（V1）经 SQ_{UP}、Q1→Q2、SQ_{FW}（或 SQ_{BW}）→SQ_L（或 SQ_R）、Q3→KM 触头→SA→SQ1、SQ2、SQ3→KOC、KOC2、KOC3、KOC1→接触器 KM 线圈形成闭合回路，KM 仍保持吸合状态（由于升降电路中控制"降"操作的 Q1 已断开，KM 触头闭合，KM 不从 L1 供电）。由升降机构用凸轮控制器 Q1 控制电动机以某一速度往上升方向转动，吊钩上升。

当大车凸轮控制器手柄置于向左、小车凸轮控制器手柄置于向前、升降机构凸轮控制器手柄置于上升位置时，由公用线 V1 经 SQ_{UP}、Q1→Q2、SQ_{FW}→SQ_L、Q3→KM 触头→SA→SQ1、SQ2、SQ3→KOC、KOC2、KOC3、KOC1→接触器 KM 线圈，形成闭合回路，控制相应机构的电动机，以保证大车、小车、吊钩按手柄操纵方向运行。

当大车向右、小车向后、吊钩下降时，工作原理与上述过程相似，由 KM→Q1→Q2、

$SQ_{BW} \rightarrow SQ_R$、$Q3 \rightarrow KM$ 触头$\rightarrow SA \rightarrow SQ1$、$SQ2$、$SQ3 \rightarrow KOC$、$KOC2$、$KOC3$、$KOC1 \rightarrow$接触器 KM 线圈，等电器元件形成闭合回路，控制相应机构的电动机，以保证大车、小车、吊钩按手柄所操纵的方向运行。

从图5-3控制电路原理图可以看出，当机构向某方向运动时，其相应的行程开关即接入控制电路，当机构运动至行程终点时，行程开关即断开，接触器 KM 断电释放，也就实现了行程保护的目的。这时应将各控制器扳回零位，按动启动按钮 SB，使主电路重新送电，将机构向相反方向开车，天车方可继续工作。

5.3.2 天车电路中控制电路的作用

天车电路中控制电路的作用如下：

（1）电动机短路和过载保护。绕线转子异步电动机采用过电流继电器、熔断器保护，瞬动的过电流继电器只能保护短路，反时限特性的过电流继电器不单有短路保护，还有过载保护作用。

（2）失压保护。用主令控制器控制的机构，一般在控制屏加零电压继电器作失压保护，凸轮控制器控制的机构，用保护箱中的线路接触器作失压保护。

（3）控制器零位保护。为了避免接通电源后，由于手动复位的凸轮控制器不在零位使电动机自行运转，从而使天车产生危险动作。

（4）行程保护。主要是限制电动机所带动的机构越位，以保证机构运行到终点之前，立即断电停车，起行程保护作用。

（5）舱口门开关与横梁门开关。当舱口门横梁门打开时，主电路不能送电；已送电的主电路当舱口门（或横梁门）打开时，能自动切断电源，防止司机或检修人员上车触电。

（6）紧急开关。是为保护生产人员的安全，在紧急情况下可迅速断开总电源的开关。

天车的整机电路是由照明回路、主回路、控制回路三部分组成的。图5-4即为小吨位天车的整机电路图。

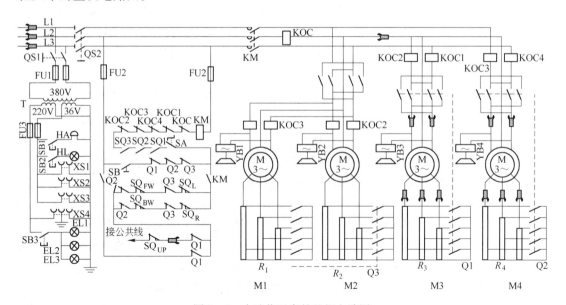

图5-4 小吨位天车的整机电路图

　　天车的主滑线为天车提供三相电源 L1、L2、L3，经隔离开关 QS1 给照明电路供电；经熔断器 FU2 给控制回路供电；经线路接触器 KM 给主回路供电，即给大车运行机构的电动机 M1、M2、小车运行机构的电动机 M3 及起升机构（吊钩）的电动机 M4 供电。

复习思考题

5-1　天车的电气线路有几种？

5-2　主电路的作用是什么？

5-3　定子电路的作用是什么？

5-4　转子电路的作用是什么？

5-5　天车电路中控制电路的作用是什么？

天车的安装、试车及润滑

6.1 天车的组装和架设

6.1.1 天车的组装

6.1.1.1 桥架的组装

为了便于运输，桥架在出厂前被分割为数段，安装前再把它组装在一起，组装的方法是在分割的连接部分，用螺栓连成一体。再按照表6-1中技术要求，逐项检查桥架的装配质量。

表6-1 天车桥架的检查技术要求

项 目	偏差(小于)/mm	简 图
主梁上拱度 f_0（$=s/1000$）的偏差	+0.3 -0.1	
对角线 s_3、s_4 的相对差 箱形梁 单腹板和桁架梁	5 10	
箱形梁旁弯度 f（带走台时，只许向走台侧弯曲）	$s/2000$	
单腹板、偏轨箱形梁和桁架梁旁弯度 f	$\pm s/3000$	
箱形梁小车轨距 s_0 的偏差	± 1	
跨端 $s < 19.5m$	+5 -1	
跨中 $s \geqslant 19.5m$	+7 -1	
单腹板、偏轨箱形梁和桁架梁小车轨距 s_0 的偏差	± 3	
同一截面上小车轨道高低差 c $s_0 \leqslant 2.5m$ 时 $2.5m < s_0 \leqslant 19.5m$ 时 $s_0 > 4m$ 时	3 5 7	

项　目	偏差（小于）/mm	简　图
箱形梁小车轨道直线度（带走台时，只许向走台侧弯曲） 　跨端 　跨中	3 4	
小车轨道中线对承轨梁中线的偏移 d 单腹板和桁架梁偏轨箱形梁	10 8	

6.1.1.2　小车的检查

小车在制造厂已装配完毕，安装前应按表 6 - 2 中的技术要求进行检查，确认其符合要求后，再将它直接吊落在桥架的小车轨道上，以备架设。

表 6 - 2　小车的检查技术要求

项　目	偏差（小于）/mm	简　图
小车跨度 s_0 的偏差 　$s_0 \leqslant 2.5\text{mm}$ 时 　$s_0 > 2.5\text{mm}$ 时	± 2 ± 3	
小车跨度 s_1、s_2 的相对差 　$s_0 \leqslant 2.5\text{mm}$ 时 　$s_0 > 2.5\text{mm}$ 时	2 3	
小车轮对角线 s_3、s_4 的相对差	3	
小车轮垂直偏斜（只许下轮缘向内侧偏斜）	$D/400$	
对两条平行基准线每个小车轮水平偏斜	$s/1000$	
小车主动轮和从动轮同位差	2	

6.1.1.3　大车的检查

大车运行机构由制造厂安装并经调试，符合要求，因此，在桥架组装完毕后，应按表 6 - 3 所列项目和要求，检查大车的装配质量。

6.1.2　天车的架设

天车组装好后，将它提升到天车的轨道上去。由于现场条件不同，可以有不同的提升方案。

表 6 - 3　大车的检查技术要求

项　　目	偏差（小于）/mm	简　　图
大车跨度 s 的偏差	±5	
大车跨度 s_1、s_2 的相对差	5	
大车轮垂直偏斜（只许下轮缘向内偏斜）	$D/400$	
每个车轮端面对钢轨对称垂直面的平行度 两个车轮的平行度方向应相反	$l/1000$	
同一端梁上车轮的位置度	3	

（1）整体提升法。它的主要提升设备是一个起重桅杆和地面绞车。先把桥架在地面上组织后整体吊升。起升时先把天车旋转一个角度，以便能从轨道中穿过。当穿过轨道后再反向转正，按正常位置放置于轨道上。大小车可以一次提升，也可先提大车再提小车。

桅杆立在厂房的中央位置，需用四根拉索固定，拉索的强度及其固定方法应当经过计算和检验，拉索的位置不得妨碍桥架在空中旋转。同时，在起吊前必须测量由轨道中心线至外侧墙壁的距离。此距离不得妨碍大车转倒。

（2）分部提升法。分部提升法是将端梁连接部分拆开，先把两根主梁分别吊到轨道上，再把小车提升到高于主梁的位置。与此同时将两根主梁靠拢，把端梁连接好，然后再把小车放到主梁的轨道上。这种提升方法高空安装作业量大。

近年来，由于汽车起重机的起重能力和提升高度大幅度提高，所以在一般厂房内，可以用汽车起重机经天车直接提升到轨道上，不必再按照临时性的起重设备。

6.2　试车

6.2.1　试车前的准备

试车前的准备内容如下：

（1）切断全部电源，按图纸及技术要求检查全机：各连接件是否牢固，各传动机构是否灵活，金属结构有无变形、裂纹、焊缝有无开裂、漏焊，钢丝绳在滑轮和卷筒上的缠绕情况是否正确和牢固。

（2）检查天车的组装和架设是否符合技术要求。

（3）电气方面必须完成下列检查工作才能试车：

1）用兆欧计检查全部电路系统和所有电气设备的绝缘电阻。

2）切断电路，检查操作电路是否正确和所有操作设备的运动部分是否灵活可靠，必要时进行润滑。

3）在电气设备中，要特别注意电磁铁、限位开关、安全开关和紧急开关的可靠性。

（4）用手转动天车各部件，应无卡死现象。

6.2.2　无负荷试车

经过上述检查和修理，全机正常后，再用手转动制动轮，使卷筒和车轮能灵活转动一周，无卡死现象时，就可进行无负荷试车，其步骤和要求如下：

（1）小车行走。空载小车沿轨道来回行走3次，此时车轮不应有明显的打滑；制动应平稳可靠；限位开关动作准确。

（2）空钩升降。使空钩上升下降各3次，起升限位开关动作准确。

（3）大车运行。把小车开至跨中，使大车沿整个厂房全长慢速行走两次，以验证厂房和轨道。然后以额定速度往返行走3次，检查运行机构工作情况。启动和制动时，车轮不应打滑和滑行，运行平稳，限位开关动作准确，缓冲器能起作用。

6.2.3　负荷试车

在无负荷试车正常后，才允许负荷试车，负荷试车分静负荷试车和动负荷试车。

（1）静负荷试车。天车静负荷实验时，首先把小车开到主梁的中间，吊起0.5倍的额定载荷，没问题后，再吊起0.7倍的载荷，仍没问题时，再吊起额定载荷和1.25倍的额定载荷，每次停留10分钟，起升高度距地面约100mm，然后卸去载荷。此时主梁不许有永久性变形出现，而且主梁的下挠值在规定的数值范围内。

（2）动负荷试车。动负荷试运转在起升1.1倍额定负荷的情况下，同时开动起升机构和走行机构反复运转，以检验各机构动作是否灵敏、平稳、可靠的试车过程叫动负荷试车。

天车动负荷试运转时，首先吊起额定载荷的0.5倍、0.7倍、1倍和1.1倍载荷，使小车在主梁上往返运行几次，没问题后，再同时开动两个机构（大车和小车）重复运行。起升机构累计开动时间在10~15min，运行机构不少于20min或运行次数不少于10次。此时，制动器应灵敏可靠，减速器无噪声、无振动、温升正常、不漏油，润滑系统良好，各限位开关和安全保护装置动作可靠；各电气设备的性能良好、温度正常、无噪声、无振动、活动接头处无烧伤。

卸去载荷，小车开到一端，测量主梁上拱值，应符合标准规定。然后，再将小车开到主梁中间，吊起额定起重量的 1.25 倍载荷，离开地面 100～150mm，10min 后卸去载荷，检查主梁，不允许产生永久性变形。如此反复两次，主梁不许有永久性变形。然后再吊起额定负载，并在负载上挂一重锤，地面上放一标尺，记下重锤位置的刻度值。卸载后重锤所指数值与前面数值之差，即主梁的弹性下挠值，此值应小于规定值。

6.3　天车的安全操作规程

为了保证天车能安全可靠地工作，除了需对天车经常进行检查和维修，保证设备的良好状态，正确的操作也是重要环节。经过天车事故分析总结，绝大多数事故的发生是由于违章操作所致，所以必须按安全操作规程操作。

6.3.1　一般要求

天车安全操作的一般要求如下：

（1）每台天车必须由持有经有关部门确认的司机操作证的专职司机操作。

（2）天车工必须是年满 18 岁，具有初中以上的文化程度，经医务部门检查确认身体合格者。

（3）天车工必须经过专门培训，实习期一般不少于两个月，由安技部门对其进行基础理论知识和实际操作技术的考试，成绩合格者发给天车操作证，方可独立操作天车。

（4）没有天车操作证者严禁操作天车，助手和徒工必须在有经验师傅监督和指导下操作天车。

（5）对于因违反规程受到处分而被收回吊销操作证者，不得独立操作天车。

（6）天车工必须熟悉以下基本知识：

1）天车各机构及其部件的构造、工作原理和功能。

2）天车电气设备的结构、工作原理、功能及其电路系统的控制原理。

3）天车的操作规程、使用及维护保养知识。

4）指挥工的指挥信号。

（7）操作应按指挥信号进行，并应与指挥工密切合作。对紧急停车信号，应立即执行。

（8）当确认天车上或其周围无人时，才可闭合主电源。如果电源断路装置上加锁或有标牌时，应由有关人员除掉后才能闭合主电源。

（9）闭合主电源前，应使所有的控制器手柄置于零位。

（10）工作中突然断电时，应将所有控制器手柄扳回零位，在重新工作前，应检查天车动作是否都正常。

（11）露天工作的天车，当工作结束时，应将天车锚定住。当风大于六级时，一般应停止工作，并用夹轨器或其他固定方法将天车可靠地锚定住。

（12）天车维护保养时，应切断电源，并挂上标志牌或加锁。多机共用同一电源时，牌子应挂在天车的保护配电箱的电源开关上，并应在被维修的天车两侧设上阻挡器，标志牌和信号灯，必要时设专人守卫和指挥，以防邻机相碰撞。

（13）带电修理时，应戴上橡胶手套和穿上橡胶鞋，并须使用有绝缘手柄的工具。

（14）有可能产生导电的电气设备的金属外壳必须接地。

（15）天车的操纵室和走台上应备有灭火器和安全绳。

6.3.2 交接班制度

天车工的交接班制度如下：

（1）交班前天车应停放在停车位置，天车的各控制器手柄应扳回零位，拉下保护箱的总刀开关。

（2）交班天车工应将工作中天车的工作情况记于交接班手册中。接班天车工首先应熟悉前一班司机在手册中所记事项，并共同检查天车各机构，检查的项目为：

1）检查保护箱的总电源刀开关是否已切断，严禁带电检查。

2）钢丝绳有无破股断丝现象，卷筒和滑轮缠绕是否正常，有无脱槽、串槽、打结、扭曲等现象，钢丝绳端部的压板螺栓是否紧固。

3）吊钩是否有裂纹，吊钩螺母的防松装置是否完整，吊具是否完整可靠。

4）各机构制动器的制动瓦是否靠紧制动轮，制动瓦衬及制动轮的磨损情况如何，开口销、定位板是否齐全，磁铁冲程是否符合要求，杆件传动是否有卡住现象。

5）各机构传动件的连接螺栓和各部件的固定螺栓是否紧固。

6）各电气设备的接线是否正常，导电滑块与滑线的接触是否良好。

7）开车检查终点限位开关的动作是否灵活、正常，安全保护开关的动作是否灵活、工作是否正常。

8）天车各机构的传动是否正常，有无异常声响。

检查完天车各机构后，接班天车工将结果记于交接手册中。

（3）检查天车和试验各机构时，发现下列情况，天车工不得启动天车。

1）吊钩的工作表面发现裂纹，吊钩在吊钩横梁中不能转动。

2）钢丝绳有整股折断或断丝数超过报废标准。

3）各机构的制动器不能起制动作用，制动瓦衬磨损严重，致使铆钉裸露。

4）各机构的终点限位开关失效或其杠杆转臂不能自动复位，舱口门、横梁门等安全保护开关的联锁触头失效。

6.3.3 天车运行前的注意事项

天车运行前的注意事项如下：

（1）了解电源供电和是否有临时断电检修情况。

（2）断开隔离开关，检查天车各机构的情况，各开关是否正常，制动器是否正常，各部位的固定螺栓是否松动，车上有无散放的各种物品。

（3）按规定向各润滑点加注润滑油脂。

（4）对在露天工作的天车，应打开夹轨器或其他固定装置。

（5）检查运行轨道上及轨道附近有无妨碍运行的物品。

（6）在主开关接电之前，司机必须将所有控制器手柄转至零位，并将从操作室通向走台的门和各通路上的门关好。

6.3.4 天车工操作天车中的注意事项

天车工在操作天车中的注意事项如下：

（1）天车工在操作时精神必须集中，不得在作业中聊天、阅读书报、吃东西、吸烟等。

（2）为防止触电，天车工不能湿手操纵控制器，应穿绝缘鞋，工作室地面要铺有橡胶板或木板等绝缘材料。

（3）天车工在操作天车运行时，必须遵守下列规则：

1）鸣铃起车。起车要平稳，逐挡加速。起升机构每挡之间的转换时间为 1 ~ 2s；运行机构每挡之间的转换时间为 3s 以上；大起重量的天车各挡的转换时间还应长些。

2）每班第一次起吊货物时，应首先将货物吊离地面 0.5m，然后放下，在下放货物的过程中试验制动器是否可靠，然后再进行正常作业。

3）禁止超负荷运行。对于接近额定载荷的货物应用第 2 挡试吊，如不能起吊，说明物件的重量超过天车的额定负荷，所以不能用高速挡直接起吊。

4）起吊物件时，禁止突然起吊。当起升钢丝绳接近绷直时，要一边调整大小车的位置，一边拉紧钢丝绳。放下物件时，也要注意逐渐落地，以防损伤物件及引起天车的振动。

5）禁止起吊埋在地下或凝结在地面以及与车辆、设备相勾连的货物，以防拉断钢丝绳。

6）禁止斜拉、斜吊。因为斜吊会使货物摆动，与其他物体相撞而且还可能出现使钢丝绳拉断、超负荷等现象。

7）天车吊运的物件禁止从人头上越过，禁止在吊运的物件上站人。吊运物件应走指定的"通道"，而且要高于地面物件 0.5m 以上。

8）天车工在作业中应按下列规定发出信号：起升、落下物件，开动大小车时；天车接近跨内另一天车时；吊运物件接近地面人员时，都要鸣铃。天车吊物从视线不清处通过时；在吊运通道上有人停留时，要连续鸣铃发出信号。

9）天车正常运行时，禁止使用紧急联、限位开关、打倒车等手段来停车。当然，为了防止发生事故而须紧急停车时例外。

10）禁止天车吊物在空中长时间停留。天车吊物时，天车工不准随意离开工作岗位。

11）在电压显著降低和电力输送中断的情况下，必须切断主开关，所有控制器手柄扳回零位停止工作。

12）严禁利用吊钩或吊钩上的物件运送或起升人员。

13）起升熔化状态的金属时，不得同时开动其他机构运转。

14）吊运盛有钢液的浇包时，天车不宜开得过快，以控制器手柄置于第二挡为宜。

15）翻转浇包前，应用横梁上的起重钩牢靠地钩住吊耳，用辅助小车吊钩可靠地钩住包上的翻转环，工作中只听专职人员指挥。

16）不得将辅助起升机构的钢丝绳与浇包或平衡梁直接接触。

17）由浇注槽向炉内注入钢液时，只许浇包在槽的边缘运送，并保持适当的高度。

18）打开浇包的水口砖时，不许有人站在浇包下操纵压棒。

6.3.5　天车工工作结束后的注意事项

天车工在工作结束后的注意事项如下：

（1）将吊钩升至较高位置，小车开到远离大车滑线的端部，大车开到天车的停车位置。

（2）对于电磁和抓斗天车，应将起重电磁盘或抓斗放落到地面。

（3）将控制器手柄扳回零位，拉下保护箱的刀开关。

（4）对各机构及电气设备的各种电器元件进行检查、清理、并按规定润滑。

（5）室外工作的天车应将大车和小车固定可靠，以防风吹。

（6）天车在运行及检查中所发现的问题，故障及处理情况应全部记入交接班手册。

（7）工作结束后的天车工只有在向接班天车工交班后方可离开天车。如接班天车工未到，需经领导准许后方可离开。

6.4　天车的润滑

天车的润滑是保证天车正常运行、延长机件寿命、提高生产效率以及确保安全生产的重要措施之一。天车司机和维修保养人员，应提高对设备润滑重要性的认识，经常检查各运动点的润滑情况，并定期向各润滑点加注润滑油脂，坚决纠正那种只管开车，不管润滑的现象。

6.4.1　润滑原则与方法

设备中任何可动的零部件，在其做相对运动的过程中，相接触的表面都存在着摩擦现象，因而造成零部件的磨损，其后果是导致设备运转阻力增大，运转不灵活；寿命降低，工作效率下降。

润滑就是在具有相对运动的两物件接触表面，加入润滑剂，达到控制和减少摩擦，从而使设备正常运转，延长零部件寿命，提高设备的工作效率，这是设备维护保养工作的重要措施。润滑的原则是：凡是有轴和孔，属于动配合部位以及有相对运动的接触面的机械部分，都要定期进行润滑。由于各种天车的工作场合、工作类型不同，对各润滑部位的润滑周期应灵活确定。一般对在高温环境中工作的天车，应在经常检查的同时就进行润滑，因此润滑周期应较短，以保证天车的正常运转。正确地选择润滑材料是搞好润滑工作的基本条件。采用适当的方法和装置将润滑材料送到润滑部位，是搞好润滑工作的重要手段，对提高设备工作性能及其使用寿命起着极为重要的作用。

天车各机构的润滑方式分为分散润滑和集中润滑两种。中、小型天车一般采用分散润滑。润滑时使用油枪或油杯对各润滑点分别注油。分散润滑的优点是：结构简单、润滑可靠，维护方便，所用润滑工具易于购置，规格标准，成本较低等。缺点是：润滑点分散，添加油脂时要占用一定时间；外露点多，易受灰尘覆盖或异物堵塞等。大起重量天车，冶金专用天车多采用集中润滑。集中润滑分手动泵加油和电动泵集中加油两种。集中润滑可以定时定量润滑，从一个地方集中供应多个润滑点，直接或间接地减少维护工作量，提高安全程度和保持环境卫生。缺点是结构复杂、成本高。

6.4.2　润滑点的分布

天车上各润滑部位分布如下：

（1）吊钩滑轮轴两端的轴承及吊钩螺母下的推力轴承。

（2）定滑轮组的固定心轴两端（在小车架上）。

（3）钢丝绳。

(4) 卷筒轴的轴承。

(5) 各减速器的齿轮及轴承。

(6) 各齿轮联轴器的内外齿套。

(7) 各轴承箱（包括车轮组角型轴承箱）。

(8) 各制动器的销轴处。

(9) 各制动电磁铁的转动铰接轴孔。

(10) 各接触器的转动部位。

(11) 大、小车集电器的铰链销轴处。

(12) 各控制器的凸轮、滚轮、铰接轴孔。

(13) 各限位开关，安全开关的铰接轴孔。

(14) 各电动机的轴承。

(15) 抓斗上、下滑轮轴承、导向滚轮及各铰接轴孔。

6.4.3　润滑材料

润滑材料分为润滑油、润滑脂和固体润滑剂三大类。润滑油是应用最广泛的液体润滑剂，天车上常用的润滑油有全损耗系统用油、齿轮油、气缸油等。润滑脂是胶状润滑材料，俗称黄油、干油，它是由润滑油和稠化剂在高温下混合而成的，实际上是稠化了的润滑油，有的润滑脂还加有添加剂。固体润滑剂常用的有二硫化钼、石墨、二硫化钨等。

(1) 润滑油。润滑油的主要性能指标是润滑油的黏度，它表示润滑油油层间摩擦阻力的大小，黏度越大，润滑油的流动性越小，越黏稠。

天车上常用的润滑油，如全损耗系统用油，其牌号与黏度见表 6-4，从表 6-4 中可以看出，润滑油新标准的牌号，就是润滑油在 40℃ 时黏度的平均值。

表 6-4　全损耗系统油牌号与黏度

牌　号	原机械油旧牌号	黏度（40℃）/$m^2 \cdot s^{-1}$
L-AN5	4	$(4.14 \sim 5.06) \times 10^{-6}$
L-AN7	5	$(6.12 \sim 7.48) \times 10^{-6}$
L-AN10	7	$(9.00 \sim 11.00) \times 10^{-6}$
L-AN15	10	$(13.5 \sim 16.5) \times 10^{-6}$
L-AN22	14	$(19.8 \sim 24.2) \times 10^{-6}$
L-AN32	20	$(28.8 \sim 35.2) \times 10^{-6}$
L-AN46	30	$(41.4 \sim 50.6) \times 10^{-6}$
L-AN68	40	$(61.2 \sim 74.8) \times 10^{-6}$
L-AN100	50	$(90.0 \sim 110) \times 10^{-6}$
L-AN150	80	$(135 \sim 165) \times 10^{-6}$

(2) 润滑脂。润滑脂的主要性能指标是工作锥入度（或针入度），它表示润滑脂内阻力的大小和流动性的强弱。工作锥入度小则润滑脂不易被挤跑，易维持油膜的存在，密封性能好，但因摩擦阻力大而不易充填较小的摩擦间隙。重载时应选用工作锥入度小的润滑脂，即硬的润滑脂；轻载时应选用工作锥入度大的润滑脂，即软的润滑脂。对于用油泵集

中给脂润滑的设备所使用的润滑脂，工作锥入度一般不应小于270，太小了泵送有困难。

　　润滑脂的另一性能指标是滴点，是润滑脂受热后开始滴下第一滴时的温度，它是表示润滑脂耐热性能的，一般使用温度应低于滴点20~30℃甚至40~60℃，以保证润滑的效果。

　　天车上常用的润滑脂有钙基、钠基、铝基、锂基等种类。钙基润滑脂耐水性好，耐热能力差，适用于工作温度不高于60℃的开式与空气、水气接触的摩擦部位上。钠基润滑脂对水较敏感，所以在有水或潮湿的工作条件下，不要用钠基润滑脂。但钠基润滑脂比钙基润滑脂的耐温高，可在120℃温度下工作。复合铝基润滑脂有抗热、抗潮湿的特性，投有硬化现象，对金属表面有良好的保护作用。锂基润滑脂有良好的抗水性，可适应20~120℃温度范围内的高速工作。石墨钙基润滑脂有极大的抗压能力，能耐较高温度，抗磨性好。天车上常用润滑脂的牌号及性能见表6-5。

表6-5　天车上常用润滑脂的牌号及性能

名　　称	代号（或牌号）	工作锥入度/mm	滴点/℃
钙基润滑脂 （GB/T 491—1987）	ZG-1	31.0~34.0	≥80
	ZG-2	26.5~29.5	≥85
	ZG-3	22.0~25.0	≥90
	ZG-4	17.5~20.5	≥95
复合钙基润滑脂 （SH 0370—1992）	ZFG-1	31.0~34.0	≥180
	ZFG-2	26.5~29.5	≥200
	ZFG-3	22.0~25.0	≥220
	2TG-4	17.5~20.5	≥240
钠基润滑脂 （GB/T 492—1989）	ZN-2	26.5~29.5	≥160
	ZN-3	22.0~25.0	≥160
通用锂基润滑脂 （GB 7324—1994）	ZL-1	31.0~34.0	≥170
	ZL-2	26.5~29.5	≥175
	ZL-3	22.0~25.0	≥180
合成复合铝基润滑脂 （SH 0378—1992）	ZFU-1H	31.0~34.0	≥235
	ZFU-2H	26.5~29.5	≥235
	ZFU-3H	22.0~25.0	≥235
	ZFU-4H	17.5~20.5	≥235
石墨钙基润滑脂 （SH 0369—1992）	ZG-5		≥80

　　天车典型零部件的润滑材料及其添加时间见表6-6。

表6-6　天车典型零部件的润滑材料及其添加时间

零件名称	期　限	润滑条件	润滑材料
钢丝绳	1~2月	（1）润滑脂加热至80~100℃浸涂，至饱和为宜； （2）不加热涂抹	（1）钢丝绳麻心脂； （2）石墨钙基润滑脂或其他钢丝绳润滑脂

续表 6 - 6

零件名称	期　　限	润滑条件	润滑材料
减速器	新使用时每季度换一次油，以后可每半年至一年换一次	夏季 冬季（不低于 - 20℃）	L - CKD 齿轮油
齿轮联轴器	每月一次		（1）采用以任何元素为基体的润滑脂，但不能混合使用，冬季宜用1、2号；夏季宜用3、4号； （2）用通用锂基润滑脂，冬季用1号，夏季用2号； （3）采用1、2号特种润滑脂
滚动轴承	3～6 个月一次	（1）工作温度在 - 20～50℃； （2）高于 50℃； （3）低于 - 20℃	
滑动轴承	酌情		
卷筒内齿盒	每大修时加油一次		
电机	年修或大修	一般电动机	合成复合铝基润滑脂
		H 级绝缘和湿热地带	3 号通用锂基润滑脂
开式齿轮	半月一次，每季或半年清洗一次		开式齿轮油

6.4.4　润滑注意事项

润滑的注意事项如下：

（1）润滑剂在使用过程中，必须保持清洁。使用前查看仔细，发现杂质或脏物时不能使用，使用中注意润滑剂的变化，如发现已变质失效时，应及时更换。

（2）经常认真检查润滑系统的各部位密封状态和输脂情况。

（3）温度较高的润滑点要增加润滑次数并装设隔温或冷却装置。

（4）按具体情况选用适宜的润滑材料，不同牌号的润滑脂不能混合使用。

（5）各机构没有注油点的转动部位，应视其需要，用加油工具把油加进各转动缝隙中，以减少磨损和防止锈蚀。

（6）潮湿的地方不宜选用钠基润滑脂，因其吸水性强而且易失效。

（7）采用压力注脂法（油枪、油泵或旋盖式的油杯），应确保润滑剂到摩擦面上。如因油脂凝结不畅通时，可采取稀释疏通法疏通。

（8）凡更换油脂时，务必做到彻底除旧换新，清洗干净，封闭良好。

复习思考题

6 - 1　天车工须具备哪些条件？

6 - 2　天车工必须熟悉哪些基本知识？

6 - 3　闭合天车主电源前，应注意哪些事情？

6 - 4　天车工交接班时有哪些规则？

6 - 5　天车运行前司机应做哪些工作？

6 - 6　天车工在操作天车运行时应遵守哪些规则？

6-7　在天车工作结束后天车工须做哪些工作？

6-8　天车工交接班时进行的每日检查包括哪些内容？

6-9　天车工在吊运钢水时应注意哪些事项？

6-10　润滑的原则是什么？

6-11　天车的润滑有哪几种方式？

6-12　天车上常用的润滑材料有哪几种？

6-13　润滑油的性能指标是什么，天车上常用的润滑油有哪些？

6-14　润滑脂的主要性能指标是什么？

6-15　天车上常用的润滑脂有哪些，各有何特点？

7 天车的操作

7.1 天车司机操作的基本要求

对天车司机操作的基本要求是：在安全前提下稳、准、快。

（1）稳：稳是指在操作过程中，吊钩或吊物停在所需要的位置时，不产生摇摆或晃动。为此必须做到：起车稳、运行稳、停车稳。这是保证天车安全运转、不发生事故的先决条件，也是对天车司机的基本要求，是一个合格司机必须具备的操作技能。

（2）准：准是指在稳的基础上，正确地把取物装置（如吊钩）准确地停于所需要的位置。即当天车在起吊物件时，通过适当地调整大、小车的位置，使吊钩能准确地置于被起吊物料重心的正上方。当天车在放落物料时，也要通过适当的调整大、小车的位置，把物料准确地落在所需位置上。这是加快天车吊运速度，提高生产效率的关键操作程序。

（3）快：快是指在稳、准的基础上，使各运行机构协调地配合工作。选择最近的吊运距离，用最少的时间完成一次吊运。同时，天车司机要经常检查、维护和保养自用天车，及时发现隐患，消除潜伏的事故因素，尽快排除故障，以便减少停机次数和缩短停机时间，提高生产效率。

7.2 大、小车运行机构的操作

天车大、小车运行机构的操作一般有凸轮控制器操作和 PQY 平移机构控制屏操作。

7.2.1 凸轮控制器的操作

凸轮控制器一般用于中小型的天车上。

（1）操作方法。大、小车运行的启动、调速、改变工作方向、制动，都是由操纵控制器手柄（手轮）来实现的。控制器的挡位为 5 - 0 - 5。控制器中间位置标着零，即为零挡，它表明这是不工作的停止挡。然后由零开始，其左右各有五挡。如将手柄推离零挡，大车（或小车）就启动运行，并且不论是大车还是小车，其运行速度，随着远离零位的挡次逐渐加快，即第五挡的速度最快。根据驾驶室操纵控制器的位置来看，大车是左右运行，小车是前后运行的。当手柄推向左边一至五挡时，大车就向左（或小车向前）运行；当手柄推向右边一至五挡时，大车向右（或小车向后）运行。大车和小车运行的快慢就根据手柄推到第几挡而决定。

（2）操作要领：

1）大、小车运行机构，要平稳的启动和加速。为了启动平稳、运行平稳，以减少冲击，避免被吊物件的摇摆，要逐挡推动控制器手柄，而且，每挡必须停留 3s 以上。一般大车和小车从零挡加速到额定速度（第五挡）时，时间应在 15～20s 内，严禁从零挡快速推至五挡。

2）大、小车运行过程中，要根据运行距离的长短，选择适当的运行速度。长距离吊运，一般选用逐级推至第五挡的快速运行，以提高生产效率。中距离吊运，一般选用第二、三挡的速度运行，以避免由于采用高速运行时行车过量，或因紧急刹车而引起的摇摆。短距离吊运，一般采用第一挡和断续送电的行车方法，以减少反复启动和制动。

3）平稳、准确停车，要求停车前逐挡回零，使车速逐渐减慢，然后靠制动滑行停车。为使天车准确停在某位置，司机应掌握大、小车在各挡停车后滑行的距离，这样，可在预定停车位置前的某一点处确定断电滑行，这样既准确又节电，并可消除停车制动时的吊物游摆。

7.2.2 PQY 平移机构控制屏操作

对于大型天车采用主令控制器控制大、小车运行的操作方法与上述方法基本相同，但配合 PQY 控制屏的主令控制器为 3 – 0 – 3 挡操作。

7.2.3 大、小车运行机构的操作安全技术

大、小车运行机构的操作安全技术内容如下：

（1）启动、制动不要过猛过快。严禁快速从零扳到第五挡或从第五挡扳回零，避免突然快速启动、制动引起吊物游摆，造成事故。

（2）尽量避免反复启动。反复启动会使吊物游摆，反复启动次数增多还会超过天车规定的工作级别，增大疲劳程度，加速设备的损坏。

（3）严禁开反车制动停车。如欲改变大车（或小车）的运行方向时，应在车体运行停止后，再把控制器手柄扳至反向。

（4）大、小车运行机构必须安装制动器，制动器失调或失效时，不准开车。

（5）大、小车必须装有能吸收车体动能的弹簧式或液压式缓冲器，以及大、小车的行程终端必须装有防止其掉轨的止挡器。

（6）大、小车都必须装有行程终端的限位开关，以确保桥式起重机大、小车运行到行程终端时先行断电，滑行碰撞止挡器，防止硬性碰撞。

7.3 起升机构的操作

天车大、小车运行机构的操作一般由凸轮控制器操作和 PQS 平移机构控制屏操作。

7.3.1 凸轮控制器的操作

起升机构上升时，从一挡至五挡速度逐级增加。起升机构下降时，从一挡至五挡速度逐级减慢。

7.3.1.1 起升操作

起升操作可分为轻载起升、中载起升和重载起升 3 种。

（1）轻载起升的起重量 $G \leqslant 0.4G_n$。操作方法是：从零挡向起升方向逐级推挡，直至第五挡，每挡必须停留 1s 以上，从静止、加速到额定速度（第五挡），一般需要经过 5s 以上。当吊物被提升到预定高度时，应将手柄逐级扳回零位。同理，每挡也要停留 1s 以

上，使电动机逐渐减速，最后制动停车。

（2）中载起升的起重量 $G \approx 0.5 \sim 0.6G_n$。操作方法是：启动、缓慢加速，当将手柄推到起升方向第一挡时，停留 2s 左右，再逐级加速，每挡再停留 1s 左右，直至第五挡。而制动时，应先将手柄逐级扳回到零位，每挡停留 1s 左右，电动机逐渐减速，直至最后制动停车。

（3）重载起升的起重量 $G \geqslant 0.7G_n$。操作方法是：将手柄推到起升方向第一挡时，由于负载转矩大于该挡电动机的起升转矩，所以电动机不能启动运转，应该迅速将手柄推到第二挡，把物件逐渐吊起。物件吊起后再逐级加速，且至第五挡。如果手柄推到第二挡后，电动机仍不启动，就意味着被吊物件已超过额定起重量，这时要马上停止起吊。另外，如果将物件提升到预定高度时，应将手柄逐挡扳回零位，在第二挡停留时间应稍长些，以减少冲击；但在第一挡位不能停留，要迅速扳回零位，否则重物会下滑。

7.3.1.2 下降操作

下降操作与上升时各挡位置速度的逐级加快正好相反，下降手柄 1、2、3、4、5 挡的速度逐级减慢。

（1）轻载下降的起重量 $G \leqslant 0.4G_n$。操作方法是：将手柄推到下降第一挡，这时被吊物件以大约 1.5 倍的额定起升速度下降。这对于长距离的物件下降是最为合理的操作挡位，可以加快起重吊运速度，提高工作效率。

（2）中载下降的起重量 $G \approx 0.5 \sim 0.6G_n$。操作方法是：将手柄推到下降第三挡比较合适，不应以下降第一挡的速度高速下降，以免发生事故。这样操作，既能保证安全，又能达到提高工作效率之目的。

（3）重载下降的起重量 $G \geqslant 0.7G_n$。操作方法是：将手柄推到下降第五挡时，以最慢速度下降。当被吊物到达应停位置时应迅速将手柄由第五挡扳回零位，中间不要停顿，以避免下降速度加快及制动过猛。

7.3.2 PQS 起升机构控制屏操作

PQY 起升机构控制屏挡位为 3 - 0 - 3，起升机构正、反方向挡位数相同，具有相同的速度。起升机构上升时，从一挡至三挡速度逐级增加。起升下降时，从一挡至三挡速度也逐级增加。上升操作与凸轮控制器操作基本相同，而下降操作不相同。

（1）轻载短距离慢速下降时，把主令控制器手柄推到下降第二挡。

（2）轻载和中载长距离下降时，把主令控制器手柄推到下降第三挡，这时吊物快速下降，有利于提高生产效率。

（3）重载短距离慢速下降时，先把主令控制器手柄推到下降第二挡或第三挡，然后迅速扳回下降第一挡，即可慢速下降。

（4）重载长距离下降时，先把主令控制器手柄推到下降第三挡，使吊物快速下降，当吊物接近落放点时，将手柄扳回下降第一挡，放慢下降速度，这样既安全又经济。

7.3.3 起升机构的操作要领及安全技术

桥式起重机的起升机构操作的好坏，是保证桥式起重机工作安全的关键。因此，桥式起重机司机不仅要掌握好起升机构的操作要领，而且还要掌握它的安全技术。

（1）吊钩找正。每次吊运物品时，要把钩头对准被吊物品的重心，或正确估计被吊物件的质量和重心，然后将吊钩调至适当的位置。

1）吊钩左右找正，要根据钩头吊挂物品后钢丝绳的左、右偏斜情况而向左、右移动大车，使钩头对准物件的重心。

2）吊钩的前后找正，因为吊钩和钢丝绳在司机的前方，钢丝绳的偏斜情况不太容易看出，所以钩头吊挂物件后要缓慢提升，然后再根据吊物前后两侧绳扣的松紧不同，前后方向移动小车，使前后两侧绳扣松紧一致，即吊钩前后找正。

（2）平稳起吊。当钢丝绳拉直后，应先检查吊物、吊具和周围环境，再进行起吊。起吊过程应先用低速把物件吊起，当被吊物件脱离周围的障碍物后，再将手柄逐挡推到最快挡，使物件以最快的速度提升。禁止快速推挡、突然启动，避免吊物碰撞周围人员和设备，以及拉断钢丝绳，造成人身或设备事故。

（3）被吊物起升后，一般起升的高度在其吊运范围内，高出地面最高障碍物半米为宜，然后开小车移至吊运通道再沿吊运通道吊运，不得从地面人员和设备上空通过，防止发生意外事故。当吊物需要通过地面人员所站位置的上空时，要发出信号，待地面人员躲开后方可通行。

（4）在工作中不允许把各限位开关当做停止按钮用来切断电源，更不允许在电动机运转时（带负荷时）拉下闸刀，切断电源。

（5）物件的停放。当物件吊运到应停放的位置时，应对正预定停点后下降，下降时要根据吊物距离落点的高度来选择合适的下降速度。而且在吊物降至接近地面时，要继续开动起升机构慢慢降落至地面，不要过快、过猛。当吊物放置地面后，不要马上落绳脱钩，必须在证实吊物放稳且经地面指挥人员发出落绳脱钩信号后，方可落绳脱钩。

7.4 稳钩操作

稳钩是进行实际操作的基本技能之一，是完成每一个吊运工作循环中必不可少的工作环节。所谓稳钩，指天车司机在吊运过程中，把由于各种原因引起游摆的吊钩或被吊物件稳住。为很好地掌握稳钩操作技能，提高稳钩操作的技术水平，迅速消除游摆，首先要了解吊钩或吊物产生游摆的各种影响因素及吊物的平衡原理，采取相应的操作方法，把处于游摆状态下的吊钩稳住。

7.4.1 吊物游摆分析

天车的大、小车运行机构、起升机构，由于启动或制动过快过猛、起吊时吊钩距吊物重心较远、操作不当或地面工作人员捆绑物件位置偏斜、钢丝绳过长且不相等，都将产生游摆和抖动。

当吊物静止地处在垂直位置时，即平衡位置，如图 7-1 所示。此时吊物只受本身的重力 Q 和钢丝绳对吊物的拉力 F，这两个力大小相等、方向相反，作用在一条垂线上，所以吊物处在平衡状态，不产生游摆。从理论上讲，如果天车大、小车启动、运行之中都能保持吊物本身的重力和钢丝绳对吊物的拉力大小相等、方向相反，就没有游摆产生。但在实际操作中，因物体运动而产生的惯性，使吊物在大、小车刚一启动的瞬间，不能保持静止状态下的平衡，而必然产生游摆。尤其是大、小车启动过快、过猛时，这种游摆更为明显。为了消除游摆，我们还要研究吊物产生游摆时的受力情况。

当大车或小车启动瞬间，吊物具有惯性，力图保持其原来的状态，而大车或小车移动时，吊物不在吊钩与小车吊点 O（固定滑轮组的中心位置）的垂直连线 OG 上，如图 7-2 所示。此时吊物受重力 Q 和钢丝绳的拉力 F 两个力，但这两个力大小不等，而且不在一条直线上，重力 Q 垂直向下，拉力 F 沿钢丝绳方向。F 可分解成垂直分力 F_1，和水平分力 F_2，F_1 与 Q 平衡，而 F_2 使吊物以 O 点为圆心，以 OG 为半径来回游摆。

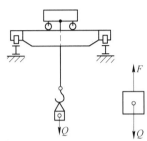
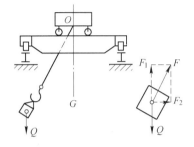

图 7-1 吊物平衡时的受力情况   图 7-2 吊物不平衡时的受力情况

另外，突然或快速制动也产生游摆，其产生的原因与游摆情况与上述情况完全相同。吊物游摆本身隐藏着极大的不安全因素，吊物游摆不仅容易碰撞周围人员及设备，而且吊物由于游摆而可能造成散落，其危害是可想而知的。再有吊物游摆还直接影响起吊工作质量和生产效率，因为它不能准确、及时地投落在预定地点上。因此，天车司机在操作中应避免产生吊物游摆的现象。为此，在起吊时要找正吊钩位置，启动、制动要平稳，逐级提高或减慢运行速度，不能过快、过猛，绳扣长短要适当，两侧绳扣分支要相等，捆绑位置要正确。一旦产生游摆，司机还应熟练掌握稳钩的方法，及时消除游摆。

7.4.2 稳钩的操作方法

在吊运过程中出现吊物游摆现象时，要迅速采取措施使其稳定下来。稳钩的方法基本有 8 种：即左右游摆的稳钩、前后游摆的稳钩、起车稳钩、原地稳钩、运行稳钩、停车稳钩、抖动稳钩和斜向或圆弧游摆稳钩等。

（1）左右游摆的稳钩。当吊物左右游摆时，即沿大车轨道方向的来回游摆。稳这种游摆的方法是启动大车沿吊物摆动的方向跟车，如图 7-3（a）所示。当吊物接近最大摆动幅度（吊物摆动到这一幅度即将往回摆动）时，停止跟车，这样正好使吊物处在垂直位置，如图 7-3（b）所示。跟车速度和跟车距离应根据启动跟车时吊物的游摆位置及吊物游摆幅度的大小来决定。同理，如一次跟车未完全消除游摆，可向回跟车一次。如果跟车速度、跟车距离选择合适，一般 1~2 次跟车即可将吊物稳住。

（2）前后游摆的稳钩。当吊物前后方向游摆时，即沿小车轨道方向的来回游摆。稳这种游摆的方法可启动小车向吊物的游摆方向跟车，如果跟车及时、适量，一次跟车即可消除游摆。如果一次跟车未能完全消除游摆，可按上述方法往回跟车一次，直到完全消除游摆为止。

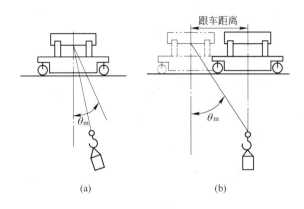

图 7-3 左右游摆稳钩

(a) 向前跟车；（b）停止跟车

（3）起车稳钩。起车稳钩是保证运行时是否平衡的关键。当大车或小车启动时，尤其是突然启动和快速推挡时，车体已向前运行一段距离 S，吊物是通过挠性的钢丝绳与车体连接，由于吊物惯性作用而滞后于车体一段距离 S，因此使吊物相对离开了原来稳定的平衡位置 OG 垂线而产生游摆，如图 7-4 所示。

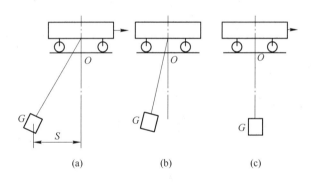

图 7-4 起车稳钩

(a) 起车；（b）停车；（c）二次起车

（4）原地稳钩。若大车或小车的车体已经到达了预定停车地点，但因操作不当、车速过快、制动太猛，吊物并没有停下来，而是作前后或左右游摆，在这种情况下开始落钩卸放吊物是极不妥的，这时卸放吊物不仅吊物落点不准确，而且也极不安全，容易造成事故。对于这种情况天车司机应采用原地稳钩的操作方法，如图 7-5 所示。

（5）运行稳钩。在运行中吊物向前游摆时，应顺着吊物的游摆方向加大控制器的挡位，使车速加快，运行机构跟上吊钩的摆动。当吊物向回摆动时，应减小控制器的挡位，使车速减小，吊物跟上车体的运行角度，以减小吊物的回摆幅度。

在运行中，通过几次反复加速、减速、跟车，就可以使吊物与运行机构同时平稳地运行。

（6）停车稳钩。尽管在启动和运行时吊物很平稳，但如果停车时掌握不好停车的方

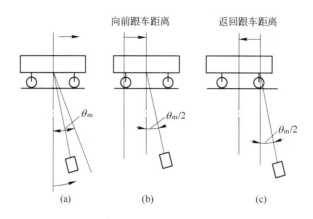

图 7 – 5　原地稳钩

（a）起车；（b）向前跟车；（c）返回跟车

法，往往就会产生停车时的吊物游摆。这时需要天车司机采用停车稳钩的方法来消除吊物游摆，如图 7 – 6 所示。

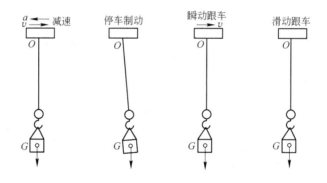

图 7 – 6　停车稳钩

在吊物平稳运行时，吊物与车体两者间相对速度为零，以相同速度运动。当即将到达吊物预停位置停车制动时，车体因机械制动而在短距离内停止，但以挠性钢丝绳与车体相连接的吊物，因惯性作用将仍然以停车前的初速度向前运动，从而产生了吊物以吊点 O 为圆心，以吊点至吊物重心 G 之间的距离为半径，以铅垂线 OG 为对称轴的前后（或左右）游摆运动。消除这种游摆的方法是：在天车距离预定停车位置之前的一段距离内，应将控制器手柄逐挡扳回零位，在天车逐渐减速的同时，适当地制动 1～2 次，在吊物向前进方向游摆时立即以低速挡瞬动跟车 1～2 次，即可将吊物平稳地停在预停地点。

（7）抖动稳钩。由于绳扣过长绳扣两侧分支长短不等或吊物的重心偏移，起吊后吊物以慢速大幅度来回摆动，而吊挂吊钩的钢丝绳以快速小幅度抖动。当吊物与吊钩向同一方向游摆时，快速跟车并快速停车；当吊物回摆且吊钩也回摆时，再快速向回跟车并快速停车，通过反复几次即可把吊物稳住。

（8）斜向或圆弧游摆稳钩。由于大车和小车同时突然启动（制动）、快速推挡，吊物就会产生斜向游摆或圆弧形游摆。这时应同时启动大、小车向游动方向跟车。如大、小车配合协调，跟车及时，速度合适，跟车距离恰当，即可消除这种游摆。

总之，以上稳钩的几种方法是最基本的方法。天车经常由静止到高速运动，又由快速运动到制动停止，因此，吊物因惯性存在而产生游摆是客观存在的，而且吊物游摆的情况又是千变万化的。因此，采用哪一种方式稳钩，要根据具体情况，综合采用稳钩方法。另外，天车司机应在掌握稳钩操作技术的基础上，进一步掌握好大、小车制动滑行距离，这对稳钩操作的效果和操作技术的发挥有着十分重要的意义。

7.5 翻转操作

在生产中，由于工作需要，经常遇到把物件翻转 90° 或 180° 的操作。最常见的翻转形式有两种：一种是地面翻转，另一种是空中翻转。地面翻转一般是用单钩进行，空中翻转要用双钩配合进行。

为了确保物件翻转操作的安全可靠，在进行这一工作时应注意以下几点：

（1）物件翻转时不能危及下面作业人员的安全。

（2）翻转时不能造成对天车的冲击和震动。

（3）不能碰撞翻转区域内的其他设备和物件。

（4）不能碰撞被翻转的物件，特别是精密物件。

7.5.1 地面翻转

根据翻转特点，地面翻转可分为兜翻、游翻和带翻 3 种类型。

7.5.1.1 兜翻操作

兜翻又称兜底翻。这种兜翻操作适用于一些不怕碰撞的铸锻毛坯件。其翻转操作要领有：

（1）被翻转的物件兜挂方法要正确，绳索应兜挂在被翻转物件的底部或下部。一般死圈扣的锁点放在被翻转物件远离重心的下部，如图 7-7（a）所示。绳索兜底部的如图 7-7（b）所示。

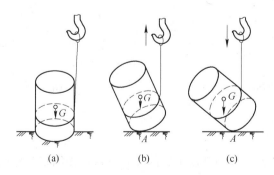

图 7-7 兜翻物件操作

（2）扣系牢后，推动起升控制器手柄，使吊钩逐步提升。随着物件以 A 点为支点的逐渐倾斜，同时要校正大车（或小车）的位置，以保证吊钩与钢丝绳时刻处于垂直状态，如图 7 - 7（c）所示。

　　（3）当被翻转物件倾斜到一定程度，其重心 G 超过地面支撑点 A 时，物件的重力倾翻力矩使物件自行翻转，这时应迅速将控制器手柄扳至下降第一挡，让吊钩以最快的下降速度落钩，如这时吊钩继续提升，就会造成物件的抖动和对车体的冲击，这样不仅翻转工作受阻，而且也很危险，所以必须及时快速落钩。

　　为防止碰撞，可加挂副绳，如图 7 - 8（a）所示，即在被翻物件的上部缚以适当长度的副绳，在物体翻转前，副绳处于松弛状态。当吊钩提升物件逐渐倾斜时，副绳的松弛程度也逐渐减小，如图 7 - 8（b）所示。如果副绳长度选择适宜，则当物件重心 G 超过地面的支撑点 A，且物件可以自行翻转时，副绳恰好刚刚拉紧受力，继续提升，即可将被翻转物件略微提高，使其离开地面。然后再进行落钩，当吊物下角部位与地面接触后，继续落钩，使物件逐渐翻转着地，如图 7 - 8（c）所示。

7.5.1.2　游翻操作

　　游翻操作适合于一些不怕碰撞的盘状或扁形工件，如大齿轮，带轮等铸锻毛坯件。其操作要领是：先把已吊挂稳妥的被翻物件提升到稍离地面，然后快速开动大车或小车，人为地使吊物开始游摆。当被翻物件游摆至最大摆角的瞬间，立即开动起升机构，以最快下降速度将物体快速降落。当被翻转物件的下角部位与地面接触后，如图 7 - 9 所示，吊钩继续下降，物件在重力矩作用下自行倾倒，在钢丝绳的松弛度足够时，即停止下降并与此同时向回迅速开动大车或小车，用以调整车体位置。以达到当被翻物件翻转完成后，钢丝绳处于铅垂位置。游翻操作时应防止物件与周围设备碰撞，要掌握好翻转时机，动作要干净利落。

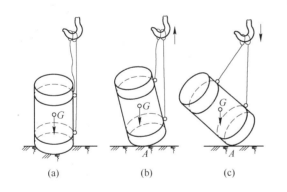　　　　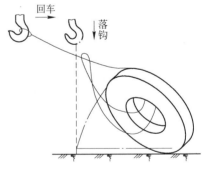

图 7 - 8　加挂副绳的兜翻方法　　　　　　图 7 - 9　游翻物件操作

7.5.1.3　带翻操作

　　对于某些怕碰撞的物件，如已加工好的齿轮、液压操纵板等精密件。一般都采用带翻操作来完成，如图 7 - 10 所示。

　　带翻的具体操作方法是：带翻操作时首先把被翻转的物件吊离地面，再立着慢慢降落，降到被翻物件与地面刚刚接触时，迅速开动大车或小车，通过倾斜绷紧的钢丝绳的水平分力，使物件以支点 A 为中心作倾翻运动。当吊物重心 G 超过支点 A 时，物件在重力

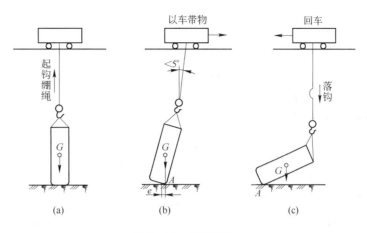

图 7 - 10　带翻操作

矩作用下，就会自行倾倒。在被翻物体向自行倾倒时，要顺势开动起升机构落钩并控制其下降速度，落钩时要使吊钩保持垂直。

带翻操作实际是利用运行机构的斜拉操作方法进行翻活，翻活时进行这样的斜拉是正常操作，是工艺过程所必需的，也是允许的。但翻活时斜拉的角度不宜过大，如果角度过大，则不能进行带翻操作，遇到这种情况可以在被翻物体的下面垫上枕木，以改变被吊物的重心。如这种方法也不能使斜拉的角度减少，则必须采取其他的措施。

值得注意的是：带翻这种操作，被翻转的物件必须是扁形或盘形物件，吊起后的重心位置必须较高，底部基面较窄。另外在操作过程中，要使吊钩保持垂直，在带翻拉紧钢丝绳成一定角度以后，不允许起升卷扬，以免钢丝绳乱绕在卷筒上或从卷筒上脱落而绕在转轴上绞断钢丝绳。再有，物件翻转时，车体的横向运动和吊钩的迅速下降等彼此要配合协调。

7.5.2　空中翻转

（1）翻转90°的操作：浇包的翻转就是物件翻转90°的一个实例。其操作方法是：用具有主、副两套起升机构的桥式起重机来完成浇包翻转的任务。一般是将主钩挂在被翻物件如浇包等的上部吊点上，用来担负浇包的吊运。副钩挂在下部吊点上，用来使浇包倾翻。如图7-11所示。起吊时，两钩同时提升并开动大、小车把钢水包运至浇铸位置。在浇铸时，两钩同时下降，将浇包降到适于浇铸的合适高度时，再慢速提升副钩，使浇包底部逐渐上升，同时，主钩继续下降并调整小车的位置，以确保在浇包翻转的同时，使浇包的浇嘴时刻对准浇口，并使倒出的钢液准确地注入浇口，在浇注过程中，主、副钩都应采用慢速挡，缓慢地倾倒钢液，以防钢液冲坏砂模。

（2）翻转180°的操作：图7-12为物件在空中翻转180°的操作示意图。

对于外形较规则的大型机件，用这种方法将其翻转180°是非常适宜的。这种方法的操作要点是：用两套较长的吊索，同挂于一端，如图7-12（a）所示。图中的 B 点，吊索1绕过物件的底部后系挂在主钩上，而吊索2直接系挂在副钩上。系挂稳妥后，两钩同时提升，使工件离开地面0.3~0.5m，然后停止副钩而继续提升主钩，则工件即在空中绕

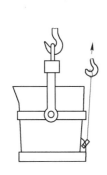

图 7 – 11　空中翻转 90°操作

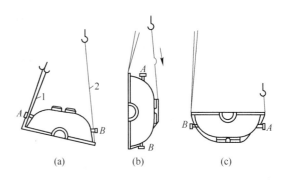

图 7 – 12　空中翻转 180°的操作

（a）主钩起升；（b）翻转 90°；（c）翻转 180°

B 端逐渐向上翻转。为使 B 点始终保持距地面有 0.3 ~ 0.5m 的距离，在主钩逐渐提升的同时，继续降落副钩。主、副钩这样缓慢而平稳地协调动作，即可把工件翻转 90°，如图 7 – 12（b）所示。当物件翻转 90°后，副钩连续慢速下降，主钩继续上升，以防止工件触碰地面。这样连续动作，工件上部则依靠在副钩的吊索上，随着副钩的下降。工件的 A 端就绕 B 端顺时针方向转动，使工件很安全地翻转 180°，如图 7 – 12（c）所示。

复习思考题

7 – 1　大、小车运行机构的操作要领是什么？

7 – 2　大、小车起升机构的操作要领是什么？

7 – 3　起升机构的操作安全技术是什么？

7 – 4　吊物游摆的原因有哪些，如何避免吊物游摆？

7 – 5　稳钩操作有哪几种？

7 – 6　物件翻转操作应注意什么？

7 – 7　物件翻转的形式有几种？

7 – 8　叙述兜翻操作的要领。

7 – 9　叙述游翻操作的要领。

7 – 10　叙述带翻操作的要领。

7 – 11　叙述物件翻转 90°的操作要领。

天车的常见故障及排除方法

任何一个运动的设备系统，都会产生机械的、温度的、电磁的种种信号，通过这些信号可以识别设备的技术状况，而当其超过规定范围，即被认为存在异常或故障。设备只有在运行中才产生这些信号，所有要在动态下进行故障诊断。

所谓设备诊断技术，就是在设备运行中或基本不拆卸全部设备的情况下，掌握设备运行状态，判断产生故障的部位和原因，并预测预报未来状态的技术。

8.1 主梁下挠

主梁是天车的主要构件之一，主梁结构必须具有足够的强度、刚度及稳定性，这是保证各运行机构正常工作的首要条件。因此，在制造天车时，按规定主梁就有一定的上拱度。所谓上拱度指将梁预制成上拱形，把从梁上表面水平线至跨度中点上拱曲线的距离叫做上拱度。一般上拱度为跨度的1/1000。目的在于加强主梁的承载能力及减轻小车的爬坡和下滑。

天车在使用一段时间后，主梁上的上拱度逐渐减小。随着使用时间的不断延长，主梁就由上拱度逐渐过渡到下挠。所谓下挠，就是主梁的向下弯曲程度。主梁产生下挠有两种情况：一种是弹性变形，一种是永久变形。前者要及时进行修复，后者就不仅是下挠修复问题了，而是要立即进行加固修复。其允许挠度值参考表8-1和表8-2。

表8-1 新双梁天车的允许挠度 （mm）

国 家 名 称	新双梁天车的允许挠度 f
中国	$\leqslant L_k/700$
俄罗斯	$\leqslant L_k/700$
日本	$\leqslant L_k/800$
英国	$\leqslant L_k/900$

表8-2 双梁天车应修的挠度 （mm）

跨度 L_k/m	10.5	13.5	16.5	19.5	22.5	25.5	28.5	31.5
满载下挠量/mm	15.75	20.25	24.75	29.25	33.75	38.25	42.75	47.25
空载下挠量/mm	7	9	11	13	15	17	19	21

注：表中 L_k 是大车标准跨度值。

8.1.1 主梁产生下挠的原因

主梁产生下挠的原因如下：

（1）制造时下料不准。按规定腹板下料的形状应与主梁的拱度要求一致。不能把腹板下成直料，再靠烘烤或焊接来使主梁产生上拱形状，这种工艺加工，其方法虽简单，但在使用时很快会使上拱消失而产生下挠。

（2）维修和使用不合理。一般主梁上面不允许水焊和气割，但有时为了更换小车轨道等，过大面积地使用了气焊和气割，这对主梁影响很大。

（3）超载使用。不按技术操作规定，违章操作，如随意改变天车的工作类型、拉拽重物及拔地脚螺钉、超负荷使用等都将造成主梁下挠。

（4）高温对主梁的影响。一般设计天车时是按常温情况下考虑的。因此经常在高温情况下工作的天车，要降低金属材料的屈服点和产生温度应力。从而使主梁产生下挠。

8.1.2　主梁下挠对天车使用性能的影响

主梁下挠对天车使用性能的影响如下：

（1）对大车的影响。主梁下挠将会使大车运行机构的传动轴支架随结构一起下移，使传动轴的同心度、齿轮联轴器的连接状况变坏，增大阻力，严重时就会发生切轴现象。

（2）对小车的影响。很明显，主梁的下挠直接影响小车启动、运行、制动的控制。小车由两端往中间运行时会产生下滑的现象，再由中间往两端运行时又会产生爬坡的现象。而且小车不能准确地停在轨道的任一位置上。这样对于装配、浇注等要求准确而重要的工作就无法进行。

（3）对金属结构的影响。当主梁产生严重下挠，已经永久变形时，箱形的主梁下盖板和腹板下缘的拉应力已达到屈服点，有的甚至会在下盖板和腹板上出现裂纹。这时如不加固修复，继续工作，将使变形越来越大，疲劳裂纹逐步发展扩大，以致使主梁破坏。

8.1.3　下挠度测量

下挠度测量方法如下：

（1）拉钢丝法。用一根直径为0.5mm的钢丝，通过测拱器和撑杆，用15kg重锤把钢丝拉紧即可测量。测拱器是一副小滑轮架，撑杆一般取高度为130～150mm的等高物，其作用是使钢丝两端距上盖板为等距离。如果两个测拱器调整得一样高时，不用撑杆也可以。图8-1是测量主梁下挠的示意图。

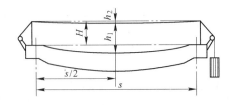

图8-1　测量主梁下挠的示意图

测量钢丝与上盖板间距离时，可用立式游标卡尺。主梁跨中从水平线计算的下挠值为：

$$\Delta_{下} = (h_1 + h_2) - H \qquad (8-1)$$

式中　H——撑杆高度，mm；

h_1——钢丝与上盖板的距离，mm；

h_2——钢丝垂度，如表 8 - 3 所示，mm。

表 8 - 3 直径为 0.5mm 钢丝的垂度

跨度/m	10.5	13.5	16.5	19.5	22.5	25.5	28.5	31.5
垂度/mm	1.5	2.5	3.5	4.5	6	8	10	12

（2）连通器测量。将盛有带色水的水桶放置在桥架跨中的适当位置上，水桶底部用软管与测量管相连，然后沿主梁移动带有刻度的测量管测得主梁各测点上的水位高度，各测点的读数与跨端的读数差便是各测点的挠度值。

（3）水平仪测量。测量时将水平仪架设在地面适当位置上，可以直接测出主梁各点的挠度。

8.1.4 主梁下挠的修复

主梁下挠的修复有火焰矫正法、预应力法和电焊法 3 种。由于电焊法是采用多台电焊机，用大电流在两根主梁下部从两侧往中间焊接槽钢或角钢，利用加热、冷却的原理迫使主梁上拱。对焊接工艺要求较严，焊接电流和焊接速度要基本一致。但这种方法修理的质量不容易保证，而且焊接过程中也不容易及时测量，所以这种方法一般不常用。

主梁变形的修理，目前常用火焰矫正和预应力矫正两种方法。对于主梁下挠、两主梁同时向内侧水平弯曲、主梁两腹板波浪变形的桥架变形，一般只能采用火焰矫正。对于一些主梁的轻微下挠，且主梁的水平弯曲和腹板的波浪变形超差不大时，可采用预应力矫正法。

8.1.4.1 火焰矫正

（1）修理场地及工具的准备。应根据生产情况及主梁变形程度，确定是在厂房上面修理，还是将天车落地进行修理。一般情况，在厂房上面修理，可以缩短修理时间，降低修理成本。当确定在厂房上面修理时，应首先搭好脚手架。为了在修理过程中顶起桥架的需要，还应选择合适的千斤顶和起吊杆（俗称抱杆），若修理过程中，天车可以移动，则可以用一个起吊杆，且起吊杆高度不宜超过脚手架，如图 8 - 2 所示。

（2）火焰矫正的施工程序。火焰矫正主梁上拱度，是在主梁的下盖板上进行几处带状加热，为防止加热时腹板变形，加热点应选在具有大加强肋板的位置为宜。同时，在相应部位的腹板上进行三角形加热。三角形加热面，其底与下盖板的加热面宽度相同，其高度可取腹板高度的 1/3 ～ 1/4，不可超过腹板高度的一半，如图 8 - 3 所示为火焰矫正部位。

矫正前，应将小车固定在无操纵室的一端，并用千斤顶将主梁中间顶起，使一端的大车轮离开轨道面，从而使下盖板加热区受压缩应力，以增大其矫正的效果。当确定了加热区的数量、位置及面积大小之后，即可开始矫正主梁上拱度。矫正时先加热 1、8 部位和 3、6 部位，待上述 4 个部位冷却后，松开千斤顶，测量主梁的拱度情况。若拱度与要求相差很大时，则可再加热 4、5 部位；若与要求相差较小时，可加热 2、7 部位。待冷却后

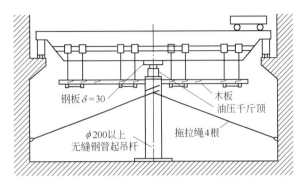 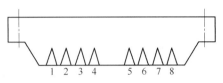

图 8 - 2　火焰矫正修理示意图　　　　图 8 - 3　火焰矫正部位

再松开千斤顶，测量主梁拱度情况，然后确定是否需要增加或改变加热的部位。总之，在这种矫正过程中勤测量、多观察是不可缺少的。加热矫正时，应由两名气焊工同时进行，由下盖板的中心向两侧扩展加热，其移动速度可根据焊嘴的大小及钢板的厚度来决定，并应根据钢板的颜色改变其移动速度。将下盖板加热之后，两个焊嘴可同时移到两侧腹板进行三角形加热。因为腹板比盖板薄，所以焊嘴在腹板上移动的速度应比下盖板快些。

（3）主梁矫正后的加固。加固的目的是为了保证主梁恢复上拱度且保持稳定。矫正后，虽然几何形状恢复了原来的要求，但不能改变对材料的不利影响（残余下挠是永久变形）。所以为确保天车主梁安全可靠地工作，必须适当加固。加固的原则是在保证增加主梁截面惯性矩的条件下，尽量使主梁自重不至增加过大（一般以增加 10% 左右为宜）。对于 30t 以下的天车一般采用在主梁下边加槽钢的办法进行加固。

8.1.4.2　预应力矫正

预应力矫正，这种方法是在两端焊上两个支撑座，再穿上拉肋，然后旋转拉肋上的螺母，使拉肋受拉而使主梁产生上拱。此方法简单易行，上拱量容易检查、测量和控制。缺点是有局限性，较复杂的桥架变形不易矫正。

8.2　大车啃道

一般讲，天车在正常工作时，大车的轮缘与轨道侧面应保持一定的间隙。若大车在运行中其轮缘与轨道侧面没有间隙，则就会产生挤压和摩擦等现象。严重时，大车轨道侧面上有一条明显的磨损痕，甚至表面带有毛刺，轮缘内侧有明显的一块块光亮的斑痕。天车行走时，增加了运行阻力，发出磨损的切削声，开车或停车时，车身有摇摆现象。这种现象称为大车啃道。

在正常情况下中级工作类型的天车，一般大车车轮使用的寿命在 10 年左右，而经常啃道的大车车轮的使用寿命仅为正常工作的大车车轮的 1/5。所以，检查和排除大车啃道故障，对保证人身与设备的安全、天车的正常运行、延长天车的使用寿命、提高生产效率，具有很大的意义。

8.2.1　大车啃道的原因

大车啃道的原因如下：

（1）车轮歪斜。这种情况，是大车车轮啃道的主要原因。一般是由于车轮装配质量不好，精度有偏差和使用过程中车架变形等所致。再有车轮踏面中心线不平行于轨道中心线，由于车轮是一个刚性结构，它的行走方向永远向着踏面中心线的方向。所以，当车轮沿轨道走一定距离后，轮缘便与轨道侧面摩擦而产生啃道。

（2）车轮的加工不符合技术要求。在分别驱动时，车轮加工不符合要求就会引起两端车轮运转速度的差别，以致整个车体倾斜而造成车轮啃道。

（3）主动车轮的直径不等。由于车轮直径不等，而使两个主动轮的线速度不等，或其中一个车轮的传动系统有卡住现象，使车体扭斜形成啃道。产生两个主动轮直径不等的原因有两个：首先是加工精度不好，造成两主动轮直径尺寸不相等。其次是车轮表面淬火硬度不均，使用一段时间后，两主动轮的磨损不均匀，使车轮直径不等。

（4）轨道方面的问题。轨道由于安装调整、保养不好，或基础不匀而下沉，这些都容易使车轮产生啃道的现象。

（5）传动系统的啮合间隙不等。传动系统的啮合间隙不等是由于使用过程中不均匀的磨损，使减速器齿轮、联轴节齿轮的啮合间隙不匀，在起步或停车时有先后，使车体扭斜而啃道。

8.2.2 大车啃道的修理方法

车轮"啃道"的修理方法要根据具体情况而定，一般在修理中常对如下情况进行调整。

（1）车轮平行度和垂直度的调整。当车轮踏面中心线与轨道中心线交角为 α 时，如图 8-4 所示，则在车轮踏面上的偏差为 $\delta = \gamma\tan\alpha$，若要矫正其偏差，须使 $\delta = 0$，即在左边角型轴承箱的固定键板上增加适当厚度的垫板，垫板厚度 t 值为：

$$t = B\delta/r \qquad\qquad (8-2)$$

式中　r——车轮半径，mm。

　　B——车轮与角型轴承箱的中心距，mm。

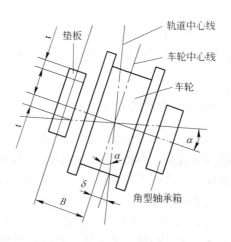

图 8-4　车轮平行度和垂直度的调整

（2）对角线的调整。通常采用移动车轮的方法来解决车轮对角线的误差，应该移动和调整位置不正确的车轮，但考虑到机械传动的影响，在修理时，应尽量移动和调整从动车轮，除非万不得已时，才移动主动车轮。

8.3 小车行走不平和打滑

8.3.1 小车行走不平的原因

小车行走不平，也叫三条腿，即一个车轮悬空或轮压很小，使小车运行时，车体振动。产生这种现象的原因有小车本身和轨道两方面的问题。

（1）小车本身的问题。小车的四个车轮中，有一个车轮直径过小，造成小车行走不平；小车架自身的形状不符合技术要求，使用时间长使小车变形；车轮的安装位置不符合技术要求；小车车体对角线上的两个车轮直径误差过大，使小车运行时"三条腿"。

（2）轨道的问题。小车运行的轨道不平，局部有凹陷或波浪形。这使小车运行到凹陷或波浪形时，小车车轮便有一个悬空或轮压很小，从而出现了小车"三条腿"行走的现象。另外，小车轨道接头的上下、左右有偏差。一般这个偏差规定在1mm以内。如果超出所规定的范围也会出现小车行走不平的情况。再有，如果小车本身就存在行走不平的因素，轨道也存在着不平的因素，那么小车行走则更加不平。

8.3.2 小车车轮打滑的原因

小车车轮打滑的原因如下：

（1）轨道上有油污或冰霜，小车车轮接触到油污和冰霜时打滑。

（2）同一截面内两轨道的标高差过大或车轮出现椭圆现象，都会使车轮打滑。

（3）启动过猛也可能造成车轮打滑。

（4）轮压不等也可造成车轮打滑。关于轮压不稳有下面几种情况：

1）当某一主动轮与轨道之间有间隙，在启动时轮已前进，而另一轮则在原地空转，使小车车轮打滑。这种情况车体极容易产生扭斜。

2）主动轮和轨道之间虽没有间隙，两主动轮的轮压却相差很大，或两主动轮和轨道的接触面相差很大时，在启动的瞬间会造成车轮打滑。

3）两主动轮的轮压基本相等，但都很小，所以摩擦力也小，这样启动时就会造成车轮打滑。

8.3.3 小车行走不平和打滑检查及修理的方法

检查、修理小车行走不平和打滑的方法很多，一般可利用车轮高低不平的检查、轮压不等的检查，来查出其问题的所在处。再根据不同的情况，采取不同的修理措施，即小车轨道的局部修理、小车不在同一水平线上的修理，以便及时排除小车行走不平或打滑的故障。小车行走不平和打滑的检查方法如下。

（1）车轮高低不平的检查。这种检查有两种方法。一种是合面高低不平的检查；一种是局部车轮高低不平的检查。前一种的检查方法是将小车慢速移动，观察其轮子的滚动面与轨道面之间是否有间隙。检查时，可用塞尺插入车轮踏面与轨道之间进行测量。后一种的检查方法是在有间隙的地方，用塞尺测轮踏面与轨道之间间隙的大小。然后再根据间隙大小选用不同厚度的钢板垫在走轮与轨道之间，将小车慢慢移动，使同一轨道上另一车轮，压在钢板上。如果移动前进的走轮与轨道之间无间隙时，则说明加垫铁的这段轨道较低，若有间隙时，则说明这段轨道没问题，不用垫高。

（2）轮压不等的检查。这种检查有两种情况，一种是：小车移动时，一车轮打滑，另一车轮不打滑。这种情况很容易判断出打滑的一边轮压较小。另一种情况是：两主动轮同时打滑。这种情况就很难直接判断出哪一个车轮的轮压小。此时，可以在打滑地段，用两根直径相等的铅丝放在轨道表面上，将小车开到铅丝处并压过去，然后取出铅丝用卡尺测量其厚度。显然，厚的说明轮压小，薄的说明轮压大。还有一种方法：在任一根轨道上打滑地段均匀地撒上细砂子，再把小车开到此处，往返几次，如果还在打滑，则说明这个主动轮没问题，而是另外一条轨道上的主动轮轮压小。

小车行走不平和打滑的修理方法如下：

（1）小车不在同一水平线上的修理。这种问题，无论毛病出在哪一个车轮上，修理时，都尽量不修主动轮，而修被动轮。因为两个主动轮的轴一般是同心的，所以动主动轮就影响轴的同心度，给修理带来新的麻烦。因此，要以主动轮为基准去移动被动轮。

对小车不在同一水平线上，即不等高的限度有规定：主动轮必须与轨道接触，从动轮允许有不等高现象存在，但车轮与轨道的间隙最大不超过1mm，连续长度不许超过1m。

（2）小车轨道的局部修理。这种修理主要是对轨道的相对标高和直线性进行修理。首先应确定修理的地段和修理的缺陷。然后铲除修理部位上轨道的焊缝或压板来进行调整和修理。调整时要注意轨道与上盖板之间应采用点固焊焊牢。轨道上有小部分凹陷时，应在轨道下边加力顶直的办法来恢复平直。在加力时，为了防止轨道变形，需要在弯曲部分附近加临时压板压紧后再顶。轨道在极短的距离内有凹陷现象时，要想调平是很困难的，所以应采用补焊的办法来找平。

8.4 溜钩和不能吊运额定起重量

8.4.1 溜钩

所谓溜钩就是天车手柄已扳回零位停止上升和下降，实现制动时，由于制动力矩小，重物仍下滑，而且下滑的距离超过规定的允许值（一般允许值为：$v/100$，其中，v 为额定起升速度）。更严重的是有时重物一直溜到地面，这种情况所带来的危害是不言而喻的。

8.4.1.1 产生溜钩的原因

（1）制动器工作频繁，使用时间较长，其销轴、销孔、制动瓦衬等磨损严重。致使制动时制动臂及其瓦块产生位置变化，制动力矩变小，就会产生溜钩现象。

（2）制动轮工作表面或制动瓦衬有油污，有卡塞现象，使制动摩擦因数减小而导致制动力矩减小，从而造成溜钩。

（3）制动轮外圆与孔的中心线不同心，径向圆跳动超过技术标准。

（4）制动器主弹簧的张力较小，或主弹簧的螺母松动，都会导致溜钩。

（5）主弹簧材质差或热处理不符合要求，弹簧已疲劳、失效，也会产生溜钩现象。

（6）长行程制动器的重锤下面增加了支持物，使制动力矩减小。

8.4.1.2　排除溜钩故障的措施

（1）磨损严重的制动器闸架及松闸器，应及时更换，排除卡塞物。

（2）制动轮工作表面或制动瓦衬，要用煤油或汽油清洗干净去掉油污。

（3）制动轮外圆与孔的中心线不同心时，要修整制动轮或更换制动轮。

（4）调紧主弹簧螺母，增大制动力矩。

（5）调节相应顶丝和副弹簧，以使制动瓦与制动轮间隙均匀。

（6）制动器的安装精度差时，必须重新安装。

（7）排除支持物，增加制动力矩。

8.4.2　天车不能吊运额定起重量的原因

天车不能吊运额定起重量的原因如下：

（1）起升机构的制动器调整不当。不能吊起额定负载的天车，并不都是起升电动机额定功率不足的问题，而常常是因起升机构制动器调整不当所致。

1）制动器调整得太紧，当天车的起升机构工作时，斜动器未完全松开，使起升电动机在制动器闸瓦的附加制动力矩作用下运转，增加了电动机的运转阻力，从而使起升机构不能吊起额定负载。

2）制动器的制动瓦与制动轮两侧间隙调整不均，使起升电动机在制动负荷作用下运转，造成电动机发热，运转困难。

（2）制动器张不开。

1）制动器传动系统的铰链被卡塞，使闸瓦脱不开制动轮。

2）动、静磁铁极间距离过大，使动、静磁铁吸合不上；或因电压不足吸合不上，而张不开闸。

3）短行程制动器的制动螺杆弯曲，触碰不到动磁铁上的板弹簧，所以当磁铁吸合时，不能推动制动螺杆产生轴向移动，从而不能推开左右制动臂而张不开闸。

4）主弹簧张力过大，磁铁吸力不能克服张力而不能松开闸。

5）电磁铁制动线圈或接线某处断路，电磁铁不产生磁力，而无法吸合，使制动器张不开闸，影响吊运额定起重量。

（3）液压电磁铁的制动器张不开。

1）油液型号、标准选用不当，液力传动受阻，或因油液内杂质多而使油路堵塞，造成闸松不开。

2）叶轮被卡住而闸松不开。

（4）起升机构传动部件的安装精度不合要求。

1）因安装误差，制动器闸架中心高，与制动轮不同心。当松闸时，制动瓦的下边缘仍然与制动轮有摩擦，使起升阻力增大，消耗起重电动机的功率。

2）卷筒轴线与减速器输出轴线不同心。

（5）电器传动系统的故障。

1）电动机工作在电压较低的情况下，使功率偏小。

2）电动机运转时转子与定子摩擦。

3）转子电路的外接启动电阻未完全切除，使电动机不能发出额定功率，旋转缓慢。

4）电动机长期运转，绕组导线老化，转子绕组与其引线间开焊，滑环与电刷接触不良，造成三相转子绕组开路。

5）若不是因电压低而造成起重电动机功率不足，就要对电动机进行检修，或更换。如确属电动机功率偏小又无条件更换，可以调整减速器的传动比，降低起升速度来解决起升电动机功率不足的问题。

6）电阻丝烧断，造成转子回路处于分断状态，使电动机不能产生额定转矩。

当发现天车不能吊起额定起重量时，可根据上面分析的情况检查，并针对问题，采取相应措施，排除故障。

8.5 控制器和电动机的常见故障

8.5.1 控制器的常见故障

控制器是保证天车各机构安全工作的重要部件之一。它主要控制相应电动机的启动、运转、改变方向、制动等过程。所以，控制器的各对触点开闭非常频繁，尤其是控制器内的定子回路触点等经常因动静触点间的压力不适，而不能接触，或出现触点磨损与烧伤、控制器合上后电动机不转、转子电路中有断线处等故障发生。

8.5.1.1 控制器故障的原因

（1）控制器的手柄在工作中发生卡滞，还常伴有冲击，其原因是：定位机构发生故障，触点被卡滞或烧伤黏连等。

（2）触点磨损或烧伤，产生这种现象的原因是触点使用时间过长而老化，触点压力不足或脏污使触点接触不良，控制器过载等。

（3）控制器合上后，过电流继电器动作。产生这种现象的原因是：过电流继电器的整定值不符合要求，或者是定子线路中某处接地。同时，还可以检查机械部分是否某环节有卡住现象。

（4）控制器合上后，电动机只能一个方向运转。这种情况，故障可能发生在：控制器中定子电路或终端开关电路的接触点与铜片未相接；终端开关发生故障；配线发生故障。

（5）控制器合上后，电动机不转。其原因可能有以下几点：三相电源，一相断电，电动机发出不正常的声响；线路中没有电压；控制器的接触点与铜片未相接；转子电路中有断线处。

8.5.1.2 控制器故障的排除

A 控制器的检查

（1）每班工作前应仔细检查控制器各对触点工作表面状况和接触状况。对于残留在工作表面上的珠状残渣要用细锉锉掉。修整后的触点，要在触点全长内保持紧密接触，接触面不应小于触点宽度的3/4。

（2）动静触点之间的压力要调整适当，保证接触良好。动静触点在闭合时应具有不小于2mm的超程，分断时的开距不少于17mm。

（3）控制器的触点报废标准为：静触点磨损量达1.5mm、动触点磨损量达3mm时，应该报废。

B 触点压力的调整

现以KTJ1系列控制器触点调整为例，如图8-5所示。

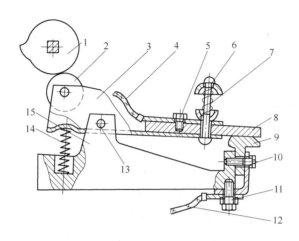

图8-5 KTJ1系列控制器触点结构图

1—凸轮；2—滚轮；3—杠杆支架；4，12—软接线；5，10，11—螺栓；6—固定销；
7—弹簧；8—动触点；9—静触点；13—销轴；14—复位弹簧；15—胶木支架

当控制器触点烧灼到一定程度时，动静触点的开距和超程就会发生变化而影响触点间的接触。动触点8是用固定销6固定在杠杆支架3上的，增加或减少复位弹簧14的压力，即可增大或减小动静触点间的压力。所以，在胶木支架15的凹座中适当增加垫片，就可以增加触点间的压力。

C 更换触点的方法

控制器的触点报废标准是：静触点磨损量达1.5mm、动触点磨损量达3mm时，即要更换。更换方法如图8-6所示。更换时，卸下螺母7，可将螺栓8连同动触点1整套地从胶木架2中取出，卸下弹簧压板3就可取出动触点1，进行更换；卸下螺栓13和16便可更换静触点15。

8.5.2 电动机的常见故障及产生原因

电动机的常见故障及产生原因如下。

（1）电动机响声不正常。可能的产生原因有：轴承有损坏或缺少润滑油，定子相间有接错处，定子铁心压得不牢，转子回路有一相呈开路，电动机轴与减速器轴不同心等。

（2）电动机振动。可能的产生原因有：电动机轴与减速器轴不同心；轴承间隙大；转子变形过大；绕组内有断线处；地脚螺栓松动等。

（3）接电后电动机不旋转。可能的产生原因有：熔断器内的熔丝烧断；过电流继电器断开；启动设备接触不良；定子绕组有断线处；接线盒内6个接线端接错等。

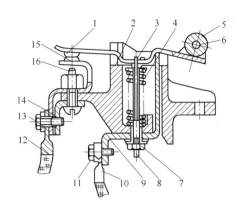

图 8-6 KT10 系列凸轮控制器触点结构图

1—动触点；2—胶木架；3—弹簧压板；4—弹簧；5—滚轮；6—轴；7—螺母；

8，11，13，16—螺栓；9—支板；10，12—软接线；14—弯板；15—静触点

（4）电动机过热。可能的产生原因有：电动机超载；电源电压低于或高于规定值；电动机实际接电持续率数值超过额定值；三相电源中或定子绕组中有一相断线；轴承润滑不良、通风不好。

（5）电动机达不到额定功率，旋转缓慢。可能的产生原因有：制动器未完全松开；转子或电枢回路中的启动电阻未完全切除；线路电压下降；机构被卡住。

（6）电刷冒火及集电环烧焦。可能的产生原因有：电刷未研磨好；电刷接触太紧；电刷及集电环脏污；集电环振动；电刷压力不够；电刷牌号不对；各个电刷间的电流分布不均匀。

（7）电动机运转时转子与定子摩擦。可能的产生原因有：轴承磨损；轴承端盖不正；定子或转子铁心变形；定子绕组的线圈连接不对，使磁道不平衡。

（8）空载时转子开路，负载后电动机速度变慢。可能的产生原因有：端头连接处发生短路；转子绕组有两处接地；转子电阻开路。

8.6 控制回路和主回路的故障

8.6.1 控制回路的故障及产生原因

控制回路的故障及产生原因如下：

（1）天车不能启动。天车不能启动的故障及产生的原因有：

1）合上保护箱的刀开关，控制回路的熔断器就熔断，使天车不能启动。其原因是控制回路中相互连接的导线或某电器元件有短路或有接地的地方。

2）按下启动按钮，接触器吸合后，控制电路的熔断器烧断，从而使天车不能启动。这种情况的原因是大、小车、升降电路或串联回路有接地之处，或者是接触器的常开触点、线圈有接地之处。

3）按下启动按钮，接触器不吸合，使天车不能启动。原因可能在主滑线与滑块之间

接触不良或保护箱的刀开关有问题。或者是熔断器、启动按钮和零位保护电路①这段电路有断路，串联回路②有不导电之处，如图 8-7 所示，检查方法，用万用表 PM 按图中①、②线路一段段测量，查出断路和不导电处，并处理。

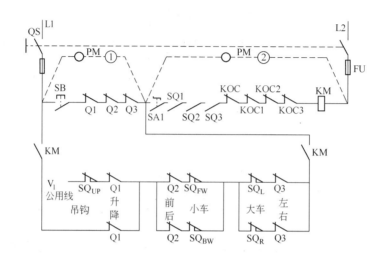

图 8-7 检查控制回路通断的电路图

4）按下启动按钮，接触器吸合，但手离开按钮，接触器就释放即掉闸。从图 8-5 可知，当接触器线圈 KM 得电，它的常开触头 KM 闭合，并自锁。使零位保护电路①和串联回路②导通，说明这部分电路工作正常。掉闸的原因在自锁没锁上，或大小车和起升控制回路中。检查的方法同前面一样，拉下刀开关，推合接触器，用万用表按电路的连接顺序，一段段查。

（2）吊钩一上升，接触器就释放。其原因如下：

1）上升限位开关的触头接触不好。

2）滑线和滑块接触不良。

3）用万用表检查图 8-5 中吊钩上升那部分的电路，看是否有触头接触不良和断路的地方。

（3）吊钩下降时，接触器就释放。吊钩下降时，其他机构工作正常。说明、图中①、②号电路工作正常，大小车的各种控制电路均正常，只是吊钩下降时，接触器释放。故障一定是在图 8-5 的吊钩下降部分。这种情况，可用万用表电阻挡或试灯查找接触器的联锁触头 KM、熔断器 FU 的连接导线和升降控制器下降方向的联锁触头 Q1。这两点任何一个部位未闭合，都会出现吊钩下降时接触器掉闸的现象。

（4）按下启动按钮，接触器吸合，但一扳动手轮，过电流继电器就动作。其原因有：

1）电动机超负荷或定子线路有接地和短路的地方。

2）控制机构中某一部位被卡滞或操作太快。

3）过电流继电器的整定值小或触头接触不好。

4）接触器联锁触头的弹簧压力不足或接触不好。

（5）天车在运行中，偶尔出现掉闸现象。天车在运行中，小车运行到某个位置时，开动起升机构提升吊钩出现掉闸现象，但在其他位置都正常，没有这种现象。故障一般是小车集电托与小车滑线接触不良，或有绝缘物相隔而致。排除方法是：拉下保护箱的刀开关，调整小车滑线或消除滑线上的锈渍等绝缘物。

（6）大车运行时接触器掉闸。

1）大车向任一方向开动时，接触器都掉闸。一般来讲，这种情况常是因保护箱内的大车过电流继电器动作所引起的。又因保护大车电动机的过电流继电器所调电流的整定值偏小，所以大车电动机启动时，过电流继电器的常闭触头断开，使保护箱接触器释放。出现这种情况时，必须按技术要求调整过电流继电器的整定值。

2）控制电路中的接触器触头压力不足，使之接触不上。

3）主滑线与滑块之间接触不良。

4）大车轨道不平，使车体振动而造成有关触头脱落。

（7）大小车只能向一个方向开动。一般是因在另一个方向的限位开关触头接触不良，或者是因控制器里的另一个方向上的控制触头接触不良。

（8）控制器手柄处在工作位置时，电动机不旋转。

1）电源未接通或三相电源中有一相断路。

2）控制器里相对应的触头未接触上。

3）转子电路开路，导电器内接触不良。

（9）天车在工作中接触器时吸时断。这种情况是因接触器线圈的供电线路中有断续接触或接触不良之处。例如，接线螺钉松动、联锁触头压力不足或熔断器的熔丝松动。

（10）天车在启动和运行时，接触器发出噼啪声响。噼啪声响是接触器动、静磁铁的铁心极面吸合时的撞击声。其原因是：回路中电流强度有波动，电流大时，动、静磁铁吸合。电流小时，磁铁吸力小而使动、静铁心极面出现间隙，发出噼啪声响。

（11）断电后接触器不释放。原因是控制电路某处有接地、短路和接触器触头粘连等情况。

（12）行程开关断开后，电动机仍未断电。原因是连接行程开关的电路中有短路或接错的地方。

8.6.2 主回路的故障及产生原因

天车主回路中的故障，也就是定子电路和转子电路的故障。主要是因断相、短路、断路等因素所致。

8.6.2.1 定子回路的故障及产生原因

定子电路的常见故障一般是断路和短路两种。短路故障多表现为有弧光崩炸现象，故障容易发现，但断路故障就不容易发现了，而且也比较复杂。

8.6.2.2 转子回路的故障及产生原因

（1）断路。断路故障往往能引起电动机转子温度升高，并在额定负载下不能平稳启动和工作，而且常发生剧烈振动等现象。

1）滑线与滑块之间接触不好，或滑块损坏。

2）电动机转子绕组的引出线端与集电环相连接的铜焊片处断裂或开焊。

3）电刷架的弹簧压力不够，电刷架和引出线端的接线螺钉松动，或电刷架和电刷配合过紧等都能造成电刷与集电环接触不严。

4）电阻器内元件之间的连接处有松动现象，或电阻元件本身有断裂处。

5）控制器连接的导线发生断路或在转子电路里有断路和接触不好的地方。

对这种故障的检查方法有两种：一种是直接观察，另一种是用钳形电流表检查定子电流变化的情况。

用钳形电流表测量时首先看三相电流是否平衡。如果平衡，故障就不在转子电路，而在机械传动部分。反之，不平衡或波动很大，则故障一定在转子电路里。遇到这种情况可将电动机集电环短接后再测量。测量时必然出现两种情况：一种是定子的三相电流仍然不平衡，则故障肯定在电动机的转子内部；另一种情况是，定子的三相电流平衡，这时故障一定在电动机转子的外部电路中。

（2）短路。

1）接触器的触头因粘连等原因不能迅速脱开，造成短路。

2）合上刀开关，按下启动按钮，接触器吸合，手轮没有扳转，制动电磁铁就跟随吸合，使制动器松闸，造成重物下落等事故。这种故障的原因是由于电磁铁线圈的绝缘被破坏，从而造成接地短路。

3）保护箱刀开关合上后，接触器就发出嗡嗡的响声。这种现象是因接触器线圈的绝缘损坏所造成的接地短路引起的。

4）控制屏里可逆接触器的联锁装置失调，以致电动机换相时，一个接触器没释放，另一个接触器就吸合，从而造成相间短路。

5）控制屏内的可逆接触器，如果机械联锁装置的误差太大，或者失去作用，也将造成相间短路。

6）控制屏里的可逆接触器，因先吸合的触头释放动作慢，所以产生的电弧还没有消失，另一个接触器就吸合，或者产生的电弧与前者没有消失的电弧碰在一起，形成电弧短路。

7）由于控制器内控制电源通断的四对触头烧伤严重，在切换电源过程中造成电弧短路。

8）因接触器的三对触头烧伤严重而使接触器在断电释放后产生很大的弧光，由此引起电弧短路。

9）如果接触器的3个动触头在吸合时有先有后，此时如点动操作速度再过快，也会造成电弧短路。

8.7　其他故障

天车可能出现的其他故障有：

（1）天车电气线路主接触器不能接通。天车电气线路主接触器不能接通的原因有：

1）线路无电压。

2）刀开关未闭合或未闭合紧。

3）紧急开关未闭合或未闭合紧。

4）舱口安全开关未闭合或未闭合紧。

5）控制器手柄不在零位。

6）过电流继电器的联锁触点未闭合。

7）控制电路的熔断器烧毁或脱落。

8）线路主接触器的吸引线圈烧断或断路。

9）零位保护或安全联锁线路断路。

10）零位保护或安全联锁电路各开关的接线脱落等。

（2）其他机构工作都正常，起升机构电动机不工作。由于其他机构电动机工作正常，说明控制电路正常，故障发生在起升电动机的主电路内。如电动机未烧坏，无过热现象，说明电动机不是短路，而是断相，应检查定子回路。发生故障的原因可能有：

1）过电流继电器线圈断路。

2）定子回路触头未接通。

3）由于集电器软接线折断或滑线端部接线折断，通往电动机定子的滑线与小车集电器未接通等。

（3）其他机构工作都正常，大车电动机不转动。对于集中驱动的大车，其原因有：

1）过电流继电器线圈有断路。

2）电动机定子绕组有折断。

3）电动机定子绕组断路。

对于分别驱动的大车，其故障通常发生在由接触器主触头至控制器电源端之间的连线上，可能有断路。

（4）天车的4台电动机都不动作。4台电动机都不动作的原因有：

1）大车滑线无电压。

2）由于接线断路或未接触，大车集电器断相。

3）保护箱总电源刀开关三相中有一相未接通。

4）保护箱接触器的主触头有一相未接通。

5）总过电流继电器线圈断路或接线开路。

相应的故障排除方法为：

1）接通供电电源。

2）清理大车滑线，保证其接触良好或重接导线。

3）用测电笔或试灯查找断相并修理。

4）查找断相，修整触头，保证接触器主触头的三相接通。

5）更换总过电流继电器或连接断线处。

（5）其他机构电动机正常，某一电动机不转动或转矩很小。由于其他机构电动机正常，说明控制电路没问题，故障发生在电动机的主电路内。在确定定子回路正常的情况下，故障一般是发生在转子回路，转子三个绕组有断路处，没有形成回路，就会出现这种故障，一般发生在电动机转子集电环、滑线或电阻器部分。

1）电动机转子集电环部分。

① 转子绕组引出线接地或者与集电环相连接的铜片90°弯角处断裂。

② 集电环和电刷接触不良、电刷太短、电刷架的弹簧压力不够、电刷架和引出线的

连接螺栓松动。

2）滑线部分。

① 滑线与滑块（集电托）接触不良。

② 滑块的软接线折断。

3）电阻器部分。

① 电阻元件断裂，特别是铸铁元件容易断裂。

② 电阻器接线螺栓松动，电火花烧断接线。

4）凸轮控制器部分 转子回路触头年久失修，有未接通处。

（6）控制手柄置于第一挡时，电动机起动转矩很小，置于第二挡时，转矩也比正常时低，置于第三挡时，电动机突然加速，甚至使本身振动。这种故障一般发生在电阻器，电阻元件末端、短接线部分有断开处，如图 8 - 8 所示。在 M 处断开就会出现这种现象。由图 8 - 8（a）可知，当控制器手柄置于第一挡时，电阻元件短接线在 M 处折断，转子不能短接，所以转矩很小，只能空载启动。由图 8 - 8（b）可知，当控制器手柄置于第二挡时，K1 闭合，转子回路电流流通状况汇交于 A 点，串接全部电阻，比原正常线路第二挡转速低。

由图 8 - 8（c）可知，当手柄置于第三挡时，K1、K2 闭合，电流汇交于 B 点，突然切除两段电阻（画断面线部分），电动机突然加速，启动较猛，致使整个机身振动。故障排除的方法：可将三组电阻元件末端短接线开路处用导电线短接。

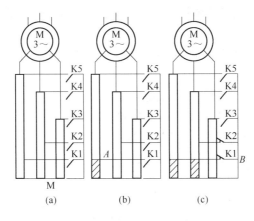

图 8 - 8　电阻器短接示意图

（7）控制器在第一、二、三挡时电动机转速较低且无变化，扳至第四挡时突然加速。此故障通常发生在凸轮控制器，转子回路触点接触不良。当触点 1、2 不能接通时，在第 1、2、3 挡时，电动机转子串入全部电阻运转，故转速低且无变化；当扳到第 4 挡时，此时切掉一相电阻，故转矩增大，转速增加，造成振动；当扳到第 5 挡时，由于触头 4 和 5 同时闭合，这时等于一下子切去另两相电阻，故电动机转矩突然猛增，造成车身剧烈振动。故障的排除方法：修理或更换转子回路触点。

（8）主令控制电器起升机构不起不落。主令控制电器起升机构不起不落的原因有：

1）零压继电器不吸合，可能是熔断器烧断，或继电器线圈断路，或该段内导线断路。

2）零压继电器吸合，而起升机构仍不起不落。这可能是零压继电器的联锁触头未接通。

3）制动器线圈断路或主令控制器触头未接通，制动器打不开，故电动机发出嗡嗡声，电动机转不起来。

（9）主令控制电器主钩只起不落。若制动接触器 KMB 在回路中的常开触头 KMB 与下降接触器 KMR 在回路中的常开触头 KMR 同时未接通时，则主令控制器置于下降挡，制动接触器 KMB 线圈无电压，制动器打不开，故主钩只起不下降。检查并修理下降接触器和制动接触器的常开触头，接通制动接触器 KMB 的电路即可解决此问题。

（10）主令控制电器的主钩只落不起。主令控制电器的主钩只落不起的可能原因有：

1）上升限位开关触点电路未接通。

2）连接上升限位开关触头的两根滑线接触不良。

3）上升接触器 KNF 线圈断路。

4）主令控制器触头 K6 未接通。

5）下降接触器的常闭触头 KNR 未接通。

6）加速接触器的常闭触头 KMA 未接通。

查出具体原因，采取相应措施，即可排除故障。

复习思考题

8-1　主梁下挠的原因有哪些？

8-2　主梁下挠对天车使用性能的影响有哪些？

8-3　主梁下挠的修复方法有哪些？

8-4　大车啃道的原因有哪些？

8-5　小车行走不平的原因有哪些？

8-6　打滑的原因有哪些？

8-7　溜钩的原因有哪些，不能吊运额定起重量的原因有哪些？

8-8　电动机常见故障有哪些？

8-9　天车不能启动，吊钩一上升接触器就释放的原因有哪些？

8-10　吊钩下降时，接触器就释放的原因有哪些？

8-11　天车电气线路主接触器不能接通的原因有哪些？

8-12　其他机构工作都正常，起升机构电动机不工作的原因有哪些？

8-13　其他机构工作都正常，大车电动机不转动的原因有哪些？

8-14　天车的四台电动机都不动作的原因有哪些？

8-15　其他机构电动机正常，某一电动机不转动或转矩很小的原因有哪些？

8-16　控制手柄置于第一挡时，电动机起动转矩很小，置于第二挡时，转矩也比正常时低，置于第三挡时，电动机突然加速，甚至使本身振动的原因有哪些？

8-17　控制器在第一、二、三挡时电动机转速较低且无变化，扳至第四挡时突然加速的原因有哪些？

8-18　主令控制电器起升机构不起不落的原因有哪些？

8-19　主令控制电器主钩只起不落的原因有哪些？

8-20　主令控制电器的主钩只落不起的原因有哪些？

9 天车事故及分析

9.1 天车伤害事故的原因与预防

9.1.1 天车事故的原因

天车事故的原因，大体上有以下几种。

（1）思想方面的原因。

1）领导思想上不够重视，认为天车只是装装卸卸的问题，没有大不了的技术，因而安排一些文化水平不高的同志去担任司机工作，或安排一些责任心差的同志去应付天车工作。殊不知要当好一个司机，需要掌握力学、电磁学等基础知识。要操纵好天车机还必须维护保养好天车设备，同时应具有强烈的责任感。平时对天车工作不关心，不过问，直到发生了事故，头脑才有点清醒。

2）司机本身思想上的问题，认为操纵天车不难，把自己放在这个岗位上是大材小用，心里感到委屈，因而不好好学习，导致工作中经常毛手毛脚，给工作带来损失。

（2）设备方面的问题。

1）设备部门不重视天车设备的完好性，平时没有认真督促司机去检查设备是否完好，导致使用时发生问题。

2）天车设备上缺乏必要的防护装置，使一些转动零件裸露，当人员经过转动零件时，思想上不重视，结果是衣服等被转动零件卷住，造成伤亡。

（3）不遵守规章制度违章蛮干。违章情况主要有以下方面：

1）明明起吊物件的重量已经超过额定天车量，但为了争得工时，仍然拼命地去干，结果往往发生事故。

2）起吊物件距天车较远时，不是按规定去吊，而是斜吊，使钢丝绳受力大大超过允许的数值，致使钢丝绳断裂，弹伤他人或自己。

3）在吊运物件移动时，不走规定的线路，而让起吊物件从人员的头顶上经过，一不小心物件突然坠落，使下面人员来不及避让，造成伤亡事故。

4）在起吊物件上载人，结果在起吊物件升至空中后，人不慎滑落或者因控制开关失灵或发生故障，导致钢丝绳断裂，人从高空坠落。

5）车辆移动时，未将把杆放下，结果造成把杆碰触高压电线，使人员触电。

6）未配备限位器、防冲撞装置、天车量限制器等必需的安全防护装置。无法避免偶然事故的发生。

（4）健康欠佳或情绪不稳。

1）有点小病，甚至很不舒服，舍不得奖金，勉强出勤，甚至上岗，身体支持不住，头脑昏昏沉沉，视线模模糊糊，手中没有劲，是怎样发生事故的，自己也不清楚。

2）情绪不稳，挨了批评或与他人发生过争执，甚至离家前吵过嘴，脑子里想着这些事，心中愤愤不平，分散了精力，思想不集中，容易发生事故。

（5）组织纪律松懈。

班组长安排任务时，与他人嘻嘻哈哈，要完成哪些工作和如何安全地完成这些工作，一点儿都没有听进去，操作时马马虎虎，自作主张，往往铸成大错。

（6）不听从指挥员指挥。

指挥信号不听从，有时为了快吊，在指挥员尚未发出起吊信号时，就开动起升机构及其他机构，结果使天车工的手指常常被钢丝绳压住造成骨折。也有的单位不使用国家标准所规定的统一指挥信号，如新到任的司机上岗后，往往不理解指挥信号而造成误操作，导致事故发生。

9.1.2　天车事故的预防

预防天车事故必须做到以下几点：

（1）领导重视。领导重视是最根本的一条。首先领导应经常深入生产现场，观察本单位天车吊运的特点，据此制定相应的规章制度。所定制度应以管理开始，包括对天车逐台建立登记卡、维护保养和定期检修的技术数据的记录以及人员的培训，直到使用时的安全操作规程，吊车使用记录、交接班登记等。建立和健全规章制度是一个方面，另一方面就是督促各级有关人员认真贯彻执行制度，切实做到奖罚分明。对于那些长期以来勤勤恳恳，脚踏实地从事工作，且无事故在 10 年以上的天车司机应给予一定的精神和物质奖励。对一贯吊儿郎当，工作不负责任的天车司机要加强平时的教育，对不听劝阻，屡教屡犯的则应处以罚金，不负责任又造成重大事故的还应严肃处理，必要时依法惩处。

（2）司机稳定。千万不要经常地调动司机。培养一名司机是很不容易的。司机能熟练掌握所操纵的天车及其性能更是不容易的。优秀的天车司机是在长期勤勤恳恳工作和努力学习的条件下培养起来的。他们在有天车作业时，谨慎操作，在没有天车作业时就保养和检查天车机的零部件，确保天车任务的完成。在天车修理时，就协助修理人员一起工作并把好修理质量关。他们对自己所操纵的天车性能了如指掌。因此，不在迫不得已的情况下，不要调动司机的工作，甚至调换到另一台天车上去工作。

（3）掌握统一的指挥信号。不论是哪个行业，也不管是天车司机还是天车指挥人员都应该认真学习国家标准 GB 5082—1985 "天车吊运指挥信号" 这一文件。要按这一文件中的手势信号、旗语信号或者音响信号进行指挥。对司机来说，只听指挥员的指挥是最根本的。旁人指挥往往是信号不准确或者是指挥不当，因此千万不要去理睬他，否则容易发生事故，只有当天车吊运中出现危险时，方可听从其他指挥。在这种情况下，看到危险状态的人群一定会在脸上或情绪上表现出焦急的姿态，此时司机应根据众人的眼睛所集中的地点去寻找和探索危险点及其原因，并运用自己的操作技术和毅力去制止事故的发生或尽量减少事故的损失。

（4）遵守 "十不吊" 规定。

1）超载或被吊重量不清时不吊。

2）指挥信号不明确时不吊。

3）捆绑、吊挂不牢或不平衡可能引起滑动时不吊。

4）被吊物上有人或浮置物时不吊。

5）结构或零部件有影响安全工作的缺陷或损伤，如制动器、安全装置失灵；吊钩螺母防松装置损坏、钢丝绳损伤达到报废标准时不吊。

6）遇有拉力不清的埋置物体时不吊。

7）斜拉重物时不吊。

8）工作场地昏暗，无法看清场地、被吊物情况和指挥信号时不吊。

9）重物棱角处与捆绑钢丝绳之间未加衬垫时不吊。

10）钢（铁）水包装得过满时不吊。

（5）做好设备保养并检查主要零部件。要熟悉天车司机的岗位责任制。天车机司机除了天车操纵外，还必须保养好天车，即经常地进行清洁和润滑工作，检查易损零部件的磨损情况，确定是否需要更换，发现天车有故障时及时联系修理人员修好，不能带病操作。只有天车及其安全装置处于完好的技术状态下，才可能不发生或避免发生事故。

9.2　典型事故案例

天车事故主要有取物装置事故、零部件损坏事故、结构件损坏事故、安装和检修中事故、触电事故、违章操作事故等。

案例1　吊钩冲顶坠落

（1）事故简介

1989 年 6 月 30 日，某厂机修厂准备有 30t 主钩吊重物时，5t 副钩起升控制器手柄未回零位，停电后再送电时，副钩上升冲顶，断绳坠钩，致使一人死亡，一人重伤。

（2）事故发生经过

某钢厂劳动服务公司机修厂小锻件联营组 4 名工人准备用传料机把 5 根轴类锻件从准备工段运到水压机处，叫 30/5t 天车过来吊料。当 30/5t 天车司机听到喊叫后，把主钩上挂的四爪吊钳放下，打算用主钩来吊传料机。在地面指挥人员的指挥下，司机把天车开到传料机上方对位后放下主钩。联营组人员把一根钢丝绳吊索挂在主钩上。这时司机将副钩小车往一侧端梁开动，同时操作副钩控制器使副钩起升到离起升高度极限位置 0.3m 左右，打算停止副钩起升，便拉回副钩控制器手柄，但没有拉到零位。恰巧就在这一瞬间副钩小车碰到运行极限位置限制器，造成自动切断电源，也使副钩停止上升。司机为使天车继续工作，又重新送电。由于副钩起升控制器手柄仍在上升位置，送电后副钩继续上升，这时司机只注意下边，没再注意副钩，而副钩的起升高度限位器失灵，致使副钩冲顶。此时，天车下边干活的人员听到上边有响声，但没有引起重视。副钩的起升绳被拉断，副钩坠落，砸到一人头部和另一人胳膊上，造成一死一伤。

（3）事故原因分析

1）天车司机违法操作规程。在停止副钩上升时，未将手柄拉到零位；在副钩小车碰到运行限位器使天车断电后，未检查副钩起升手柄是否在零位；在重新送电前也未注意此问题；副钩起升手柄始终处于上升位置。送电后，副钩继续上升，有没有引起司机注意，酿成事故。

2）副钩起升高度限位器失灵，未及时修复。

（4）事故结论及教训

这是一起起升限位器故障与操作失误共同引起的伤亡事故。可以从管理和设备两方面总结教训。在管理方面，要进一步落实安全生产责任制，做到警钟长鸣。在每月的点检表中对该天车副钩起升机构的高度限位器失灵已有记载，但未能引起有关人员重视。对天车司机应加强技术培训和安全教育，不能在发生手柄拉不到零位的误操作。在设备上存在的故障应加以整改。

（5）事故的预防对策

1）加强设备管理和安全管理，对从事重工作的人员进行技术培训，持证上岗。

2）修复和更换起升限位器。

3）电气线路中增加零位保护功能，当断电后重新送电时，若控制器手柄不在零位，则不能使该机构启动，只用将手柄回到零位后才能启动该机构。

案例2　制动器失灵引起铁水爆炸事故

（1）事故简介

1982年8月6日，某钢铁公司某车间，天车制动器失灵，造成调运的铁水包往下滑落，使几十吨铁水倾翻，倒在水坑里，引起巨大爆炸，造成11人死亡。

（2）事故发生经过

某钢铁公司某车间有两台天车，一台起重量为120t，用来吊运满包铁水包，另一台为75t，用来吊运空铁水包。天车司机下班后，生产需要将里边的一个铁水包吊运出来。在场的一个电工师傅甲主动上车顶替司机，他认为是空包，就操作75t天车去吊。实际此包是满包，甲将满包吊起来，并移到外面。此时，75t天车起升机构制动器承受不了过大的载荷，制动器失灵，铁水包向下滑落。操作者又缺乏经验，慌了手脚，使铁水包落在一个地坑旁，整个包倾翻，几十吨铁水倒在水里，引起巨大爆炸，损失惨重。天车主梁严重变形，司机室歪斜，操作者甲被抛出司机室外，当场死亡。另外，在围墙外休息的民工也惨遭不幸，共11人死亡。

（3）事故原因分析

本事故的直接原因是违章操作。由于操作者不是该天车司机，不熟悉车间内铁水包的现状、天车性能和地面环境条件。误将满包当成空包吊运，使天车严重超载，制动器失灵。操作者缺乏经验，在关键时刻未能采取补救措施，致使一包铁水倾翻倒在水坑里引起爆炸。

（4）事故结论及教训

本事故是无证违章操作的责任事故，教训是深刻的。因此，要严格操作管理，加强安全教育，提高职工安全意识。

（5）事故的预防对策

1）健全岗位责任制，实行持证上岗。

2）加强安全保护，在有超载可能的场合，应该安装超载限制器，避免设备超载运行，以确保安全。

案例3　主梁断裂坠落事故

（1）事故简介

1992年10月5日，某炼钢厂炉前1号125t天车向1号混铁炉兑铁水时，该天车桥架南主梁中部突然断裂，致使整机倒塌，其南边主梁和两根副梁断裂坠落在地；北边主梁及东边端梁弯曲变形，但未落地；副小车掉地后冲出厂房约1m，主小车掉落在两根副梁上，铁水罐及板钩被压在天车下边，没有发生人员伤亡。

（2）事故原因分析

该天车是工字梁加副桁架结构，1979 年 5 月正式投入运行。在 13 年运行过程中，先后对该天车结构做过较大变动。第一次是 1984 年将主小车进行了更换。小车重量由原来的 44054kg 变为 627763kg，主小车车轮由 4 个增加为 8 个。小车改造设计和制造均由原厂承担。第二次是 1990 年更换司机室，并将司机室由南边大梁移到北边大梁。1988 年 12 月根据转炉扩容要求，还对该天车进行了性能测试，测试结果表明，各项性能合格。

该事故发生后，有关单位即对事故发生原因及有关情况进行了调查分析：

分析确定主断裂面，并对主梁材料的化学成分、机械性能进行了分析检验；

根据当事人讲述情况和事故发生后的现场实际情况，以及对各断裂部位断口的宏观分析，确定天车南主梁下盖板中部的断裂面为主断裂面。

经化学分析：主断裂面下盖板钢材材质为 15MnTi。

材料性能试验结果：主梁下盖板材料各项机械性能皆符合国家标准。

金相组织分析结果：主断裂面两端夹杂物呈分散分布，中部则呈集中分布。

通过对破坏后的天车现场取证调查分析，认为该天车发生事故的主要原因是由于南主梁下盖板距东端梁外侧 13.1m 处发生疲劳断裂所致。而南主梁下盖板开裂的主要原因是由于主梁下盖板与主梁下走台板焊接缺陷所引起的。金相组织宏观和微观分析结果表明，南主梁下盖板断裂起源于焊接接头部位。疲劳源与焊接裂纹相关，该部位焊接起弧处，焊接裂纹在各种应力作用下，沿应力最大方向扩展到一定程度后，导致主梁断裂。

（3）事故结论及教训

天车厂采用单腹板工字梁加副桁架的主梁结构，其上下水平桁架上铺设钢板兼作走台，垂直载荷主要由高而窄的工字梁承受，副桁架参与承受水平惯性力和啃道侧向力。我国 70 年代，由于当时钢材缺乏，出现了为节省钢材采用这种结构的大型天车。通过多年运行后，特别是对工作级别高、启制动频繁，经常超载时用的冶金天车，该桥架主梁有一个共同特点，即空腹副桁架的下弦杆容易出现断裂，甚至上弦杆也出现断裂现象，即使对断裂的弦杆进行补焊，下弦杆应力已经释放，必然增加上下盖板的应力水平。

这种主梁概括起来有以下缺点：

1）应力集中断面多：为了节省材料，减轻自重，副梁做成空腹，使主梁成为非均匀梁。上下水平桁架上虽铺有钢板，但其厚度小，焊接不牢靠，只能用作走台，固定轻小设备，不能承载。许多横向加筋板将工字梁与空腹桁架相连接，沿主梁全长多个应力集中断面，是易产生疲劳裂纹的危险断面。

2）局部焊缝多。垂直桁架弦杆也要焊接，这些焊缝短，只能采用手工焊，质量难以保证，每条焊缝都要起弧、灭弧，容易伤害母材。焊缝处的应力和工作应力叠加，往往接近或超过材料的屈服极限，降低结构的疲劳强度。

3）工字梁和空腹桁架变形不协调。主要承载工字梁的腹板是一块大面积的连续板梁结构，副梁则是桁架结构。板梁结构的天车主梁容易下挠，或下挠较多，这是由于大面积的连续板梁内材料晶体的位错在长期应力作用下发生连续滑移，导致上拱度逐渐减小，工字梁向下变形，而桁架梁不变形或变形小，就会使载荷重新分配，桁架抗力增加。主梁下挠越严重，下弦杆附加应力越大，最后导致下弦杆断裂。下弦杆断裂后，若不及时修复，就有可能导致上弦杆断裂，垂直力和水平力都靠工字梁承受，很危险。

综上所述，下弦杆断裂是一个危险征兆，一个警报信号，应该引起高度重视。应及时检查上拱度和下弦杆有无裂纹。

（4）事故的预防对策

1）对于工作级别为 A7、A8 的冶金天车，从设计制造都要考虑主要承载金属结构的疲劳强度。

2）天车主梁以箱形截面为好。

3）起重量在 50t 以上的冶金天车的主梁以宽翼缘箱形梁为好，而且主梁腹板上方宜设置 T 形钢，以避免承轨处角焊缝出现疲劳裂纹。

案例 4 大夹钳检修时的坠落事故

（1）事故简介

1989 年 4 月 21 日，某轧钢厂钳式吊车在检修过程中，由于检修人员的错误指挥，致使钳式吊主卷失控急速坠落，大夹子触地，将在回转平台上的另一名工人震落地面而亡。

（2）事故发生经过

某轧钢厂运转车间检修均热炉钳式吊车，由钳式吊电工更换回转电机，钳式吊钳工甲等人负责调整主卷大齿盘间隙，当旧电机吊出，新电机吊起对位时，甲安排另一钳工拆卸主卷卷筒传动侧瓦座的 4 个地脚螺栓。此时另一工人乙指挥动车。在旧螺栓卸掉之后新螺栓又未来得及装上时，乙即指挥主卷下落，当大夹子下落离地面 1m 左右时，大齿盘与减速器小齿盘脱开，主卷失控，大夹子急剧坠落触地，将在回转平台电机端的电工震落地面，因头部触地受伤过重，送往医院抢救无效死亡。

（3）事故原因分析

在主卷卷筒传动侧瓦座 4 个地脚螺栓已拆卸、新螺栓未装上，而电机检修人员未离开回转平台的情况下，错误地指挥主卷下落，致使大齿盘与减速器三轴齿盘脱开，主卷失控，大夹子触地，将电机检修电工震落地面，是造成事故的直接原因。

（4）事故结论及教训

这是一起检修计划、组织工作不严密，违章作业造成伤亡的检修事故。在检修起升机构时，缺乏统一的指挥调度，特别是在检修过程中开机试运行时一定要十分慎重，要搞清的确不会发生意外后才能开机。另外，高空作业尽量配备安全带，即使发生了事故也可减少伤亡损失，在有多工种、多单位共同工作时，要有专人协调配合，并配备专职安全员，在现场检修过程中实施严格的安全督察。

（5）事故的预防对策

在检修均热炉钳式起重机这种专用冶金起重机时，由于任务重时间紧，往往有多单位、多工种一起上阵，一不小心，就会发生安全事故。为了预防事故发生，除了采取统一协调指挥，设置专职安全人员，严格执行安全操作规程等事项以外，还要针对该类起重小车的特点，采取必要的工程技术措施。这类起重小车的特点是有刚性悬挂系统和回转机构。一般采用吊钩作取物装置的起升机构中，吊钩坠落不会引起小车过大震动。而钳式起重机的取物装置是刚性悬挂系统，即使空载时，夹钳系统的重量也很大，起重小车上有回转小车、回转支撑装置和回转驱动机构，夹钳相对回转小车能够在铅垂方向相对移动，而在圆周方向又要同步运动，以便夹钳夹住工件后在均热炉内移动和转运，所以夹钳落地后产生的巨大冲击力会通过连接装置传到回转小车（平台）上，引起事故。因此，在检修起升机构时，最好能将夹钳口托起或放到地面，或悬吊离地距离较小，以避免或减小掉钳后的冲击震动。

案例 5　天车在检修电气中的事故

（1）事故简介

1989 年 6 月 25 日，某钢厂检修天车电气设备。由于现场人员过多，而又没有周密的安全防护措施，一外来实习学生随意地合闸送电，致使起重机突然启动运行，造成一人坠落地面死亡。

（2）事故发生经过

某钢厂炼钢车间组织检修副跨 10t 天车，车间设备副主任布置电工班负责检修起重机控制线路，更换控制器，起重司机配合电工班作业，同时参加检修的还有该厂技校电工班 5 名实习学生，车间电气设备员负责停、送电联络及有关技术问题。由于检修厂房内还有一台起重机要进行排渣作业，所以厂房内起重机电源滑线没有拉闸停电，只将待检修的起重机总电源拉闸断电。当电气设备员蹲在滑线侧主梁小车轨道上时，在驾驶室内总电源开关西侧的一名电工班实习学生，手搭在电源开关操作手柄上，无目的地将电源开关合上。由于大车控制器正在高速挡上。致使大车突然启动向西驶去，在主梁上的电气设备员便本能慌忙地站立起来，因身体失去平衡，大叫一声坠落到地面。这时，正在驾驶室检修的工人发现后，立即拉下开关，大车滑行 7m 左右停车。速将该电气设备员送往医院，抢救无效死亡。

（3）事故原因分析

在天车进行检修时，没有制定出周密的安全防护措施方案，参加人员过多，现场指挥不当，在切断起重机电源后，既没有上锁、悬挂醒目标志牌，也未设专人监护，致使实习学生随意无目的地合闸送电，致使事故发生。

（4）事故结论及教训

这是一起由于管理不善，在检修起重机电气设备时，由外来人员操作送电引起的伤亡事故。主要是现场指挥不当，安全措施不力。事故本来可以避免发生，教训是惨痛的。在人多手杂的情况下，没有对断电、送电环节做到双保险。除搬掉电源操纵手柄外，还应采取另外断电措施，如断开空气开关，摘掉保险等。使任何一个偶然的动作都不会产生不良后果。对实习的学生应先进行安全教育，使之不能随意动电气开关、手柄、手轮等操作元件和电气设备。也应派专人陪护。

（5）事故的预防对策

在有实习生在场的检修条件下，应把安全摆在首要位置，进现场前进行专门的安全教育，提出严格要求，到现场后应派专人监护，断电后应上锁、挂牌，实行多处断电，根除产生事故的根本原因。特别要指出的是要完善该起重机电器线路的控制系统，加装零位保护功能，即使意外合闸送电后，哪怕手柄处在高挡，起重机也不能运行。另外，检修人员应注意自身安全，无事不要到主梁的轨道上，应处在有栏杆的安全位置，避免不必要的损失。

案例6 联轴器伤人事故

（1）事故简介

1989年10月15日，某炼钢厂工人在检修起重机小车时，吊车司机在检修人员尚未安全离开小车时启动起升机构，使一名检修工人的衣服被联轴器缠住，造成重伤后死亡。

（2）事故发生经过

某炼钢厂检修车间吊车检修工段甲和乙等人负责对整模2号吊车进行检修。经检查确认，小车运行机构联轴器的键磨损严重，需要立即更换，要求将吊车开到灯光下，吊车司机来到操作室，此时乙和其他的人都相继离开小车，只剩下甲一人蹲在主轴的东侧没下去。当主卷筒一动，司机看到有大量积灰降落，立即停车，发现甲躺在主卷筒与传动轴中间的定滑轮上，衣服被联轴器缠住，后脑部裂开100mm长的裂口，经送医院抢救无效死亡。

（3）事故原因分析

甲安全意识不强，自我防护能力差，动车前没有离开小车，同时劳保用品穿着不符合安全要求。司机在操作前没有打铃警告，也没有最后确认作业人员是否已全部离开危险区域，执行安全操作规程不严，安全联保网虽已建立，但贯彻执行不力，发挥作用不够。

（4）事故结论及教训

这是一起检修人员安全意识不强，以及起重机司机未能严格执行安全操作规程，违章操作，致使检修人员的衣服被联轴器卷绕，造成重伤死亡的责任事故。教训：在检修起重机的时候，起重机司机开车前没有打铃和确认车上无人，冒险开车；受害者在车上的站位不妥，工作服没穿好。

（5）事故的预防对策

检修人员在检修起重机时，一定要注意安全，具有自我保护意识，克服麻痹大意思想。要严格遵守安全操作规程，做到两穿一戴。起重机司机要经过正规培训，加强安全教育，提高操作技能。在有检修人员在场的情况下，动车一定要慎之又慎，首先询问和了解是否有人在危险区域，再打铃警告，然后缓缓启动起重机。

案例7 安装驾驶室出事故

（1）事故简介

1989年11月29日，某冶金建设单位金属结构公司安装队在安装天车驾驶室时，由于吊物方法不当，造成吊物用的绳扣从吊钩中滑脱，致使吊装的驾驶室和起重工同时坠落，摔死一人。

（2）事故发生经过

某冶金建设单位金属结构公司安装队负责某钢铁厂高炉出铁厂10t桥吊安装任务，在吊装驾驶室的时候，起吊后，驾驶室升到安装高度，发现驾驶室与安装水平位置相差200mm，需向北平移，有3人下到平台后，一齐用溜绳向北拉司机室未拉动，即找来一个20t起重葫芦来拉。起重工甲这时从吊车南侧斜撑架向吊车上爬去，在吊车上看图的队长发现其未系安全带，当即制止，甲不予理睬，继续爬上吊车。此时一工人按队长吩咐将自己的安全带解下来交给甲，甲仍未要，并继续拉葫芦。当操作室向北移动150mm时，因水平拉力的作用使葫芦的钩向北倾斜40°角，致使南侧钢丝绳扣从吊钩中滑脱，北侧钢丝绳扣突然受到冲击被吊耳刀面切断，司机室和甲同时坠落，摔在预制板平台上，甲颅底骨折死亡。

（3）事故原因分析

起重工甲严重违章作业，高空作业不系安全带，并对劝阻置若罔闻，安全技术交底不落实，操作方法不当。

（4）事故结论及教训

这是一起严重的违章作业，操作不当引起的坠落死亡事故，现场施工时必须穿工作服、工作鞋，戴安全帽，高空作业佩戴安全带，这是通过无数血的教训总结出的安全保护措施，违反了这些，就可能付出惨痛的代价。起重机检修人员切忌再用鲜血和生命来证明这些规定的正确性。

（5）事故的预防对策

起重工一定要克服侥幸心理，高空作业时一定要系安全带，不要觉得自己身体好就可违反这一规定，负责人对违反规定者应坚决制止。

案例8　导电滑线上触电事故

（1）事故简介

1989 年 6 月 24 日，某矿建材厂值班电工违章带电作业触电，从 4m 高的吊车滑线上摔落地面死亡。

（2）事故发生经过

某矿建材厂加气车间值班电工和该车间维修电工两人被分配去修理清模桥式吊车。可是，维修电工上班后就擅自离岗去维修自行车去了，只有值班电工一人单独完成作业。他首先打开电闸盒试了试有电，就上吊车叫司机把电闸拉掉进行修理，修了一会儿后。值班电工叫司机合闸送电试一试车，结果吊车不能启动。值班电工就来到吊车北面轨道上的滑线处，不一会，就听值班电工大叫一声从距离地面 4m 高的滑线处摔落下来，经抢救无效次日死亡。

（3）事故原因分析

值班电工高空作业未系安全带，违章带电作业，不慎触电从高空摔落，这是造成事故的主要原因。

（4）事故结论及教训

这是一起带电作业引起的触电事故，维修电工违反劳动纪律，擅离职守，致使值班电工单人作业，无人监护。在试车后，吊车仍不能启动，必须继续检查故障，而吊车司机安全意识不强，思想麻痹，未能再次拉闸断电，给事故的造成留下隐患。

（5）事故的预防对策

整顿劳动纪律，健全岗位责任制和安全操作规程，加强劳动安全保护措施。在实施检查与检修时，一定要拉闸断电，禁止违章带电作业，在高空作业时，一定要系安全带，穿绝缘防滑劳保鞋，对作业人进行有效的安全监护。

案例9　脚踩入电铃开关内的触电事故

（1）事故简介

1989 年 7 月 25 日，某轧钢厂吊车司机违章赤脚操作吊车，脚踩入电铃开关内，触电身亡。

（2）事故发生经过

某轧钢厂落板车间吊车司机脱掉鞋袜开车，将5t吊车开到退火工休息室的板垛上方，准备把板垛吊运走，大车停止后，司机操纵吊车升降控制器将吊钩下降到板垛上，准备起吊时，由于电铃开关无盖，司机操纵时，不慎赤脚踩在电铃开关上触电死亡。

（3）事故原因分析

吊车司机光着脚违章作业，踏上无盖的电铃开关，导致触电死亡。

（4）事故结论及教训

这是吊车司机赤脚违章进行操作造成的死亡事故。由于同时交接班不落实，缺盖的电铃开关未及时修复或更换，留下事故隐患。赤脚开机，这不仅是一种不安全的行为，也是一种不文明的行为。

（5）事故的预防对策

1）对全厂电器进行全面彻底检查，及时更换残缺破损的电器设备及元件，杜绝事故隐患。

2）经常对吊车司机进行安全操作规程培训和考核，实行安全员监督检查制，对全厂吊车司机进行安全检查与监督，严禁赤脚开机。

3）落实交接班制度，做到吊车司机认真对口交接。

案例10 手触摸小车滑线触电事故

（1）事故简介

1989年8月18日，某中板厂吊车班班长在检查小车主卷扬失灵故障时，不慎失手触摸小车滑线触电死亡。

（2）事故发生经过

某中板厂一台重量为15t的天车主卷扬失灵不能起吊，该车司机将起重机出现的事故故障报告了副班长，于是副班长马上上车去检查原因，并要该司机在车上监护。这时，班长见起重机因故障停止了作业，为了不影响生产，便上车安排该司机到另一台起重机继续作业。班长和副班长一同对故障进行检查，检查了一会儿后，班长要副班长去操纵室开车试车，班长留在桥架上继续观察。结果试车未发现问题。副班长又来到起重机桥架上与班长继续查找，一会儿班长又要副班长到操纵室再开车试试，他仍留在桥架上进行观察。副班长此时鸣笛试车，吊钩仍不能升降，便对车顶上的班长喊了两声，问还试不试，结果无人回答，副班长再次上车去，却发现班长一人倒倚在桥架端梁角上，人已失去知觉。副班长见状大惊失色，连忙大声呼叫。起重机下面的人听到叫声后，急忙上来将班长送厂卫生所，经值班医生进行人工呼吸，并送医院抢救无效死亡。

（3）事故原因分析

1）死者安全意识淡薄，在无人监护时带电违章进行检查，并在有电危险区未穿绝缘劳保用品，在试车观察过程中，不慎失足，将右手扑在小车滑线上，造成触电。

2）安全保护措施不完善，未在小车滑线侧安装安全防护隔离网。

（4）事故结论及教训

这是一起安全意识淡薄，在无人监护又未穿戴绝缘防护用品时在有电危险区作业，不慎失手触电的事故。电工在起重机上检修时，一定要按照劳动保护条例的规定，穿戴劳保用品。否则一旦触电，悔之晚矣。

（5）事故的预防对策

1）制定设备检修与试车检查规章制度，加强对设备的检查与维修，保证设备完好。

2）加强安全保护，在小车滑线侧面安装安全防护网进行隔离，并在有电危险区悬挂醒目警示标语，或是改造小车供电装置，拆除角钢滑线，采用波状软电缆导电，可避免触电事故。

3）在对起重机进行维修与检查时，起重机司机一定要积极配合，在地面设监护人，负责维修检查人员与起重机司机间的联络，并在维护与检查现场设有专人进行监护。

4）在有电场地作业一定要穿戴绝缘防护用品，以防万一。

案例11　天车挤人事故

（1）事故简介

1989 年 1 月 19 日，某钢厂运转车间桥吊司机从走道上违章跨越正在运行的吊车时被挤入端梁与房柱之间，而后坠落死亡。

（2）事故发生经过

某钢厂运转车间桥吊司机甲操纵 18 号吊车，吊着满包钢水在 3 号连铸机中间包上方浇钢。适逢丙班 18 号吊车司机乙上中班接班，乙在 18 号吊车运行状态下从走道上跨上吊车端部。走道距地面 18.5m，未等乙完全跨进吊车，身体被挤进 18 号吊车端梁与混凝土房柱之间的夹缝中，夹缝间隙仅 130mm，随即从二根房柱中间 570mm 宽的空挡内坠落，掉在离地 5m 左右的三根输气管道上，造成脑部受伤且多处发生骨折，经送医院抢救无效死亡。

（3）事故原因分析

1）违反安全操作规程。吊车司机乙上 18 号吊车时，没有按联系铃，也没有切断联锁开关，吊车正在运行中冒险上车，以致身体被挤进端梁与厂房柱之间，坠落死亡。

2）设备装置不完善。18 号吊车原按《起重机机械安全管理规程》的要求，在厂房走道到吊车端梁的出入口上装有自动联锁装置。但因该吊车结构高大，联锁装置离走道高达 2.68m 使用既不方便又不安全，加工设备装置的限制没能装联锁门而采用双连开关代替。

3）管理上存在漏洞，违章作业未完全杜绝。

（4）事故结论及教训

这是吊车司机违章跨越正在运行的吊车，身体被挤伤坠落死亡的安全事故。天车司机，起重机维修人员以及其他人员要从走道上经端梁进入吊车上时，千万不能在吊车运行中冒险进入，极有可能被房柱挤伤。

（5）事故的预防对策

加强设备管理和安全教育，端梁走台上设有进入的栏杆门，门上设联锁开关和警铃按钮。开关和按钮位置不能太高，应能方便身材矮的人员也能方便操作。所有人员从端梁进入桥吊时，一定要等吊车停稳后才能进入，而且要断开联锁开关，按警铃通知司机。上去后，合上栏杆门和联锁开关，再按按钮通知司机已安全进入，司机方能开车。如果像本次事故的桥吊端梁太高，联锁装置不方便，可以关闭端部的出入门，改从其他位置出入，以确保人身安全。

案例12　司机违章作业造成的伤亡事故

（1）事故简介

某厂金属结构车间有两台 10t 天车，分别在车间两个不同高度的轨道面上运行。上面运行着单主梁吊车，下面运行着双梁桁架吊车。

1971年9月1日，上行吊车在吊载运行时，由于停在下行轨道面的吊车妨碍上行吊车向前运行，而上行吊车司机在违反起重机操作安全规程的条件下，擅自用上行吊车推动下行吊车，使正在准备上车工作的下行吊车司机当场被撞到车间立柱上，挤压死亡。

（2）事故发生经过

9月1日下午1时许，车间工人乙要用上行单梁吊车吊运十几块弯板，司机甲开动吊车吊起后，打铃向北运行，工人乙没有跟随物件走，而是在物件前面走，当发现下行吊车阻碍上行吊车向前运行时，就到另一个地方找下行吊车司机丙。下行司机丙走上梯子立即前去开车。

上行吊车司机甲在开车运行30m的路程中，一直响着电铃。他向北看去，也发现下行双梁桁架吊车停在轨道上，阻碍着上行吊车向前运行，但并没发现下行吊车司机室及车上有人。司机甲又开始打铃给信号，但下行吊车仍没回信号，当上行吊车运行距下行桁架吊车4m左右时，司机甲又给信号，下行吊车仍无回音。当上行吊车已接近下行吊车，并用司机室的底部冲撞下行吊车，推动下行吊车向北运行1.6m，地面工作人员发现撞到人时，便紧急呼叫，司机甲闻声后，立即打个倒车向回运行1m的距离，吊车停下。

原来，当下行吊车司机丙走到司机室门口时，正好是该吊车被上行吊车撞击推动那一瞬间，被撞在承揽梁的立柱上，被挤而死亡。

从事故现场发现，司机丙被挤死后，头部及上半身被挤在主柱与司机室之间，而两脚处在车间上下吊车用梯子的上平台上。在现场又发现司机室水平角钢上，有被用很大的力量挤下并已破裂的三枚纽扣，此纽扣是司机丙所穿衣服上的纽扣，因此，可以认定，司机丙刚走上梯子平台时，刚好上行吊车推动下行吊车开始运行，而并没有走进司机室就被司机室的水平角钢挂住前胸衣服上，将司机上身及头部带进去并挤在司机室与立柱之间，其距离只有100mm，头部颅骨被挤伤，胸部挤压受伤，导致死亡。

（3）事故原因分析

1）吊车司机严重违反起重机安全操作规程，用一吊车撞击并推动另一吊车而引起的事故。

2）负责吊运构件工人乙没有跟随被吊物件后面走，而是走在物件前面，当他发现下行桁架吊车阻碍上行吊车运行时，便离开被吊物件而去找下行吊车司机把车开走，当时工人乙没有把要去找司机之事及时告诉吊车司机甲，而司机甲认为车上无人，而没有遵守不准用车顶车的安全规定，使之下行车被移动，而引起人身伤亡事故。

（4）事故教训及对策

1）用吊车顶撞另一台吊车使其运行，是违章作业的，而且对起重设备也会有破坏作用，但该车间的吊车经常有这种行为，车间的领导者也知道此事，但一直没有采取有效措施加以制止，致使造成了此次人身伤亡事故。由此看来，吊车司机必须无条件地执行起重机安全操作规程，绝不能有侥幸心理，而作为车间的领导者，必须坚决贯彻各种安全措施，加强监督，严格检查，杜绝一切不安全因素，防止事故的发生。

2）对吊车司机，特别对年轻的司机，应经常进行安全教育，使每个工作人员在思想上引起足够的重视。

3）对老厂房、老设备要经常进行检查，消除各种安全隐患，如过去在安装上下车梯子时，只考虑靠近立柱上安装比较牢靠，但没有考虑到靠得太近、容易挤坏人，而且司机室与立柱之间的距离，也没有从安全角度认真考虑。实践证明，司机室与立柱之间的最小距离，应以人的身体的厚度为准，才能保证不会使工人在此处挤压而死亡。

附录1 天车工试题库

一、选择题

1. 天车的横梁在载荷作用下产生的变形属（　　）。
　　A. 拉伸变形　　　　B. 剪切变形　　　　C. 弯曲变形　　　　D. 压缩变形
　　答案：C

2. 力的分解有两种方法，即（　　）。
　　A. 平行四边形和三角形法则　　　　　B. 平行四边形和投影法则
　　C. 三角形和三角函数法则　　　　　　D. 四边形和图解法则
　　答案：A

3. 钢丝绳的允许拉力等于（　　）。
　　A. 破断拉力×安全系数　　　　B. 破断力　　　　C. 破断力/安全系数
　　答案：C

4. 滑轮与钢丝绳直径比值应不小于（　　）。
　　A. 15　　　　　　B. 10　　　　　　C. 5
　　答案：B

5. 预期钢丝绳能较长期工作的天车机械，每月至少检验（　　）次。
　　A. 1　　　　　　B. 2　　　　　　C. 3　　　　　　D. 4
　　答案：A

6. 天车的静载荷试验负荷是额定载荷的（　　）。
　　A. 1.1 倍　　　　B. 1.25 倍　　　　C. 1.3 倍　　　　D. 1.4 倍
　　答案：B

7. 两台同型号天车抬吊设备时，每台天车的吊重应控制在额定起重量的（　　）。
　　A. 80%以内　　　B. 90%以内　　　C. 95%以内　　　D. 以上都不对
　　答案：A

8. 液压油最合适的工作温度是（　　）。
　　A. 15～20℃　　　B. 35～50℃　　　C. 60～80℃　　　D. 85～95℃
　　答案：B

9. 天车用齿轮联轴器润滑材料添加频率应为（　　）。
　　A. 半月一次　　　B. 半年一次　　　C. 一季度一次　　　D. 一月一次
　　答案：D

10. 上、下天车的防护栏杆的宽度不应小于（　　）。
　　A. 400mm　　　　B. 600mm　　　　C. 800mm　　　　D. 1000mm
　　答案：B

11. 电动机绝缘等级的 F 级绝缘最高允许温度为（　　）。

    A. 120℃　　　　　　B. 130℃　　　　　　C. 155℃　　　　　　D. 180℃

    答案：C

12. 天车用钢丝绳的安全系数一般为（　　　）。

    A. 3～5　　　　　　B. 4～6　　　　　　C. 5～7　　　　　　D. 6～8

    答案：D

13. 天车卷筒上的钢丝绳的安全圈数应为（　　　）。

    A. 1～2 圈　　　　　B. 2～3 圈　　　　　C. 3～4 圈　　　　　D. 4～5 圈

    答案：B

14. 锻造吊钩的材质一般为（　　　）。

    A. 16Mn　　　　　　　　　　　　　B. Q235

    C. 40Cr　　　　　　　　　　　　　D. 20 号优质碳素结构钢

    答案：D

15. 天车钢轨接头的缝隙在年平均气温低于 20℃时，一般为（　　　）。

    A. 4～6mm　　　　　B. 3～5mm　　　　　C. 2～4mm　　　　　D. 1～2mm

    答案：A

16. 吊钩门式天车的类、组、型代号为（　　　）。

    A. MD　　　　　　　B. MG　　　　　　　C. YG

    答案：B

17. 吊钩一般由 20 号优质碳素钢或 Q345Mn 钢制成，这两种材料的（　　　）较好。

    A. 强度　　　　　　B. 硬度　　　　　　C. 韧性

    答案：C

18. 在天车起升机构中都采用（　　　）滑轮组。

    A. 增力　　　　　　B. 省力

    答案：B

19. 吊运熔化或炽热金属的起升机构，应采用（　　　）绳芯钢丝绳。

    A. 天然纤维　　　　B. 合成纤维　　　　C. 金属

    答案：C

20. 新减速器每（　　　）换油一次，使用一年后每半年至一年换油一次。

    A. 月　　　　　　　B. 季　　　　　　　C. 年

    答案：B

21. 天车的运行机构电动机最大静负载转矩，经常（　　　）于电动机额定转矩的 0.7 倍。

    A. 小　　　　　　　B. 等　　　　　　　C. 大

    答案：A

22. 起重量在（　　　）以上的吊钩天车多为两套起升机构。

    A. 10t　　　　　　　B. 15t　　　　　　　C. 20t

    答案：B

23. 电动机的工作制有 S1、S2……共 8 种，天车上只用（　　　）一种。

    A. S2　　　　　　　B. S3　　　　　　　C. S4

    答案：B

24. 在具有主令控制器的起升机构中，广泛采用（　　）线路，以实现重载短距离的慢速下降。

    A. 再生制动　　　　B. 反接制动　　　　C. 单相制动

    答案：B

25. 有双制动器的起升机构，应逐个单独调整制动力矩，使每个制动器都能单独制动住（　　）%的额定起重量。

    A. 50　　　　　　　B. 100　　　　　　C. 120

    答案：B

26. 天车中过电流继电器动作电流，按电动机（　　）电流的 2.25~2.5 倍进行整定。

    A. 空载　　　　　　B. 额定转子　　　　C. 额定定子

    答案：C

27. 主令控制器配合 PQS 起升机构控制屏，下降第（　　）挡为单相制动，可实现轻载（$G < 0.4G_n$）慢速下降。

    A. 一　　　　　　　B. 二　　　　　　　C. 三

    答案：B

28. 当电源电压降至 85% 额定电压时，保护箱中的总接触器便释放，这时它起（　　）保护作用。

    A. 过电流　　　　　B. 零压　　　　　　C. 零位

    答案：B

29. 大车车轮的安装，要求大车跨度 S 的偏差小于（　　）

    A. ±5mm　　　　　B. ±10mm　　　　　C. ±20mm

    答案：A

30. 天车试运转时，应先进行（　　）。

    A. 静负荷实验　　　B. 动负荷实验　　　C. 无负荷实验

    答案：C

31. 熔丝在线路中的主要作用是（　　）。

    A. 短路保护　　　　B. 过载保护　　　　C. 零压保护

    答案：A

32. 过流继电器在电路中的连接方式为（　　）。

    A. 并联　　　　　　B. 串联　　　　　　C. 混联

    答案：B

33. 为了防止电器设备在正常情况下不带电部位在故障情况下带电造成危险，通常采用（　　）。

    A. 保护接地　　　　B. 短路保护　　　　C. 过载保护

    答案：A

34. 大车滑线无电压，此时（　　）。

    A. 大车不能运行，其他正常

    B. 所有电机都不工作

    C. 平移机构不工作，提升机构运行正常

答案：B

35. 电动机在同一方向旋转过程中，突然将控制器扳向另一个方向，使电动机制动，此时电动机工作在（　　）。
　　A. 再生制动状态　　　B. 反接制动状态　　　C. 单相制动状态
　　答案：B

36. 小车运行机构的电机功率偏大，启动过猛时会造成（　　）。
　　A. 打滑　　　　　　　B. 行走时歪斜　　　　C. 行走不稳
　　答案：A

37. 制动器一般应安装在减速器的（　　）上。
　　A. 输入轴　　　　　　B. 中间轴　　　　　　C. 输出轴
　　答案：A

38. 当上升限位器接触不良时，将凸轮控制器手柄置于上升挡，这时（　　）。
　　A. 钩子不动　　　　　B. 过流动作　　　　　C. 接触器释放
　　答案：C

39. 当接近或等于额定起重量的重物在空中进行下降操作时，将凸轮控制器的手柄置于下降第一挡，重物（　　）。
　　A. 重物慢速下降　　　B. 下降速度与电机转速同步　　　C. 快速下降
　　答案：C

40. 天车所用复式卷筒两边螺旋槽的旋向（　　）。
　　A. 相反　　　　　　　B. 相同　　　　　　　C. 有的相反，有的相同
　　答案：A

41. 当制动器行程调得过大时，可能产生（　　）的现象。
　　A. 制动力矩随之增大而松不开闸
　　B. 电磁铁吸引力减小而松不开闸
　　C. 动作迅速有冲击，出现较大声响
　　答案：B

42. 减速箱内输入轴与输出轴的扭矩（　　）。
　　A. 输入轴大　　　　　B. 输出轴大　　　　　C. 一样大
　　答案：B

43. 多股钢丝绳的外层股浮起，而形成类似灯笼状的变形是（　　）。
　　A. 扭结　　　　　　　B. 灯笼形　　　　　　C. 波浪形　　　　　　D. 股松弛
　　答案：B

44. 吊钩应能可靠地支持住（　　）的试验载荷而不脱落。
　　A. 1 倍　　　　　　　B. 1.5 倍　　　　　　C. 1.8 倍　　　　　　D. 2 倍
　　答案：D

45. PQS 起升机构控制屏，下降第（　　）为单相制动。
　　A. 1 挡　　　　　　　B. 2 挡　　　　　　　C. 3 挡　　　　　　　D. 4 挡
　　答案：B

46. 用来连接各电动机、减速器等机械部件轴与轴之间，并传递转矩的机械部件，称为

　　（　　）。
　　A. 联轴器　　　　　B. 弹性联轴器　　　　C. 刚性联轴器　　　　D. 全齿联轴器
　　答案：A

47. 主要用于天车的大车运行机构中的减速器是（　　）减速器。
　　A. 圆弧齿轮　　　　B. 蜗轮蜗杆　　　　　C. 渐开线齿轮　　　　D. 摆线齿轮
　　答案：A

48. KTJ15 凸轮控制器最多控制（　　）控制回路。
　　A. 3 条　　　　　　B. 5 条　　　　　　　C. 12 条　　　　　　　D. 15 条
　　答案：D

49. 软化电阻又称常接电阻，对电动机转速影响不大，并可节省一组（　　）继电器和接触器。
　　A. 时间　　　　　　B. 过电流　　　　　　C. 过压　　　　　　　D. 零电压
　　答案：A

50. 天车控制屏内装有零压继电器、（　　）继电器、交流接触器、时间继电器等电气元件。
　　A. 电阻　　　　　　B. 电流　　　　　　　C. 过电流　　　　　　D. 电压
　　答案：C

51. 机器拆卸前要切断电源，并挂上"（　　）"的标记牌。
　　A. 正在修理　　　　B. 注意安全　　　　　C. 请勿动　　　　　　D. 待修
　　答案：A

52. 钢丝绳在（　　）节距内的断丝根数超过报废标准规定时，应予以报废。
　　A. 一　　　　　　　B. 二　　　　　　　　C. 三　　　　　　　　D. 四
　　答案：A

53. 吊钩扭曲变形，当吊钩钩尖中心线与钩尾中心线扭曲度大于（　　）时，应予报废。
　　A. 3°　　　　　　　B. 5°　　　　　　　　C. 10°　　　　　　　　D. 15°
　　答案：C

54. 当减速器轴承发热超过（　　）时，应停止使用。
　　A. 80℃　　　　　　B. 50℃　　　　　　　C. 60℃　　　　　　　D. 70℃
　　答案：A

55. 由于线路简单、维护方便等特点，（　　）控制器普遍地被用来控制中、小天车的运行机构和小型天车的起升机构。
　　A. 主令　　　　　　B. 凸轮　　　　　　　C. 鼓形　　　　　　　D. 保护箱
　　答案：B

56. TC 型磁力控制盘中的正、反接触器是通过（　　）联锁达到防止相间短路的目的的。
　　A. 电气　　　　　　B. 机械　　　　　　　C. 电气联锁和机械　　D. 机械和机械
　　答案：C

57. 天车过电流继电器动作电流，按电动机（　　）电流的 2.25～2.5 倍进行整定。
　　A. 空载　　　　　　B. 额定转子　　　　　C. 额定定子　　　　　D. 满载
　　答案：C

58. 天车及工具所使用的材料，一般是（　　）材料，所以用弹性极限作极限应力的基点。
    A. 塑性　　　　　　B. 脆性　　　　　　C. 弹性　　　　　　D. 铸铁
    答案：A

59. 起升机构下降方向启动时，无论载荷大小，应将凸轮控制器（　　）挡。
    A. 打到最后一　　B. 停留在第一　　C. 停留在第二　　D. 停留在第四
    答案：A

60. 当齿式联轴器轮齿面磨损量达到原齿厚的（　　）时，即应报废。
    A. 15%　　　　　　B. 20%　　　　　　C. 25%　　　　　　D. 30%
    答案：A

61. 对于用于运行机构减速器齿轮的齿厚磨损不应超过原齿厚的（　　）。
    A. 10%　　　　　　B. 20%　　　　　　C. 25%　　　　　　D. 30%
    答案：D

62. 采用保护箱中的线路接触器作失压保护的是（　　）控制器控制的电动机。
    A. 主令　　　　　　B. 凸轮　　　　　　C. 鼓形　　　　　　D. 保护
    答案：B

63. 非工作时分断控制回路电源的电器元件是（　　）。
    A. 主回路三相刀开关　　　　　　B. 控制回路两相刀开关
    C. 控制回路熔断器　　　　　　D. 零压继电器线圈
    答案：B

64. 天车（　　）继电器整定值调得偏小，可导致天车掉闸。
    A. 电压　　　　　　B. 过电流　　　　　　C. 时间　　　　　　D. 熔断器
    答案：B

65. 钢加热到（　　）状态，在不同的介质中，以不同的速度冷却，使得工件在组织上和性能上有很大差别。
    A. 奥氏体　　　　　B. 马氏体　　　　　C. 莱氏体　　　　　D. 奥氏体＋莱氏体
    答案：A

66. 装配滚动轴承时，过盈量非常大时，可用温差法装配，即将轴承在（　　）的油中加热后装在轴上。
    A. 50~60℃　　　　B. 60~70℃　　　　C. 70~80℃　　　　D. 80~100℃
    答案：D

67. 钢丝绳末端距第一个绳卡的最小距离应在（　　）之间。
    A. 50~70mm　　　B. 70~90mm　　　C. 110~130mm　　　D. 140~160mm
    答案：D

68. PQS起升机构控制屏，只有从下降第2挡或第3挡打回第1挡时，才动作，以避免（　　）现象。
    A. 轻、中载出现上升　　　　　　B. 轻、中载出现继续下降
    C. 大电流冲击　　　　　　D. 载荷停止不动
    答案：A

69. 齿式联轴器多采用（　　）钢制造，齿轮经过热处理。
    A. 45 号　　　　　　B. Q235　　　　　　C. Q195　　　　　　D. 20Cr
    答案：A

70. ZSC 400 – Ⅱ – Ⅰ 减速器标记中，"Ⅱ"表示传动比代号，$i=$（　　　）。
    A. 10.5　　　　　　B. 16.4　　　　　　C. 20　　　　　　D. 31.5
    答案：B

71. 起零压保护及联锁电路作用的电气元件是（　　）。
    A. 制动接触器　　　B. 零压继电器线圈　　C. 正反接触器　　D. 主回路三相刀开关
    答案：B

72. KTJ15—□/2 凸轮控制器，控制两台绕线转子异步电动机，电动机定子用（　　）来控制，以保证同时启动、反向和停止。
    A. 凸轮控制器　　　B. 一组方向接触器　　C. 齿轮控制器　　D. 熔断器
    答案：B

73. 按照（　　）不同，天车可分为通用天车和冶金天车。
    A. 取物装置　　　　B. 用途　　　　　　C. 金属机构
    答案：B

74. 在钢丝绳的标记中，右交互捻表示为（　　）。
    A. ZZ　　　　　　　B. SS　　　　　　　C. ZS　　　　　　D. SZ
    答案：C

75. PQS 起升机构控制屏，下降第三挡为（　　）。
    A. 反接　　　　　　B. 单相　　　　　　C. 回馈
    答案：C

76. 把重载（$G \geqslant 0.7G_n$）起升后，当把控制器手柄扳到上升第一挡位置时，负载不但不上升反而下降，电动机转矩方向与其转动方向相反，转差率大于 1.0，电动机处于（　　）状态。
    A. 再生制动　　　　B. 反接制动　　　　C. 单相制动　　　　D. 发电机
    答案：B

77. 天车设置主隔离开关是为了保护（　　）。
    A. 电动机　　　　　B. 电气线路　　　　C. 人员安全
    答案：C

78. 在露天以及在易燃环境下使用的天车，应采用（　　）供电。
    A. 角钢　　　　　　B. H 型滑线　　　　C. 电缆
    答案：C

79. 当小车轨道发生高低偏差时，修理过程中如需要铲开原有轨道压板，最好使用（　　），以防止天车主梁的进一步下凹。
    A. 气割　　　　　　B. 碳弧刨　　　　　C. 风铲
    答案：C

80. 铸造天车主小车的起升机构用于吊运盛钢桶，副小车的起升机构用于倾翻盛钢桶和做一些辅助性的工作，主、副小车（　　）同时使用。

A. 可以　　　　　　　B. 不可以

答案：A

81. 天车所允许起吊的最大质量，叫额定起重量，它（　　）可分吊具的质量。

A. 包括　　　　　　　B. 不包括

答案：A

82. PQS 起升控制屏，只有从下降第二挡或第三挡打回到第一挡时才动作，可以避免（　　）现象。

A. 轻、中载出现上升　　　　　　　　B. 大电流冲击

答案：A

83. 电动机工作中发生剧烈震动，用钳型电流表测得三相电流对称，则可以断定属于（　　）方面的故障。

A. 机械　　　　　　　B. 电气

答案：B

84. 停车时吊物游摆严重，稳钩操作应该（　　）。

A. 开倒车　　　　　　　　　　　　B. 停车后让其自然游摆

C. 顺着吊物游摆方向跟车　　　　　D. 逆着吊物游摆方向跟车

答案：C

85. 检查新安装的天车主梁时，哪种情况为合格（　　）。

A. 主梁中部上拱　　B. 主梁平直　　C. 主梁中部下挠

答案：A

86. 大小车同时快速启动，会引起吊钩的（　　）游摆。

A. 前后　　　　　　　B. 左右　　　　　　　C. 斜向

答案：C

87. 天车不得使用（　　）。

A. 锻造吊钩　　　　　B. 铸钢吊钩

答案：B

88. 大小车轮宜用的材料是（　　）。

A. 铸钢　　　　　　　B. 铸铁　　　　　　　C. 锻钢

答案：A

89. 减速箱内大、小齿轮的齿部硬度（　　）。

A. 大齿轮比小齿轮高　　　　B. 小齿轮比大齿轮高　　　　C. 一样高

答案：B

90. 无论重载或轻载，平稳启动后的正常起升工作中应用（　　）。

A. 第二挡　　　　　　B. 第三挡　　　　　　C. 第五挡

答案：C

91. 控制线路中的并联线路有（　　）。

A. 零位保护与安全限位　　　　　　B. 零位保护与安全联锁

C. 安全限位与安全联锁

答案：C

92. 经常用于吊运钢水或其他熔化，赤热金属的链条和吊环必须定期做（　　）。
    A. 退火处理　　　　　B. 淬火处理　　　　　C. 渗碳淬火处理
    答案：A

93. 起升机构下降操作中不允许长时间停留在（　　）。
    A. 第一挡　　　　　　B. 第二挡　　　　　　C. 第三挡
    答案：B

94. 天车主梁材料可用（　　）。
    A. 16Mn　　　　　B. A3　　　　　C. 20Cr　　　　　D. 45
    答案：A

95. 确定不能起吊额定负荷是因为电动机功率不足时，若要继续使用可（　　）。
    A. 增大减速器传动比　　　　　　　B. 快速用第五挡上升
    C. 用慢速第一挡上升
    答案：A

96. 主起升机构在由反接制动级转换到再生下降级时，如果下降接触器线圈断路，则可能出现（　　）。
    A. 起升机构断电，主钩不动　　　　　B. 重物产生自由坠落
    C. 主钩只能上升，不能下降
    答案：B

97. 用主令控制器控制的起升机构，制动电磁铁不直接并联在电动机定子电路上，而用专门滑线供电，其原因是（　　）。
    A. 在下降第三级与第四级的转换过程中，不产生瞬时中断
    B. 直接从电动机定子接线不美观
    C. 从电动机定子接线影响电动机正常工作
    答案：A

98. 一台电动机在第一挡时的起动转矩为额定转矩的65%，而负载为额定转矩的40%，那么（　　）。
    A. 电动机不能启动
    B. 电机能启动，转速经过一定时间会稳定下来
    C. 电动机会被烧坏
    答案：B

99. 主钩不起不落，故障不可能发生在主令控制电路的是（　　）。
    A. 零压继电器没有工作
    B. 零压继电器联锁触点未闭合
    C. 起升机构上升限位线断
    答案：C

100. （　　）梁式桥架的主梁，由上下盖板和两块垂直腹板组成封闭结构。
    A. 箱形　　　　　B. 四桁架　　　　　C. 空腹桁架
    答案：A

101. 桥架变形形式，主要是主梁（　　）在使用过程中减少。

　　A. 超载　　　　　　B. 上拱度　　　　　C. 弹性
　　答案：B

102. 当天车跨度较大时，均采用（　　　）驱动方式。
　　A. 分别　　　　　　B. 集中　　　　　　C. 液压
　　答案：A

103. （　　　）是在电路中严重过载和短路时，它动作切断电源。
　　A. 自动空气开关　　B. 接触器　　　　　C. 时间继电器
　　答案：A

104. 衡量交流电的质量用（　　　）来衡量。
　　A. 电流稳定性　　　B. 功率的利用　　　C. 电压和频率
　　答案：C

105. 触电的致命因素是（　　　）。
　　A. 频率　　　　　　B. 电压　　　　　　C. 电流
　　答案：C

106. 吊钩按受力情况分析，（　　　）截面最合理，但锻造工艺复杂。
　　A. 梯形　　　　　　B. T 字形　　　　　C. 圆形
　　答案：B

107. 天车上主要采用（　　　）钢丝绳。
　　A. 交绕　　　　　　B. 顺绕　　　　　　C. 石棉芯
　　答案：A

108. （　　　）断面只用于简单小型吊钩。
　　A. 圆形　　　　　　B. 矩形　　　　　　C. 梯形
　　答案：A

109. 卷筒上的标准槽，槽的深度应（　　　）钢绳直径。
　　A. 等于　　　　　　B. 小于　　　　　　C. 大于
　　答案：B

110. 电动机均可实现变频调速的控制，主回路可以去掉（　　　）和继电器。
　　A. 接触器　　　　　B. 控制器　　　　　C. 编码器
　　答案：A

111. 使用主令控制器来控制电路，实际上是以一种（　　　）控制方式。
　　A. 间接　　　　　　B. 直接　　　　　　C. 半直接
　　答案：A

112. （　　　）操作适合于一些怕碰撞的物体。
　　A. 带翻　　　　　　B. 游翻　　　　　　C. 兜翻
　　答案：A

113. （　　　）不等，造成车轮打滑。
　　A. 轮压　　　　　　B. 制动力矩　　　　C. 两边速度
　　答案：A

114. 电动机的旋转方向与旋转磁场方向相同，该状态为（　　　）。

A. 制动状态　　　　　B. 单向制动状态　　　C. 电动机状态

答案：C

115. （　　）上升限位器结构简单，使用方便，但可靠性不理想。

A. 压绳式　　　　　　B. 螺杆式　　　　　　C. 重锤式

答案：C

116. 采用闭式齿轮传动是避免（　　）的最有效的方法。

A. 轮齿拆断　　　　　B. 齿面磨损　　　　　C. 齿面点蚀

答案：B

117. 锻造吊钩钩体断面形状为（　　）。

A. 圆角矩形　　　　　B. 圆形　　　　　　　C. 圆角梯形

答案：C

118. 大车轨道接头处制成45°角的斜接头，可以使车轮在接头处（　　）。

A. 停车时不打滑　　　B. 启动时阻力小　　　C. 平稳过渡

答案：C

119. 天车小车车轮采用内侧单轮缘式车轮装配形式与外侧单轮缘式装配相比，具有（　　）的优点。

A. 有利于调整车轮运行时产生的歪斜　　　B. 车轮不会发生夹轨现象

C. 不易造成小车脱轨事故

答案：C

120. 由于吊钩的移动方向与司机视线位于同一铅直面内，故判断（　　）位置比较困难。

A. 大车的　　　　　　B. 小车的　　　　　　C. 物件下落的

答案：B

121. 轴承内圆与轴的配合为（　　）配合。

A. 基轴制　　　　　　B. 基孔制　　　　　　C. 依具体情况而定

答案：B

122. 当减速器润滑不当，齿轮啮合过程中齿面摩擦产生高温而发生（　　）现象。

A. 齿部折断　　　　　B. 齿面点蚀　　　　　C. 齿面胶合

答案：C

123. 钢丝绳在一捻矩内断丝数达钢丝总数的（　　）应换新。

A. 10%　　　　　　　B. 15%　　　　　　　C. 20%

答案：A

124. 凸轮控制器的起升机构一般在第（　　）挡时吊不起的重物，一般就超负荷或机械卡死。

A. 1挡　　　　　　　B. 2挡　　　　　　　C. 3挡

答案：B

125. 当起升机构吊到重物时制动器突然失灵，操作控制器还能使吊物升降，这时操作手挡应在（　　）挡。

A. 1挡　　　　　　　B. 2挡　　　　　　　C. 最后一挡

答案：C

126. 使用兆欧表测量电动机的定子绝缘电阻, 好电机的绝缘不低于 (　　　)。
　　A. 0.5MΩ　　　　　　　B. 1MΩ　　　　　　　　C. 2MΩ
　　答案: A

127. 天车大、中修后应进行负荷试验, 其试验时主梁下挠度应不超过跨度的 (　　　), 卸载不应有永久性变形。
　　A. 1/700　　　　　　　B. 1/1000　　　　　　　C. 1/900
　　答案: A

128. 当天车总电源合闸后, 手一松控制按钮就跳闸, 其主要原因是 (　　　)。
　　A. 熔断器断　　　　　　　　　　　　B. 接触器辅助触头, 接触不良
　　C. 接触器线圈烧坏
　　答案: B

129. 用凸轮控制器第二挡起吊物件时, 电动机不能启动, 表明是 (　　　)。
　　A. 电机故障　　　　B. 控制器故障　　　　C. 物件超负荷
　　答案: C

130. H 级绝缘的用于冶金环境的三相异步电动机允许温升不超过 (　　　)。
　　A. 95℃　　　　　　　B. 100℃　　　　　　　C. 60℃
　　答案: B

131. 吊钩的危险断面磨损达原厚度的 (　　　) 应报废。
　　A. 10%　　　　　　　B. 5%　　　　　　　　C. 15%
　　答案: A

132. 制动器制动间隙的调整瓦与轮之间应有 (　　　) 间隙为宜。
　　A. 0.4~0.5mm　　B. 0.5~0.7mm　　C. 0.6~0.8mm
　　答案: C

133. 运行机构一般使用时, 电动机最大静负载转矩为电机额定转矩的 (　　　) 倍。
　　A. 0.5~0.75　　B. 0.7~4　　　　C. 2.5　　　　D. 1.25
　　答案: B

134. 起升机构反接制动用于 (　　　) 下放重物。
　　A. 轻载长距离　　B. 重载短距离　　C. 任何负载长距离　　D. 任何负载短距离
　　答案: B

135. 有负载带动电动机, 使电动机转速处于异步发电机的状态, 称为 (　　　) 状态。
　　A. 电动　　　　　B. 反接制动　　　C. 再生制动　　　D. 单相制动
　　答案: C

136. 天车中过电流继电器动作电流, 按电动机 (　　　) 电流的 2.25~2.5 倍进行整定。
　　A. 空载　　　B. 额定转子　　　C. 额定定子　　　D. 额定
　　答案: C

137. 采用保护箱时, 各机构所有电动机第三相的总过电流继电器动作, 使 (　　　)。
　　A. 总接触器释放　　B. 断路器断开　　C. 熔断器断开
　　答案: A

138. 当电源电压降至 85% 额定电压时, 保护箱中的总接触器便释放, 这时它起(　　　)

作用。

    A. 过电流　　　　　　B. 零压　　　　　　　C. 零位

    答案：B

139. 车轮加工不符合要求，车轮直径不等，使大车两个主动轮的线速度不等，是造成大车（　　）重要原因之一。

    A. 扭摆　　　　　　　B. 振动　　　　　　　C. 啃道　　　　　　D. 车轮打滑

    答案：C

140. 天车的工作级别是表示天车受载情况和忙闲程度的综合性参数，其划分为（　　）。

    A. $U_0 \sim U_9$ 十个级别　　　　　　　　　B. $A_1 \sim A_8$ 八个级别

    C. $M_1 \sim M_8$ 八个级别　　　　　　　　　D. $U_1 \sim U_8$ 八个级别

    答案：B

141. 在绕线模式电动机转子回路中串接频敏变阻器，用于（　　）。

    A. 调速　　　　　　　B. 启动　　　　　　　C. 调压

    答案：B

142. 绕线式电动机采用频敏变阻器启动，如启动电流过大与启动太快，应（　　）频敏变阻器的匝数。

    A. 增加　　　　　　　B. 减少　　　　　　　C. 不变

    答案：A

143. 桥式吊钩天车的主、副起升机构用（　　）卷筒。

    A. 标准槽　　　　　　B. 深槽

    答案：A

144. 天车主梁上拱度要求为（　　）。

    A. 1/700　　　　　　　B. 1/1000　　　　　　C. 1/2000

    答案：B

145. 在一般情况下的安全电压为（　　）V。

    A. 12　　　　　　　　B. 24　　　　　　　　C. 36　　　　　　　D. 65

    答案：C

146. 在要金属容器内，比较潮湿环境，有严重金属粉尘地方，安全电压为（　　）V。

    A. 12　　　　　　　　B. 24　　　　　　　　C. 36　　　　　　　D. 65

    答案：A

147. 所谓失控，是指电动机处于通电状态，（　　）却失去了对机构的正常控制作用。

    A. 操作者　　　　　　B. 控制电路　　　　　C. 控制器

    答案：C

148. 用凸轮控制器进行轻型负载的起升操作，如采用快速推挡的操作方法，会给（　　）造成强烈的冲击。

    A. 大车运动机构　　　B. 桥架主梁　　　　　C. 驾驶室

    答案：B

149. 当接近或等于额定起重量的重物在空中进行下降操作时，将凸轮控制器的手柄置于下降第一挡，重物（　　）。

A. 重物慢速下降　　　　　B. 下降速度与电机转速同步　　　　C. 快速下降

答案：C

150. 起升机构下降操作中允许长时间停留在（　）。

A. 第一挡　　　　　　B. 第二挡　　　　　C. 第三挡

答案：C

二、解释题

1. 动负荷试运转

答案：在起升 1.1 倍额定负荷的情况下，同时开动起升机构和走行机构反复运转，以检验各机构动作是否灵敏、平稳、可靠的试车过程叫动负荷试车。

2. 钢丝绳的破断拉力

答案：钢丝绳在承受拉伸时，导致钢丝绳断裂时的拉力称为该钢丝绳的破断力。

3. 起重机的起升速度

答案：起升机构电机在额定转速下吊具的上升速度，用 m/min 表示。

4. 短路保护

答案：就是线路发生故障造成短路时，能够保证迅速、可靠的切断电源，使电气设备免受短路电流的冲击而造成的损坏。这种保护叫作短路保护。

5. 起升高度

答案：天车的起升高度为吊具上极限位置与下极限位置之间的距离，用 H 表示，单位为米。

6. 钢丝绳的安全系数

答案：钢丝绳的容许拉力与破断拉力之比称为安全系数。

7. 主梁上拱度

答案：组成桥架的两个主梁都制成均匀向上拱起的形状，向上拱起的数值叫主梁上拱度。

8. 保护接地

答案：把在故障情况下，可能出现危险的对地电压的金属部分同大地紧密地连接起来，称为保护接地。接地电阻不得大于 4Ω。

9. 跨度

答案：是指天车主梁两端车轮中心线间的距离，即大车轨道中心线间的距离，以米做单位。

10. 运行速度

答案：是指运行机构在电动机额定转速下运行的速度，用（m/min）作单位。

11. 电磁盘

答案：即由硅钢片和导电线圈组成，它是一种利用磁性作用的取物装置。

12. 吊钩组

答案：是天车用得最多的取物装置，由吊钩、动滑轮、滑轮轴及轴承组成。

13. 交捻钢丝绳

答案：交捻钢丝绳的股与丝的捻向相反（左右交捻）。这种钢丝绳虽然刚性大，使用寿命短，但不易旋转松散，故天车上应用较多。

14. 无负荷试运转

答案：天车在空负荷状态下，开动起升机构和走行机构，检查各机构有无异常，是否符合技术要求试车过程叫无负荷试车。

15. 限位开关

答案：又叫行程开关，它是控制机构行程的电气元件，其作用是保证机构在规定的距离范围内运行，设置在机构行程的终点。

16. 联锁保护电路

答案：对主电路进行安全保护的控制电路，叫作联锁保护电路。

17. 额定起重量

答案：起重机所允许吊起的最大重物或物料的质量。

18. 工作速度

答案：是指起重机各机构（起升、运行等）的运行速度。

19. 电动机

答案：是一种将电能转换成机械能、并输出机械转矩的动力设备。

20. 控制器

答案：是一种具有多种切换线路的控制电器，用以控制电动机的启动、调速、换向和制动。

21. 超载限制器

答案：又称为起重量限制器，它的功能是防止起重机超载吊运。

22. 起重机的利用等级

答案：起重机的利用等级，表征起重机在其有效寿命期间的使用频繁程度，常用总的工作循环次数 N 表示。

23. 基轴制配合

答案：轴的极限尺寸一定，与不同极限尺寸的孔配合以得到各种性质的配合叫基轴制配合。

24. 轮压

答案：天车的轮压是指桥架自重和小车处于极限位置时小车自重及额定起重量作用在大车车轮上的最大垂直压力。

25. 稳钩

答案：天车司机在吊运过程中，把由于各种原因引起摇摆的吊钩或被吊物稳住称为稳钩。

26. 溜钩

答案：行车操作中，因制动器失灵，手柄扳回零位时，重物仍向下下滑较大距离，称溜钩。

27. （钢丝绳）捻距

答案：钢丝绳绳股捻绕一周的轴向距离。

28. 零位保护

答案：零位保护：就是控制器只有在零位时才能启动送电，因为只有控制器手柄在零位时，其零位触点才能闭合，启动电源才有接通的条件。如果控制器手柄不在零位，启动电路就不能接通，电动机不能接通电源而不能运转，用以保证控制器手柄不在零位时，不能送电启动，防止电动机自动运转可能发生事故。

29. 时间继电器

答案：时间继电器：当加上或除去输入信号时，输出部分需延时或限时到规定时间才闭合或断开其被控线路继电器。

30. 刚性联轴器

答案：刚性联轴器即不能补偿连接的两根轴之间的径向和轴向位移的联轴器。

三、简答题

1. 操纵起重机的基本功是什么？

答案：稳、准、快、安全合理是操纵起重机的基本功。

2. 吊钩有哪些游摆情况？

答案：（1）横向游摆；（2）纵向游摆；（3）斜向游摆；（4）综合性游摆；（5）吊钩与被吊物件互相游摆。

3. 齿轮的损坏形式有哪些？

答案：点蚀，胶合、磨损、断裂、塑性变形。

4. 怎样防止和消除吊物游摆？

答案：（1）要遵守操作规程；（2）吊活时吊钩正确定位；（3）起车时要逐挡慢速启动；（4）制动器调整适宜，不急刹车，做到起车、停车平稳；（5）吊活绳扣要尽量短；（6）对已游摆的吊钩要采取跟车办法来消除游摆，开动大车跟车可消除横向游摆，小车跟车可消除纵向游摆，同时开动大车和小车跟车可消除游摆。

5. 请简述润滑对滚动轴承的作用。

答案：减轻摩擦及磨损，延长轴承的寿命；排出摩擦热，防止轴承温升过高；防止异物侵入，起到密封的作用；防止金属锈蚀。

6. 什么叫互锁保护，它的主要作用是什么？

答案：在两个不许同时出现的相反动作控制电路中，常将两个器件的常闭触点相互串联在对方的控制回路中，其中一个动作，能使另一个不能得电。这种相互制约的关系就称为互锁控制，简称互锁。

7. 吊车负重时，如果吊钩制动器突然失灵，司机应如何采取措施？

答案：司机要沉着冷静、反应要快、根据具体情况采取有效措施，环境允许时，可以直接地被吊物落下，这时要采用反接和再生制动落下。如果条件允许直接落下，则应该吊钩反复起落并同时开动大小车选择安全地点后将吊物落下。

8. 请简述车轮打滑原因。

答案：（1）车轮滚动面不在同一平面上；（2）轨道上有油污、冰雪等；（3）轨道面在高低方向有波浪或在同截面上两轨道高低差超差；（4）制动过猛。

9. 起重机型号如何表示？

答案：起重机型号一般由起重机的类、组、型代号与主参数代号两部分组成。

10. 直径相同的钢丝绳是否可以互换，为什么？

答案：不可以。因为直径相同或相近的钢丝绳类型很多，它们的绳心不一样，钢丝绳的抗拉强度不同，破断拉力也不同。

11. 卷筒报废的标准是什么？

答案：卷筒出现下列情况之一时应报废。一是出现裂纹，二是筒壁磨损达到壁厚的40%以上。

12. 制动器易脱开调整位置的原因是什么？

答案：（1）主弹簧的锁紧螺母松动，致使调整螺母松动；（2）螺母或制动推杆螺口破坏。

13. 液压电磁铁启动、制动时间长的原因有哪些？

答案：（1）电压过低；（2）动部分被卡住；（3）制动器制动力矩过大；（4）时间继电器触头打不开；（5）油路堵塞；（6）机械部分有故障。

14. 减速器产生振动的原因有哪些？

答案：（1）主动轴与动力轴之间的同轴度超差过大；

（2）从动轴与工作机传动轴之间的同轴度超差过大；

（3）减速器本身的安装精度不够；

（4）减速器机座刚性不够，或地脚螺栓松动；

（5）连接减速器的联轴器类型选择不合适。

15. 防止减速器漏油的措施有哪些？

答案：（1）均压，为使减速器内外压力保持一致，减速器通气孔应畅通，不得堵塞。

（2）堵漏，刮研减速器接合面，使其相互接触严密，符合技术标准；在接触面、轴承端盖孔等处设置密封圈、密封垫和毛毡等。

（3）采用新的润滑材料，中小型低速转动的减速机采用二硫化钼作润滑剂，可解决漏油问题。

16. 制动电磁铁线圈产生高热的原因有哪些？

答案：（1）电磁铁电磁牵引力过载；（2）动、静磁铁极面吸合时有间隙；（3）电枢不正确的贴附在铁心上。

17. 吊钩出现什么情况时应报废？

答案：（1）裂纹；（2）磨损后，危险截面的实际高度小于基本尺寸的95%；（3）钩口开口度超过使用前实际尺寸的10%；（4）扭转变形超过10°；（5）危险断面或吊钩颈部产生塑性变形。

18. 卷筒出现什么情况应报废？

答案：卷筒是卷绕钢丝绳、传递动力、把旋转运动转换成直线运动。卷筒通常为圆柱形，有单层卷绕和多层卷绕两种。一般采用灰口铸铁，大型卷筒可用钢板焊成。当卷筒出现裂纹或边缘破损或卷筒壁磨损量达原壁厚的20%应报废。

19. 制动器的报废标准有哪些？

答案：（1）裂纹；（2）制动衬垫厚度磨损达原厚度的50%；（3）弹簧出现塑性变形；（4）小轴或轴孔直径磨损达原直径的5%。

20. 制动器打不开的常见原因有哪些？

答案：（1）活动关节卡住；（2）主弹簧张力过大；（3）制动摩擦片粘在有污垢的制

动轴上；（4）电磁铁线圈或电动机断电；（5）电磁铁线圈或电动机烧坏。

21. 滑轮的报废标准是什么？

答案：（1）裂纹；（2）轮槽不均匀，磨损达 3mm；（3）轮槽壁厚磨损达原壁厚的 20%；（4）因磨损使轮槽底部直径减少量达钢丝绳直径的 50%；（5）其他损害钢丝绳的缺陷。

22. 起重电磁铁是如何工作的？

答案：电磁吸盘只能吊运具有导磁性的物件，其主体结构为带有铁芯的线圈，其正常通电时，产生较强磁场，将物料吸牢，借助行车运往指定地点，断电后电磁铁线圈被放电电阻短接，并反向供电使电磁铁线圈消磁，以达到尽快释放重物。

23. 减速机的使用和维护。

答案：在工作中主要问题是漏油，大多发生在轴伸出部位和油标孔，原因是密封不良。

防范措施：（1）油温不应超过 60℃；（2）可在下箱体结合面处铣出回油槽；（3）油标孔漏油主要由于探针过细，应配用适当粗细的探针。

24. 常见的触电方式有哪些？

答案：单相触电（中性线接地或不接地）、双相触电、高压电弧触电、跨步电压触电、雷击。

25. 大、小车运行操作的安全技术有哪些？

答案：（1）启动、制动不要过快，过猛；（2）尽量避免反复启动；（3）严禁开反车制动停车。

26. 主令控制器起升机构不起不落的原因何在？

答案：（1）零压继电器不吸合；（2）零压继电器的联锁触头未接通；（3）制动线圈断路或主令控制器触头未接通，制动器打不开，故电动机发出嗡嗡声，电机转不起来。

27. 天车上常用的制动器有哪种？

答案：（1）制动器按构造分为块式制动器、带式制动器和盘式制动器等类型，天车上常用的是块式制动器。（2）根据操作情况，制动器又可分为常闭式，常开式和综合式 3 种类型。常开式制动器在机构不工作时抱紧制动轮，工作时才将制动器分开。天车上各机构一般采用常闭块式制动器。

28. 齿轮联轴器齿轮迅速磨损的原因及提高其使用寿命的措施是什么？

答案：（1）安装精度差，两轴的偏移大，内外齿合不正，局部接触应力大；（2）润滑不好，由于它是无相对运动的连接形式，油脂被挤出后无法自动补充，故可能处于干摩擦状态传递力矩，因而加速了齿面的磨损和破坏；（3）在高温环境下工作，润滑油因被烘干，而使润滑状态变坏，加速了齿面磨损和破坏；（4）违反操作规程，经常反车制动，加速了齿轮的破坏。

提高齿轮联轴器使用寿命的关键措施是：提高各部件的安装精度，加强日常检查和定期润滑，同时还要遵守操作规程，提高操作技术。

29. 控制器在第一、二、三挡时电动机转速较低且无变化，扳至第四挡时突然加速，故障何在？

答案：此故障通常发生在凸轮控制器，转子回路触点接触不良。当触点 1、2 不能接通时，在第 1、2、3 挡时，电动机转子串入全部电阻运转，故转速低且无变化，当扳到第 4 挡时，此时切掉一相电阻，故转矩增大，转速增加，造成振动；当扳到第 5 挡时，由于触头 4 和 5 同时闭合，这时等于一下子切去另两相电阻，故电动机转矩突然猛增，造成本身剧烈震动。

30. 在操作具有主、副钩的天车时，应遵守哪些规则？

答案：（1）禁止主、副钩同时吊运两个物件；（2）主、副钩同时吊运一个物件时，不允许两钩一齐开动；（3）在两钩换用时，不允许用上升限位作为停钩手段。不允许在主、副钩达到相同高度时再一齐开动两个钩；（4）禁止开动主、副钩翻物件时开动大车或小车，以免引起钩头落地或被吊物件脱钩坠落事故。

31. 减速器产生噪声的原因有哪些？

答案：（1）连续的清脆撞击声：这是由于齿轮表面有严重伤痕所致；（2）断续的嘶哑声：原因是缺少润滑油；（3）尖哨声：这是由于轴承内圈、外圈或滚动体出现了斑点，研沟，掉皮或锈蚀所引起的；（4）冲击声：轴承有严重损坏的地方；（5）剧烈的金属锉擦声：由于齿轮的侧隙过小，齿顶过高，中心距不正确，使齿顶与齿根发生接触；（6）周期性声响：这是由于齿轮分度圆中心与轴的中心偏移，节距误差或齿侧间隙过大造成的。

32. 按照用途区分，桥式起重机可分为哪几类？

答案：按照用途区分，桥式起重机可分为通用桥式起重机和冶金桥式起重机两类。

33. 制动器不能刹住重物的原因是什么？

答案：制动器杠杆系统中有的活动铰链被卡住；制动轮工作表面有油污，制动带磨损，铆钉裸露；主弹簧张力调整不当或弹簧疲劳，制动力矩过小所致。

34. 吊钢放到最低位置时，卷筒两边各应保留多少圈钢丝绳，为什么？

答案：当吊钩放到最低位置时，卷筒两边的钢丝绳最少各应保留两圈以上，因为钢丝绳是靠压板固定在卷筒上的，只有保留两圈以上，才能使钢丝绳与卷筒产生一个很大的摩擦力，减小压板的拉力，防止在负荷时将钢丝绳从压板下抽出或将压板螺钉拉断而发生事故。

35. 接触器的作用是什么？

答案：在起重机上，接触器是用来控制电动机的启动、制动、停止与加速过程并实现自动保护。

36. 电动机定子单相时有什么现象？

答案：电动机定子单相时的现象是：电动机不能启动，转子只会来回摆动，发出嗡嗡响声，空载或轻载时，用手盘之能启动，电动机发热。

37. 电动机转子单相时有什么现象？

答案：电动机转子单相时，电动机转矩降低，只能达到原来的 10～20%，转速明显降低，无负荷或负荷不超过转矩的 20% 时，电动机能启动。

38. 啃道的主要原因是什么？

答案：主要原因是：（1）车轮不标准；（2）轨道不标准；（3）传动系统误差和卡塞；（4）车架偏斜、变形；（5）大梁金属结构发生裂纹。

39. 过载或短路保护作用是什么？

答案：当某机构电动机因过载电流或有一相接地而产生短路电流时，串入该相线中的过电流继电器便动作，使其串联在控制电路中的常闭接点断开，控制电路被切断，接触器断电释放，切断动力电路，起重机停止工作，从而保护了电动机。

40. 试述主动轮打滑的原因与消除方法。

答案：（1）轨道上有油污或冰霜，应彻底清除；（2）轮压不均（即三条腿），在角型轴承箱处加垫进行调整；（3）轨道不平，调整轨道，使其达到安装标准；（4）车轮出现椭圆，更换车轮；（5）起车过猛、制动太快、经常打反车等，调整启动电阻及制动器，按章操作。

41. 试述产生制动器不灵（溜钩或滑行距离过大）的原因及消除方法。

答案：（1）制动轮沾有油污，用煤油清洗制动轮表面与制动卡，干燥后在使用。（2）制动器主弹簧压缩力不够，按图纸上技术要求的压缩量进行调整。（3）制动瓦上的摩擦片磨损过大，使铆钉外露与制动轮直接接触，更换摩擦片。（4）制动瓦的退距过大，按规程要求调整轮与瓦之间的缝隙或调整到开闸室制动瓦不与轮摩擦即可。

42. 交流接触器的作用是什么？

答案：它是通过较小的功率控制较大功率电路的一种远控电器，用来控制电动机的启动、制动、停止与加速过程，并实现自动保护。

43. 使用润滑剂时应注意哪些问题？

答案：（1）润滑油脂必须清洁，不得混有杂物；（2）不同牌号的润滑脂不准混用；（3）经常注意检查润滑系统的密封状态；（4）选用合适的油脂，按期润滑；（5）对经常接触高温的润滑部位，应相应增加润滑次数，并装设隔温或冷却装置；（6）潮湿的场合不宜用钠基润滑脂，因其吸水性强较易失效；（7）没有润滑点的转动部位，应定期用稀油滴入各转动缝隙中，以减少磨损和锈蚀；（8）润滑时必须拉下保护屏总开关，在断电的情况下进行润滑；（9）润滑大车车轮轴承时，要注意安全，防止滑倒，防止触电。

44. 保护箱有哪几种保护作用？并说明各种保护作用是通过哪些元件来实现的。

答案：保护箱有以下 5 种作用：

（1）过电流保护：通过各电动机线路上的过电流继电器来实现；

（2）零位保护：通过控制器零位触头来实现；

（3）零压保护：通过线路接触器与零压继电器来实现；

（4）安全和限位保护：与端梁门、舱口门的限位开关和各行程开关配合来实现；

（5）紧急停电保护：通过紧急开关来实现。

四、判断题

1. 被吊物件大于天车额定负荷 40% 时，不允许三机构同时开动。（　　　）

答案：×

2. 大、小车运行机构调速，每挡必须停留 3s 以上。（　　　）

答案：√

3. 吊运盛有钢液的钢包时，天车不宜开得过快，控制手柄置于第三挡为宜。（　　　）

答案：×

4. 在天车电路电压显著降低时，必须切断主开关。（　　　）

答案：√

5. 钢丝绳直径减小达 15% 时应报废。(　　)

　　答案：×

6. 线接触钢丝绳要较点接触绳使用寿命要长。(　　)

　　答案：√

7. 任何一个力都可以分解成垂直和水平两个分力。(　　)

　　答案：√

8. 构件产生较大的塑性变形时的应力称为许用应力。(　　)

　　答案：×

9. 摩擦力的大小与物体对接触面上的垂直压力成正比。(　　)

　　答案：√

10. 所谓内力就是构件内部产生抵抗外力使构件变形的力。(　　)

　　答案：√

11. 天车的起重量是根据设备的外形尺寸来选择的。(　　)

　　答案：×

12. 钢丝绳在绕过卷筒和滑轮时主要受拉伸、弯曲、挤压、摩擦力。(　　)

　　答案：√

13. 天车上常用的凸轮控制器由操纵机构、凸轮和触点系统、壳体等部分组成。(　　)

　　答案：√

14. 天车的起升机构的负载既是位能性负载，又是恒转矩负载。(　　)

　　答案：√

15. 天车用电动机的防护等级不低于 IP54。(　　)

　　答案：×

16. 重载时需慢速下降，可将控制器打至下降第一挡，使电动机工作在反接制动状态。
(　　)

　　答案：×

17. PQY 控制屏为不对称线路。(　　)

　　答案：×

18. 起重量小，工作级别就小；起重量大，工作级别就大。(　　)

　　答案：×

19. 吊钩门式天车的类、组、型代号为 MQ。(　　)

　　答案：×

20. 如发现吊钩上有缺陷，可以进行补焊。(　　)

　　答案：×

21. 为了免除运行机构制动器调整的麻烦，可以打反车制动。(　　)

　　答案：×

22. 分别驱动的大车主动轮、从动轮都采用圆锥形车轮。(　　)

　　答案：×

23. 天车不能吊运额定起重量，都是起升电动机额定功率不足造成的。(　　)

　　答案：×

24. 桥架型天车主梁的上拱度应大于 0.1/1000 跨度。（　　）

　　答案：×

25. 大车打滑会增加运行阻力，加剧轨道磨损，降低车轮的使用寿命。（　　）

　　答案：×

26. 齿轮联轴器是刚性联轴器，它不能补偿轴向位移和径向位移。（　　）

　　答案：×

27. YZ 系列电动机在接电情况下，允许最大转速为同步转速的 2.5 倍。（　　）

　　答案：×

28. 由电动机带动负载运行的状态，称再生制动状态。（　　）

　　答案：×

29. 天车工作时，可以进行检查和维修。（　　）

　　答案：×

30. 接触器分为交流接触器和直流接触器两种，天车上一般采用 CJ12、CJ10、CJ20 型交流接触器。（　　）

　　答案：√

31. 起升机构必须安装制动装置，制动灵敏，工作可靠，且应安装在减速器的输入轴端。（　　）

　　答案：√

32. 大车运行机构的驱动方式，可分为集中驱动和分散驱动。（　　）

　　答案：×

33. KTJ15 交流凸轮控制器操作手柄不带零位自锁装置。（　　）

　　答案：×

34. CJ 系列交流接触器触点系统的动作，由其电磁系统的方管轴传动。（　　）

　　答案：×

35. 对于电阻器的不平衡短接法，其特点是触点多，工作复杂，可满足复杂操作控制的需要。（　　）

　　答案：×

36. 大车啃轨会增加运行阻力，加剧轨道磨损，降低车轮使用寿命。（　　）

　　答案：√

37. 大车车轮前必须安装扫轨板，以清扫掉落在大车轨道上的杂物，确保大车安全运行。（　　）

　　答案：√

38. 钢按用途可分为结构钢、高碳钢和特殊钢。（　　）

　　答案：×

39. 为了使吊物能停滞在空间任意位置不溜钩，在减速器输出端装有制动轴及其制动器。（　　）

　　答案：×

40. 铸造天车每个起升机构的驱动装置必须装有两套制动器，如其中一套发生故障，另一套也能承担工作，而不至于发生事故。（　　）

答案：√

41. 凸轮控制器是一种手动电器，可以切换交、直流接触线圈电路，以实现对天车各机构进行远距离控制。（　　）

答案：×

42. CJ12 系列交流接触器，其额定电流有 100A、150A、250A、400A、600A 五种规格。（　　）

答案：√

43. 在电动机启动结束后，软化电阻就被切除。（　　）

答案：×

44. 大车车轮安装精度不良，车轮的垂直度和直线度超出允许值，特别是水平方向的偏斜对大车车轮啃道的影响尤为敏感。（　　）

答案：√

45. 在控制回路中，大小车、起升机构电动机的过电流继电器和过电流继电器的动合触点是串联的。（　　）

答案：×

46. 天车主要构件的材料应具有较高的抗破坏强度、疲劳强度及较好的塑性，并具有较高的冲击韧度。（　　）

答案：√

47. 二硫化钼润滑脂具有较低的摩擦系数，可在 200℃ 高温下工作，故多用于承受重载的滚动轴承，如天车上用的轴承。（　　）

答案：√

48. 面接触钢丝绳的挠性差，不易弯曲，但表面光滑，耐磨性好，多用于架空索道和缆索式天车的承载索等。（　　）

答案：√

49. 起升机构由于存在着传动效率，上升时转矩比下降时小。（　　）

答案：×

50. KTJ15 - /4 型凸轮控制器控制一台绕线转子异步电动机，其转子回路两组电阻器并联。（　　）

答案：√

51. 三相交流接触器的主触头通常用以接通与分断电流，副触头常用以实现电气联锁。（　　）

答案：√

52. 启动用电阻器，它仅在电动机启动时接入，随后逐挡切除而使电动机转速增高，在第五挡时电阻全部切除，使电动机达到最高转速。（　　）

答案：√

53. 大车啃轨是由于天车车体相对轨道产生歪斜运动，造成车轮轮缘与钢轨侧面相挤，在运行中产生剧烈的震荡，甚至发生铁屑剥落现象。（　　）

答案：×

54. 天车所吊重物接近或达到额定载荷时，吊运前应检查熔断器，并用小高度、短行程试

吊后，再平稳地吊运。（　　　）

答案：×

55. 天车常用的金属材料有普通碳素结构钢、优质碳素结构钢、铸造碳钢、合金结构钢、灰铸铁和球墨铸铁。（　　　）

答案：√

56. 摩擦表面的间隙越小，润滑油的黏度应越高，以保证足够的油流入两摩擦表面之间。（　　　）

答案：×

57. 室外或在潮湿空气及有酸性气体侵蚀环境工作的天车，应选用镀锌钢丝的钢丝绳，并应将钢丝绳抗拉强度提高 10%。（　　　）

答案：×

58. 起升机构电动机在回馈制动状态时，转子电阻越大，电动机转速越低。（　　　）

答案：×

59. KTJ15—/1 凸轮控制器有行程、自锁、互锁、零位及零压等保护功能。（　　　）

答案：×

60. CJ12 系列接触器的主触点的动合（常开），动断（常闭）可按 33、42、51 等任意组合，其额定电流为 10A。（　　　）

答案：×

61. RT5 为 YZR 电动机通用电阻器，它是与凸轮控制器所匹配的电阻器，其一相转子电阻开路。（　　　）

答案：×

62. 火车主动轮加工不良或淬火不良，磨损不一致而出现直径差值过大，两轮的角速度不等，而造成车身扭斜，发生啃道现象。（　　　）

答案：×

63. 平移机构可以打反车制动。（　　　）

答案：×

64. 合开关时要先合动力开关后合操作开关，切电时也要先切动力开关，后切操作开关。（　　　）

答案：×

65. ZQ 表示卧式圆柱齿轮减速器。（　　　）

答案：√

66. 起升机构是位能负载其中上升为阻力负载，下降为动力负载。（　　　）

答案：√

67. 控制器在同一挡次，吊运不同重量的物件时，电机转速是一样的。（　　　）

答案：×

68. 上升极限位置限制器，必须保证当吊具起升到极限位置时，自动切断起升机构的动力电源。（　　　）

答案：√

69. 验电笔能分辨出交流电和直流电。（　　　）

答案：×

70. 电容器具有阻止交流电通过的能力。（　　）

答案：×

71. 滑轮通常固定在转轴上。（　　）

答案：×

72. 天车司机室位于大车滑线端时通向天车的梯子和走台与滑线间应设置防护网。（　　）

答案：√

73. 如果电动机的基准工作环境温度为 40℃，铭牌标温升限度为 60℃，则电动机实际允许最高工作温度为 100℃。（　　）

答案：√

74. 天车的工作效率与电阻器的性能无关。（　　）

答案：×

75. 接触器动触头与静触头间压力不足会使触头发热，因此，应尽可能将压力调到最大。（　　）

答案：×

76. 天车控制电路中的零位保护，可以防止某一机构控制器处于工作位置时，主接触器接通电源后，突然运转造成事故。（　　）

答案：√

77. 天车电源刀开关闭合后，指示灯亮，但天车不能启动，故障可能是熔断丝烧断。（　　）

答案：√

78. 线接触的钢丝绳比点接触钢丝绳挠性好。（　　）

答案：×

79. 大车车轮的工作面宽度一般比轨道宽 30~40mm。（　　）

答案：√

80. 大车轨道的接头方式有直接和斜接两种方式。（　　）

答案：√

81. 零位保护装置是在所有控制器都放在零位位置时才能接通电源。（　　）

答案：√

82. 钢丝绳破断拉力与允许拉力之比称为安全系数。（　　）

答案：√

83. 过电流继电器的最大特点是在动作后能自行恢复到工作状态。（　　）

答案：√

84. 冶金天车通常有主、副两台小车，每台小车在各自的轨道上运行。（　　）

答案：√

85. 超载限位器的综合精度，对于机械型装置为 ±5%，对于电子型装置为 ±8%。（　　）

答案：×

86. 在再生制动状态时，电动机转速高于同步转速，转子电路的电阻越大，其转速越高。（　　）

答案：√

87. 三相绕线转子异步电动机定子绕组的一相断开，只有两相定子绕组接通电源的情况，称为单相。（　　）

答案：×

88. 在大车啃道的修理中，一般采用移动大车轮的方法来解决车轮对角线的安装误差问题，通常尽量先移动主动车轮。（　　）

答案：×

89. 箱型主梁变形的修理，就是设法使主梁恢复到平直。（　　）

答案：×

90. 天车主要由金属结构、小车、大车运行机构和电气四部分组成。（　　）

答案：√

91. 起升机构中的制动器一般是常闭式的，它装有电磁铁或电动推杆作为自动得松闸装置与电动机电气联锁。（　　）

答案：√

92. 闭合主电源后，应使所有控制器手柄置于零位。（　　）

答案：×

93. 天车工作完成后，电磁或抓斗天车的起重电磁铁或抓斗应下降到地面或料堆上，放松钢丝绳。（　　）

答案：×

94. YZR 系列电动机在接电的情况下，允许最大转速为同步转速的 2.5 倍。（　　）

答案：×

95. 电源发生单相故障之后，起升机构电动机仍可以利用单相制动将重物放下。（　　）

答案：×

96. 天车主梁下盖板温度大大超过上盖板温度，则上盖板变形较大，导致主梁上拱。（　　）

答案：×

97. 起升机构只有一个制动器的天车不能吊运钢水。（　　）

答案：√

98. 滑轮绳槽槽底磨损量超过钢丝直径的 50%，滑轮应报废。（　　）

答案：√

99. 双钩天车，允许两个钩同时吊两个工作物。（　　）

答案：×

100. 锻制吊钩锻制后，要经过退火处理。（　　）

答案：√

101. 100~250t 天车多采用偏轨空腹箱形的桥架结构。（　　）

答案：√

102. 重载上升时，在控制手柄由上升第五挡扳回零位的操作中，在每一挡应有适当的停顿时间，在第二挡应稍长一些，使速度逐渐降低。（　　）

答案：×

103. 电器箱内安装的变压器低压侧还应采取可靠的接地措施。(　　)

答案：√

104. 当齿轮的模数越大，齿轮承受载荷的能力越大。(　　)

答案：√

105. 若齿轮齿面的接触斑痕靠近齿顶，则两轴间距离过小。(　　)

答案：×

106. 天车保护箱中的过电流继电器触头与各种安全门开关触头是并联在主接触器线圈回路中的。(　　)

答案：×

107. 天车按下启动按钮，主接触吸合，松开启动按钮，主接触器断开，故障一定是控制器零位触头接触不良。(　　)

答案：×

108. 天车控制电路中的零位保护，可以防止某一机构控制器处于工作位置时，主接触器接通电源后，突然运转造成事故。(　　)

答案：√

109. 电动机在正转的情况下，突然使其电源反接，使电动机停车或反转；吊有重物的起升机构，如果控制器在上升第一挡时，重物不但不上升，反而下降。在这两种情况中，电动机都是工作在反接制动状态。(　　)

答案：×

110. 天车的起升高度是指小车顶部至地面之间的距离。(　　)

答案：×

111. 制动距离是工作机构从制动开始到立即停住，不得有滑动现象。(　　)

答案：×

112. 轮压是指一个车轮传递到轨道或地面上的最大垂直载荷。(　　)

答案：√

113. 分别驱动方式是用两台规格完全相同的电动机和减速机低速联结。(　　)

答案：×

114. 跨度的大小是决定大车车轮数目的多少。(　　)

答案：×

115. 天车吊起额定负载，主梁产生的弹性变形称为永久变形。(　　)

答案：×

116. 继电器能接通和分断控制电路，也能直接对主电路进行控制。(　　)

答案：×

117. 润滑油的闪点是表示着火的危险性。(　　)

答案：√

118. 车轮的工作面需经淬火，淬火的深度不低于 20mm。(　　)

答案：√

119. 电动机的过载和短路保护装置，都是与转子电路相连接运行。(　　)

答案：×

120. 只要上升限位开关灵敏可靠，就不会发生吊钩冲顶事故。(　　　)

　　　答案：×

121. 卷筒上的螺旋槽能增大钢丝绳与卷筒之间的接触面积。(　　　)

　　　答案：√

122. 制动带的磨损超过原厚度的 1/2，可以继续使用。(　　　)

　　　答案：×

123. 车轮直径允许的制造误差为 $\pm 0.005D$（D 为车轮名义直径）。(　　　)

　　　答案：×

124. 轨道接头间隙越小越好。(　　　)

　　　答案：×

125. 电动机铭牌上标注的工作条件是指允许电动机工作的环境和场合。(　　　)

　　　答案：√

126. 新更换的钢丝绳，需经过动负荷试验后方允许使用。(　　　)

　　　答案：×

127. 瞬间动作的过电流继电器可作为天车的过载和短路保护。(　　　)

　　　答案：√

128. 当钢丝绳长度不够时，允许将另一根型号的钢丝绳与之连接起来作用。(　　　)

　　　答案：×

129. 为了准确调整制动器的制动力矩，可将吊钩吊取额定起重量的 75% 进行调整。
　　　(　　　)

　　　答案：×

130. 凸轮控制器主要有凸轮，动触头和静触头等部分组成。(　　　)

　　　答案：√

131. 保护箱中的低电压保护装置的作用是当电源电压高出规定电压时，自动切断电机电
　　　源。(　　　)

　　　答案：×

132. 起升机构的电动机在下降过程中，绝大部分时间都处于反接制动状态。(　　　)

　　　答案：×

133. 起升机构制动器必须可靠地制动住 1.25 倍的额定负荷。(　　　)

　　　答案：√

134. 制动器制动力矩不够产生溜钩时，只要把拉杆调紧就可继续使用。(　　　)

　　　答案：×

135. 对天车起升高度和下降深度的测量，以吊钩最低点为测量基准点。(　　　)

　　　答案：×

136. 天车载荷状态是表明天车受载的工作时间长短。(　　　)

　　　答案：×

137. 在用天车的吊钩应定期检查，至少每年检查一次。(　　　)

　　　答案：×

138. 大车运行机构分为集中驱动和分别驱动两种方式，集中驱动主要用于大吨位或新式

天车上。（   ）

答案：×

139. 夹轨器用于露天工作的天车上，是防止天车被大风吹跑的安全装置。（   ）

答案：√

140. 起升机构制动器在工作中突然失灵，天车工要沉着冷静，必要时将控制器扳至低速挡，作反复升降动作，同时开动大车或小车，选择安全地点放下重物。（   ）

答案：√

141. 天车工作完成后，电磁或抓斗天车的起重电磁铁或抓斗应下降到地面或料堆上，放松起升钢丝绳。（   ）

答案：×

142. 吊运炽热和液体金属时，不论多少，均应先试验制动器。先起升离地面约0.5m作下降制动，证明制动器可靠后再正式起升。（   ）

答案：√

143. 在大车哨道的修理中，一般采用移动车轮的方法来解决车轮对角线的安装误差问题，通常尽量先移动主动车轮。（   ）

答案：×

五、填空题

1. 起重机常用的制动器是（   ）。

答案：闭式制动器

2. 严格执行设备润滑"五定"标准，即定人、定点、定油脂、定量、（   ）。

答案：定周期

3. 必须听从（   ）指挥，如果多人指挥或产生纠纷争车吊活时，应立即（   ），禁止吊物从（   ）通过。

答案：专人；停车；人头顶

4. 交接班时，有关生产、设备、（   ）等情况必须交代清楚。

答案：安全

5. 正弦交流电的三要素为（   ）、（   ）、（   ）。

答案：频率；最大值；初相角

6. 通常将制动器装在机构的（   ）轴上或减速器的（   ）轴上。

答案：高速；输入

7. 工作中要保证足够的休息和（   ）严禁（   ）；要以充沛的精力进行生产和工作。

答案：睡眠；饮酒

8. 吊钩在（   ）附近要放慢速度防止（   ）上天。

答案：极限；钩头

9. 普通桥式起重机起升机构的制动轮其轮缘厚度磨损达原厚度的（   ）时应报废。

答案：30%

10. 几个电阻串联，其等效电阻等于各电阻阻值（   ）。

答案：之和

11. 生铁和钢都是铁碳合金，它们的区别仅在于（　　　　　）多少，含碳量在2%以上的叫生铁，含碳量在（　　　　　）以下的叫钢。

答案：含碳量；2%

12. 扑救电气火灾时首先要（　　　　　）然后用四氯化碳、干粉、砂子等灭火，绝对禁止用（　　　　　）。

答案：切断电源；水

13. 钢丝绳的（　　　　　）与该钢绳（　　　　　）的比值称为钢丝绳的安全系数。

答案：破断拉力；许用拉力

14. 三相交流异步电动机采用变频调速时，当电源频率增高，电动机转速（　　　　　）。

答案：上升

15. 三相绕线式异步电动机是通过调节串接在（　　　　　）电路中电阻进行调速的，串接电阻越大，转速（　　　　　）。

答案：转子；越低

16. 设备的五层防护线：即岗位操作人员的（　　　　　）、专业点检员的定期点检、专业技术人员的精密点检和精度测试检查、设备技术诊断、设备维护。

答案：日常点检

17. 通过起重机操作实践知道，吊有负载的起升机构，在电机不通电时，如果松开（　　　　　），则负载就只克服（　　　　　）而飞快的自由坠落，如果这时电机接负载下降方向通电，则负载的下降速度就比负载自由坠落时（　　　　　）。

答案：制动器；摩擦阻力；慢

18. 主回路与控制回路为低压时，回路的对地绝缘电阻一般不小于（　　　　　）兆欧。

答案：0.5

19. 西门子PLC编程语言有（　　　　　）、（　　　　　）、流程图三种。

答案：梯形图；语句表

20. 三相交流异步电动机额定转速为960转/分，它是（　　　　　）极电动机。

答案：6

21. 行车的主要结构由（　　　　　）、（　　　　　）、（　　　　　）三部分组成。行车驾驶室有固定在（　　　　　），也有随（　　　　　），有（　　　　　），也有（　　　　　）。

答案：机械；电气；金属结构；主梁下部一端；小车移动的；敞开式；封闭的

22. 行车一般的起升速度为（　　　　　），大起重量时为（　　　　　），小车一般运行速度为（　　　　　）；大车一般运行速度为（　　　　　）。

答案：8～12m/min；1～4m/min；30～50m/min；80～120m/min

23. 吊钩可分为（　　　　　）和锻造吊钩，锻造吊钩一般经锻造、（　　　　　）、（　　　　　）而成。行车安全生产的三大重要构件是指（　　　　　）。

答案：片式吊钩；热处理；机械加工；制动器、钢丝绳、吊钩

24. 行车上滑轮组可分为（　　　　　）和（　　　　　）两种，其倍率是指（　　　　　）。

答案：省力滑轮组；增速滑轮组；省力的倍数

25. 钢丝绳与其他构件的固定方法有（　　　　　）、（　　　　　）、（　　　　　）、（　　　　　）等

四种。

　答案：编结法；斜楔固定法；灌铅法；绳卡固定法

26. 当联轴器出现（　　　　）、（　　　　）、齿厚磨损达到原齿厚的（　　　　）以上时，应予以报废。

　答案：裂纹；断齿；15%

27. 限位器是限制（　　　　）行程和（　　　　）的开关；缓冲器是当（　　　　）和（　　　　）之间相互碰撞时起缓冲作用的部件。

　答案：起升位置；天车与轨道端头；天车；天车

28. 行车用电动机以（　　　　）、（　　　　）、（　　　　）为基本工作类型；电动机的定额有（　　　　）、（　　　　）、（　　　　）三类；三相异步电动机的调速方法有（　　　　）三种。

　答案：S_3；FC40%；周期时间 10 分钟；连续；短时；周期；调频、调磁、改变转差率

29. 行车司机操作的基本要求是（　　　　）。

　答案：稳、准、快、安全

30. 双梁行车我国规定的允许挠度为（　　　　），下挠的修复方法一般有（　　　　）三种。

　答案：跨度的 1/700；火焰矫正法、预应力法、电焊法

31. 行车电气线路由（　　　　）三部分组成；行车桥架主梁的结构主要有（　　　　）等几种。

　答案：照明信号电路、主电路、控制电路；箱形结构、四桁架式、空腹桥架式

32. 行车的利用等级分成（　　　　）级别，载荷状态分为（　　　　）种，工作级别可分为（　　　　）级。

　答案：10；4；8

33. 钳形电流表是由（　　　　）和（　　　　）组成的；一般的万用表可以测量（　　　　）等电参数，其红表棒接内电源的（　　　　）极。

　答案：电流互感器；电流表；直流电流、直流电阻、直流电压、交流电压；负

34. 国际单位中，体积单位是（　　　　），密度单位是（　　　　），力的单位是（　　　　），质量的单位是（　　　　）。

　答案：m^3；kg/m^3；N；kg

35. 卷筒通常为（　　　　），有（　　　　）和（　　　　）两种，一般采用（　　　　）做成，大型卷筒可用（　　　　）焊成。

　答案：圆柱形；单层卷绕；多层卷绕；灰口铸铁；钢板

36. 钢丝绳根据捻向可分为（　　　　）、（　　　　）、（　　　　）三种，其绳芯种类有（　　　　）三种。

　答案：同向捻；交互捻；混合捻；有机芯、石棉芯、金属芯

37. 制动器是依靠摩擦而产生制动作用，行车上用的制动器主要分为（　　　　）三种。

　答案：块式、带式、盘式

38. 行车的大车主动轮采用（　　　　）形，从动轮采用（　　　　）形，小车车轮采用

（　　　　）形。

　　答案：圆锥；圆柱；圆柱

39. 三相交流异步电动机的降压启动方法有（　　　　）等四种。

　　答案：串电阻、星—△、自耦变压器、延边△

40. 触电是指（　　　　），电流对人体的危害的五个因素是指（　　　　）。

　　答案：人体接触或靠近带电体而造成的伤害甚至死亡的现象；电流的大小、频率、通径、触电时间、人体电阻及健康状况

41. 天车所承受的载荷，就其作用性质看，可分为（　　　　）与（　　　　）两大类。

　　答案：静载荷；动载荷

42. 天车上构件的内应力，主要由（　　　　）、（　　　　）和（　　　　）三部分组成。

　　答案：初应力；主应力；局部应力

43. 只有梯口和舱口都闭好之后，天车才能（　　　　）。

　　答案：开动

44. 导致钢丝绳破坏和断裂的主要因素是（　　　　）。

　　答案：弯曲和疲劳

45. 天车安全操作的中心是"三稳"，即：（　　　　）、（　　　　）、（　　　　）。

　　答案：稳起；稳落；稳运行

46. 天车的电气线路由（　　　　）、（　　　　）和（　　　　）三部分组成。

　　答案：照明信号回路；主回路；控制回路

47. 在正常运行过程中，不得利用（　　　　）作为控制停车的手段。

　　答案：紧急开关

48. 对天车的润滑，通常采用（　　　　）和（　　　　）两种方式。

　　答案：分散润滑；集中润滑

49. 三视图是指（　　　　）、（　　　　）和（　　　　）。

　　答案：主视图；俯视图；侧视图

50. 天车起升机构制动器每班必须（　　　　）一次。

　　答案：检查调整

51. 兜翻操作适用于一些不怕（　　）的铸锻毛坯件。

　　答案：碰撞

52. 电动机的使用特点分为（　　　　）、（　　　　）和（　　　　）三种，天车电机属于（　　　　）这一种。

　　答案：连续使用；短期使用；断续使用；断续使用

53. 电阻器中的电阻在电动机转子回路中是三相同时等量的接入或切除的接线法称为（　　　　）。

　　答案：平衡短接法

54. 天车车轮轮缘的作用是（　　　　）和（　　　　）。

　　答案：导向；防止脱轨

55. 上升极限位置限制器有三种结构形式：（　　　　）、（　　　　）和（　　　　）。

　　答案：重锤式；螺杆式；压绳式

56. 检修天车时，检修人员随身携带的照明装置，其工作电压必须是不超过（　　　　）V 的安全电压。

答案：36

57. 设备润滑的"五定"内容是指（　　　　）、（　　　　）、（　　　　）、（　　　　）和（　　　　）。

答案：定点；定质；定量；定期；定人

58. 零位保护部分电路，它包括各机构控制器（　　　　）及（　　　　），起（　　　　）作用。

答案：零位触头；启动按钮；零位保护

59. 长钩短挂吊钩组比短钩长挂吊钩组的有效起升高度（　　　　）。

答案：大

60. CL 型联轴器为（　　　　）齿轮联轴器，CLZ 型联轴器为（　　　　）齿轮联轴器。

答案：全齿型；半齿型

61. 天车滑线离地面高度不得低于（　　　　）米，若下面有车辆运行则不得低于（　　　　）米。

答案：3.5；6

62. 电动机安装前的绝缘电阻值应是：定子绝缘电阻应大于（　　　　）兆欧，转子绝缘电阻应大于（　　　　）兆欧。

答案：2；0.8

63. 构件的承载能力主要从（　　　　）、（　　　　）及（　　　　）三个方面来进行衡量。

答案：强度；刚度；稳定性

64. 常用的硬度试验方法有（　　　　）和（　　　　）两种。

答案：布氏；洛氏

65. 磨损过程大致可分为（　　　　）阶段、（　　　　）阶段和（　　　　）阶段。

答案：跑合磨损；稳定磨损；剧烈磨损

66. 天车大车轨道轨顶相对标高在基柱处不应大于（　　　　），其他处不应大于（　　　　）。

答案：10mm；15mm

67. 吊钩每年应运行 1～3 次探伤检查，无条件时，可用（　　　　）倍以上的放大镜检查吊钩表面有无（　　　　）或其他损坏。

答案：20；裂纹

68. 天车的反接接触器 FJC 和加速接触器 1JSC、2JSC……等用来切除（　　　　）中的电阻，对电动机进行调速。

答案：转子回路

69. KTJ1 - 50/1 凸轮控制器共有 12 对触头，其中（　　　　）对火线触头，（　　　　）对电阻触头，（　　　　）对限位触头，（　　　　）对零位触头。

答案：4；5；2；1

70. 桥式吊天车电动机不能发出额定功率，旋转缓慢是因为电动机（　　　　）损坏、电机（　　　　）严重串动、（　　　　）开路、（　　　　）短路等原因造成。

答案：轴承；轴向；转子；区间

71. 天车送电前，应发出（　　　　），然后（　　　　）、（　　　　）和（　　　　）。

答案：试车信号；合闸送电；试验限位开关；抱闸灵活可靠性

72. 车轮工作面需淬火处理，硬度为（　　　　），当车轮直径为 >400mm 时，淬火深度不小于（　　　　）mm，当车轮直径 <400mm 时，淬火深度不小于（　　　　）mm。

答案：HB300~350；20；15

73. 联轴器所连接两轴的相对偏移形式有（　　　　）偏移、（　　　　）偏移、（　　　　）偏移和（　　　　）偏移四种。

答案：轴向；径向；偏角；综合

74. 钳形电流表简称（　　　　）或（　　　　），是用来测量较大的（　　　　），它是一个（　　　　）和一个（　　　　）组成，测量（　　　　）时，不必（　　　　），只需将度测电路钳入钳口中心处。

答案：钳形表；测流钳；交流电流；电流互感器；电流表；电流；断开电路

75. 天车大车轮不同步的主要原因是（　　　　）、（　　　　）和（　　　　）。

答案：主动轮的直径不同；主动轮接触轨道不好；主动轮的轴线不正

76. 制动器按制动装置结构形式分为（　　　　）、（　　　　）和（　　　　）三种。

答案：块式；带式；盘式

77. 为了防止长时间的短路电流和机构卡住等现象而造成电动机和线路过负荷，采用（　　　　）和（　　　　）进行保护。

答案：过电流继电器；熔断器

78. 起重机严禁超负荷使用，对于重量不清的重物可用起升（　　　　）挡试吊。

答案：第二

79. 小车运行机构包括（　　　　）、（　　　　）、（　　　　）、（　　　　）、（　　　　）和（　　　　）等。

答案：电动机；减速器；制动器；联轴器；车轮；角型轴承箱

80. 主回路又称（　　　　），它是由电动机的（　　　　）和（　　　　）回路所构成，直接驱使各电动机工作。

答案：动力回路；定子外接回路；转子外接

81. 在起重机中使用较多的控制器有鼓型控制器、（　　　　）控制器、（　　　　）控制器和联动控制器台等。

答案：凸轮；主令

82. 天车车轮缘的作用是（　　　　）和（　　　　）。

答案：导向；防止脱轨

83. 电阻器通常接在绕线式异步电动机（　　　　）回路中，用来限制电动机（　　　　）调节电动机（　　　　）。

答案：转子；启动电流；转速

84. 制动器的调整有三个内容，即（　　　　）、（　　　　）、（　　　　）。

答案：调整主弹簧长度；调整电磁铁的冲程；调整制动瓦闸的均匀

85. 调整主弹簧长度的目的是为了使制动器长符合要求的（　　　　）。

答案：制动力矩

86. 起升机构限位器应使吊钩滑轮提升到距上升极限位置前（　　　　）mm 处切断电源。

答案：300

87. 起重机的动负荷试验，应在（　　　　）合格后进行。

答案：静负荷试验

88. 电动机定子电路最常见的故障有电源线（　　　　）或（　　　　）。

答案：断路；短路

89. 电阻器最高工作温度不能超过（　　　　），所以电阻器的安装应有利于（　　　　）。

答案：300℃；散热

90. 电动机在再生制动状态时，电动机转速（　　　　）于同步转速，转子电路的电阻值越（　　　　）其转速越高。

答案：高；大

91. 天车大车导轨轨距的允许偏差为（　　　　），导轨纵向倾斜度不得超过（　　　　），两根导轨相对标高允许偏差为（　　　　）。

答案：±5mm；1/1500；10mm

92. 每次起吊时，司机首先将重物吊起离地面（　　　　）~（　　　　）mm，检查制动器是否正常。

答案：150；200

93. 天车操作翻转重物的方法可分为：（　　　　）、（　　　　）、（　　　　）。

答案：兜翻；游翻；带翻

94. 减速机的维护中要求，减速机的油温不得高于（　　　　）℃。

答案：65

95. 天车的防撞装置有（　　　　）、（　　　　）、（　　　　）等几种。

答案：超声波；微波；激光

96. 钢丝绳在绕过滚筒和滑轮时受力较复杂，有拉伸、（　　　　）、（　　　　）、（　　　　）等作用，钢丝绳除主要受到拉应力外，还要受到（　　　　）。

答案：弯曲；挤压；摩擦；弯曲应力

97. 润滑材料分为（　　　　）、（　　　　）、（　　　　）三大类。

答案：润滑油；润滑脂；固体润滑剂

98. 天车的工作级别是根据天车的（　　　　）和天车的（　　　　）来决定的。

答案：利用等级；载荷状态

99. 钢丝绳芯一般有（　　　　）、（　　　　）和（　　　　），冶金铸造吊运用钢丝绳一般采用（　　　　）。

答案：有机芯；石棉芯；金属芯；石棉芯

100. 主梁下挠与主梁水平旁弯同时存在，向内弯曲使小车轨距减小到一定程度时，对于（　　　　）将造成运行夹轨，对于外侧单轮缘小车将造成（　　　　）的危险。

答案：双轮缘小车；脱轨

101. 冶金起重机通常有（　　　　）、（　　　　）两台小车，每台小车在各自的轨道上运行。

答案：主；副

102. 起重机的主要参数包括：（　　　　　）、（　　　　　）、起升高度、工作速度和（　　　　　）等。

答案：起重量；跨度；工作级别

103. 在钢丝绳的标记中，ZS 表示（　　　　　）钢丝绳。

答案：右交互捻

104. 在起重作业中，吊索与物件的水平夹角最好在（　　　　　）度以上。

答案：45

105. 所有起升机构应安装（　　　　　）位置限制器。

答案：上升极限

106. 在钢丝绳的标记中，W 表示（　　　　　）钢丝绳。

答案：瓦林吞

107. （　　　　　）用于露天工作的起重机，是防止起重机被大风吹跑的安全装置。

答案：夹轨器

108. 严重啃道的起重机，在轨道接头间隙很大时，轮缘可爬至轨顶，造成（　　　　　）。

答案：脱轨事故

109. 三相绕线转子异步电动机定子绕组的一相断开，只有两相定子绕组接通电源的情况，称为（　　　　　）。

答案：单相

110. 在再生制动状态时，电动机转速（　　　　　）同步转速，转子电路的电阻越大，其转速越（　　　　　）。

答案：高于；高

111. 起重机上电动机绕组绝缘最热点的温度，F 级绝缘不得超过（　　　　　）℃，H 级绝缘不得超过（　　　　　）℃。

答案：155；180

112. 滑轮如有（　　　　　）或（　　　　　）应更新，不许（　　　　　）后使用。

答案：裂纹；破损；焊补

113. 吊运钢，铁水包时，绝不允许从人（　　　　　），并且钢铁水包不能（　　　　　）。在起吊钢、铁水包时，离地面 100mm 应刹住，以检查刹车（　　　　　），否则不允许起吊和运行。

答案：头上通过；装得过满；是否完好

114. 凸轮控制器的触头报废标准是：静触头磨损量达（　　　　　），动触头磨损量达（　　　　　）。

答案：1.5mm；3mm

115. 工作中每根钢丝绳都要承受（　　　　　）、（　　　　　）、（　　　　　）、（　　　　　）等力的作用，使钢丝绳疲劳。

答案：弯曲；拉伸；挤压；扭转

116. 大车轨道正常接头应有伸缩缝（　　　　　）；在寒冷地区冬季检查应有温度间隙（　　　　　）。

答案：1~2mm；4~6mm

117. 起重用电动机的工作状态有（　　　）、（　　　）、（　　　）和（　　　）四种。

答案：电动；再生；反接制动；单项制动

118. 零位保护部分电路，它包括各机构控制器（　　　）及（　　　），起（　　　）作用。

答案：零位触点；接触器触点；零位保护

119. 原地稳钩操作的关键是要掌握好吊钩摆动的（　　　）。

答案：角度

120. 滑轮组越多，起重量就越大，吊钩升降的速度就越（　　　）。

答案：慢

121. 吊挂物件时，吊挂绳之间的夹角不宜大于（　　　）度。

答案：120

122. 天车的特点是：构造简单、操作方便、易于维护、（　　　）、不占地面作业面积等。

答案：起重量大

123. 继电器按其用途的不同可分为保护继电器和（　　　）继电器两大类。

答案：控制

124. 两根轨道接头处的横向位移或高低不平的误差均不得大于（　　　）mm。

答案：1

125. 电动机的定子、转子之间有一条狭窄的空气隙，在机械方面可能的条件下其气隙越（　　　）越好。

答案：小

126. 当电阻器接成闭口三角形电路时流过触头的电流是（　　　）。

答案：相电流

127. 钢丝绳是起重机上应用最广泛的挠性构件，其优点为（　　　），承载能力大，对于冲击载荷的承受能力强。

答案：卷绕性能好

128. 三相交流电路的联结方式有（　　　）和（　　　）两种。

答案：星形；三角形

129. 过电流继电器的整定值一般为电动机额定电流的（　　　）倍。

答案：2.25~2.5

130. 吊钩的危险断面磨损达到原高度的（　　　）%应报废。

答案：15

131. 小车运行机构多采用（　　　）立式减速机。

答案：ZSC

132. 主梁是起重机主要受力部分必须具有足够的强度、刚度和（　　　）。

答案：稳定性

133. 通常所说电机额定电流是指电动机输出额定功率时，从电源上取用的线电流，是指电动机的（　　　）。

答案：定子绕组

134. 起重机型号一般由类、组、型代号与主参数代号两部分组成。类、组、型代号用汉语拼音字母表示，主参数用（　　　）表示。

答案：阿拉伯数字

135. YZR 系列电动机，中心高 400mm 以上机座，定子绕组为（　　　）联结，其余为（　　　）联结。

答案：△，Y

136. 天车主令控制器控制的起升机构控制屏采用的是（　　　）工作挡位，用于轻载短距离低速下降，与反接制动状态相比，不会发生轻载上升的弊端。

答案：单相制动

137. 当电源电压降至 85% 额定电压时，保护箱中的总接触器便释放，这是它起（　　　）保护作用。

答案：零压

138. PQS 起升机构控制屏的电路是（　　　）线路。

答案：可逆不对称

139. 桥式起重机小车制动行程最大不得超过（　　　）。

答案：$V_{小车}/20$

140. 工作中突然断电或线路电压大幅度下降时，应将所有控制器手柄（　　　）；重新工作前，应检查起重机动作是否都正常，出现异常必须查清原因并排除故障后，方可继续操作。

答案：扳回零位

141. 安全标志国家规定使用的安全色有（　　　）、（　　　）、（　　　）、（　　　）四种颜色。

答案：红；蓝；黄；绿

142. 上升极限位置限制器主要有（　　　）和（　　　）两种。

答案：重锤式；螺杆式

143. 根据用途的不同，行程开关分（　　　）开关和（　　　）开关两种。

答案：限位；安全

144. 安全标志中黄色表示（　　　）和引起注意。

答案：警告

145. 有时用颜色相间的条纹作为醒目的标示。如红、白间的条纹表示（　　　），黄、黑相间条纹表示（　　　）。

答案：禁止越过；警告危险

146. 触电后，假死达（　　　）经过持久抢救，也有复活过来的。

答案：6h

147. 天车上使用的钙基润滑油脂适用的工作温度不高于（　　　）。

答案：60℃

148. 滑轮是用来改变钢丝绳方向的，（　　　）两种。

答案：有定滑轮和动滑轮

149. （　　　）的作用是防止吊钩或其他吊具过卷扬，拉断钢丝绳并使吊具坠落而造成事故。

答案：上升位置限位器

150. 吊钩组是（　　　　）的组合体。

答案：吊钩与动滑轮

六、论述题

1. 桥式起重机运行出现啃道现象主要由哪些原因？

答案：（1）车轮直径误差大；（2）分别驱动的电机转速不等或制动不均；（3）金属结构变形；（4）轨道安装或长期使用出现松动产生误差；（5）轨道顶面有油垢或在室外有冰雪打滑等；（6）分别驱动的各减速机和齿轮联轴器磨损不均。

2. 交流接触器吸合时，产生的噪音较大，其主要的原因是什么？

答案：其主要故障原因有以下几点：电压电源过低，吸引线圈产生的吸力不足，衔铁在吸引过程中产生振动；短路环断裂，在交变磁场作用下会产生强烈震动；衔铁和铁芯接触表面之间有油污或油腻，接触不良而引起的震动；接触器活动部分卡阻。

3. 简述大小车运行安全技术要求。

答案：（1）启动、制动不要过快、过猛，严禁快速从零挡扳到5挡或从5挡回零挡，避免突然加速启动、制动引起吊物游摆，造成事故；

（2）尽量避免反复启动，反复启动会引起吊物游摆，反复启动次数增多还会超过天车的工作级别，增大疲劳强度，加速设备损坏；

（3）严禁开反车制动停车，如欲改变大车或小车的运行方向，应在车体停止运行后再把控制器手柄扳至反向，配合PQY型控制屏主令控制器的挡位为3－0－3，制动器驱动元件与电机同时通电或断电，允许直接通至反向第1挡，实现反接制动停车。

4. 简述吊运钢液等危险物品时应掌握哪些操作要领。

答案：（1）钢液不能装的太满，以防大、小车启动或制动时引起游摆，造成钢液溢出伤人；

（2）起升时应慢速把盛钢桶提升到离地面2m左右的高度然后下降制动，以检查起升机构制动器工作的可靠性。当下滑距离不超过0.1m时方可进行吊运；

（3）在吊运过程中严禁从人的上方通过，要求运行平稳，不得突然启动或停车，防止钢水包游摆导致钢水溢出；

（4）在开动起升机构提升或下降时，严禁开动大小车运行机构，以便集中精力，避免发生误动作导致发生事故。

5. 简述两台天车吊运同一物件，应遵守哪些规则。

答案：（1）由有关人员共同研究制定吊运方案和吊运工艺，操作人员严格按照吊运工艺进行操作，并有专人指挥和监督；

（2）根据天车起重量和被吊物重量及平衡梁重量，按照静力平衡条件合理选择吊点；

（3）正式吊运前，两台天车进行调试性试吊，选择两车的起升速度和运行速度，预先确定点车操作方案，以协调两车速度的差别；

（4）正式吊运过程中，必须保持两车动作协调、同步，要求平衡梁必须保持水平，起重钢丝绳必须保持垂直，不准斜吊；

（5）两台天车在吊运过程中，只允许同时开动同一机构，不准同时开动两种机构，以便协调两车的动作；

（6）两台天车在启动和制动时，应力求平稳，不允许猛烈启动和突然制动，以消除被吊物件的游摆和冲击。

6. 简述当起升机构的制动器突然失灵时如何操作。

答案：遇到制动器失灵时，天车工首先要保持镇静，不要惊慌失措，马上把控制器手柄扳到上升方向第2挡，使物件以最慢的起升速度上升，同时发出紧急信号，使天车下方作业人员迅速躲避。当物件上升到极限位置时，再把控制器手柄逐挡扳到下降第5挡，使物件以最慢的下降速度下降，这样反复的缓慢提升和下降物件，与此同时，寻找物件可以降落的地点，迅速开动大、小车，把物件吊运至空闲场地，将起升控制器手柄扳至下降第5挡，使物件落地。

7. 什么是电动机的工作制，电动机的工作制有哪几种？

答案：表明电动机的工种负载情况，包括空载、停机、断续及持续时间和先后顺序的代号称为工作制。电动机按额定值和规定的工作制运行称为额定运行。

电动机的工作制分为三大类：

（1）连续工作制，电动机可按额定运行情况长时间连续使用，用S1表示；

（2）短时工作制，电动机只允许在规定时间内按额定运行情况使用，这种工作制用S2表示，短时额定时限分为15min，30min，60min，90min四种；

（3）断续工作制，电动机间歇运行，但周期性重复，这种工作制用S3表示。天车用电动机工作制属于S3，这种工作制通常用负载持续率F_c表示。

标准断续工作制电动机的标准持续率分为15%、25%、40%及60%四种。电动机铭牌上标志的额定数据通常指$F_c=40\%$时的（老产品为25%）数据。

8. 试述缓冲器的种类及其原理。

答案：缓冲器是当行车与轨道端头或行车之间相互碰撞时起缓冲作用的器件。

（1）橡胶缓冲器：靠自身弹性吸收能量，变形量小，缓冲量小，易老化；

（2）弹簧缓冲器：两车相撞或与端部相撞，弹簧在推杆力作用下自由长度不断缩短，从而起到缓冲作用。吸收能量大，对温度要求低，但有强烈的"反坐力"，不适合速度较快场合，行车主要采用弹簧缓冲器；

（3）液压缓冲器：当运动质量撞击时，活塞压迫油缸中的油，经心棒与活塞间的环形间隙流到存油空间，从而吸收能量。缓冲力恒定，平稳可靠，易受温度影响。

9. 试述行车电路的组成及控制方式。

答案：（1）照明信号电路：桥上照明、桥下照明、驾驶室照明。

（2）主电路：电动机定子电路、转子电路。

行车主电路的控制方式是由电动机容量、操作频率、工作繁重程度、工作机构数量等多种因素决定的。一般有三种控制类型：1）由凸轮控制器控制；2）定子电路由接触器控制，而转子电路由凸轮控制器控制；3）由接触器控制。

（3）控制电路：保护电路、大车电路、小车电路、升降电路等。

10. 何谓稳钩，产生摇摆的原因是什么，稳钩的原理和方法是什么？

答案：所谓稳钩是指司机把由于各种原因引起摇摆的吊钩或被吊物件稳住的过程。

产生摇摆的原因很多，如三机构启动或制动及调速过快过猛，物件捆绑不正确等，使起吊后钢丝绳与重物不在同一铅垂线上。

稳钩的原理就是使钢丝绳与重物在同一铅垂线上。

稳钩有前后、左右、起车、原地、运行、停车、抖动、圆弧等八种基本情况，其根本方法就是跟车。

11. 起升机构的安全技术要求有哪些？

答案：（1）起升机构必须要装制动器，吊钢水等危险物品必须安装两套制动器，制动器元件缺少或溜钩不准开车运行；（2）起升机构必须安装上升、下降的双向限位器，没有限位器或其失效时不准开车；（3）取物装置（如吊钩组）下降至地面时，卷筒上每端的钢丝绳不少于两圈；（4）对于 20t 以上的天车必须安装超载限位器，即当吊物超载时，能切断电源，防止天车超载吊运。

12. 天车静负荷试运转应如何进行？

答案：在确定在机构能正常运转后，起升额定负荷，开动小车在桥架全长来回运行，然后卸去负荷，使小车停大桥架中间，定出测量基准点。起升 1.25 倍的额定负荷离地 $100 \sim 200mm$ 停悬 10min，卸去载荷后检查桥架永久变形。如此重复最多 3 次，桥架不应再产生永久变形。然后将小车开主跨端，此时检查实际上拱值应不小于 0.7/1000L，最后仍使小车停在桥架中间，起升额定负荷，检查主梁挠度值不大于 L/800。

13. 试述天车控制回路的构成状况及工作原理。

答案：（1）天车控制回路是由零位保护部分电路、安全联锁保护部分电路及限位安全保护部分电路构成的；（2）启动时，由零位保护部分电路和安全联锁部分电路相串联构成闭合回路，使主接触器吸合接通主回路电源，同时由于主接触器常开触点随主触点同时闭合，即将限位安全保护部分电路接入控制回路中，以取代零位保护部分电路，此时，控制回路则由各机构限位安全保护部分电路与安全联锁保护部分电路相串联构成闭合回路，使主接触器持续吸合，天车才能正常工作，而串联在两部分电路中的各种安全限位开关任一个断开时，均使控制回路分断，使天车掉闸，起到各种安全保护作用。

14. 试述主梁火焰矫正法原理及其加热点的确定原则。

答案：（1）主梁火焰矫正的原理是：沿着主梁底部加热，使其屈服极限降为零，无抵抗变形的能力。将主梁中部顶起，促使主梁起拱。当底部加热区冷却时，底部金属收缩，使主梁上部拱起，以达到消除挠度，恢复主梁拱度的目的；（2）加热点越靠近跨中，主梁起拱效果越大，加热点的数量及其位置的确定，应根据主梁的下挠程度确定。下挠严重时，烘烤点应接近跨中，且数量应相应增加；反之，可稍远离跨中，烘烤点数量可减少。

15. 试述怎样进行吊钩的负荷试验。

答案：新制造、新安装、磨损量较大和参数不明的吊钩，须做负荷试验，以确定吊钩的起重量。

具体试验方法为：用额定起重量的 125% 的负荷，悬挂 10 分钟，卸载后，检查吊钩有无永久变形，危险断面有无裂纹，检查变形的一般方法，是在钩口打两个小冲孔，测量悬挂负载前后的距离有无变化进行确定，检查危险断面裂纹一般用 20 倍以上放大镜进行观察，如吊钩有裂纹或变形，应予报废，必要的亦可有条件的降级使用。

16. 简述交互捻、同向捻及混合捻钢丝绳各自的特点。

　　答案：（1）交互捻钢丝绳不易自行松散，在起重作业中广泛使用，缺点是挠性较小，表面不平滑，与滑轮的接触面积小，磨损较快；

　　（2）同向捻钢丝绳的特点是比较柔软，容易弯曲，表面平滑，使用中磨损较小，但容易松散和扭结，起重作业中不常采用；

　　（3）混合捻钢丝绳具有前两种钢丝绳的优点，力学性能也比前两种好，但其制造较困难，价格高，起重作业中很少使用。

17. 简述怎样防止桥式起重机歪斜啃道。

　　答案：（1）减少主动轮直径误差，提高表面淬火质量，以减少车轮踏面磨损，并在使用中检查车轮直径；

　　（2）及时调整车轮及轨道的安装误差，使之达到安装规定的要求；

　　（3）尽量采用分别驱动方式，在这种方式下，当大车发生歪斜时，导前一侧的电动机因为还要带动后侧的车轮，所以负载加大，因此电机转速会有所降低；相反，落后一侧电机则会因负载减轻而转速稍有增加，这样可起到自动同步的作用，导致桥架恢复正常；

　　（4）采用分别驱动时，必须注意调整两边的制动器，使制动器的制动力矩和松闸时保持一致；

　　（5）当采用集中驱动方式时，应采用锥形主动轮，且使锥形主动轮的大端放置在内侧，这样当大车走歪时，导前侧主动轮减小，而落后侧主动轮直径增大，在相同转速下，落后侧主动轮走动的距离大，故而可使起重机自动走正；

　　（6）限制桥架距度 L 和轮距 K 的比值，增加桥架的水平刚性，由于桥式起重机运行时，容许一定程度的自由歪斜，其 K/L 的比值成正比，即当轮距 L 越大时，越不易发生啃道现象；

　　（7）取消车轮轮缘，用横向滚轮来引导车体的运行方向，可能避免啃道的磨损，同时也可以使运行阻力减少。

18. 举出三项减速器常见故障，原因后果及排除方法？

　　答案：（1）周期性的颤动的声响；

　　原因：齿轮周节误差过大或齿侧间隙超过标准，引起机构振动；

　　排除方法：更换新齿轮。

　　（2）发生剧烈的金属锉擦声，引起减速器的振动；

　　原因：通常是减速器高速轴与电动机轴不同心，或齿轮轮齿表面磨损不均，齿顶有尖锐的边缘所致；

　　排除方法：检修调整同心度或相应修整齿轮轮齿。

　　（3）壳体，特别是安装轴承发热；

　　原因：轴承滚珠破碎或保持架破碎；轴颈卡住；齿轮磨损，缺少润滑油。

　　排除方法：更换轴承或齿轮，加润滑油。

19. 如何进行吊钩的检修？

　　答案：（1）用煤油清洗吊钩本体，擦干后用放大镜全面检查，如发现裂纹不允许补焊，应立即更换；

　　（2）检查拉板横梁等零件，拉板孔磨损严重时可以用优质焊条补焊后重新镗孔，如更新新件，则必须保证材料的机械性能符合要求；

（3）对于已使用一定时间的吊钩，由于钢丝绳的作用，往往使吊钩表面硬化，为此吊钩每年可做依次退火处理。20 号钢的锻钩，退火温度为 500~600℃，保温后缓慢冷却，以保证机械性能不变。

吊钩组每年至少进行一次全面检查，每季度应单独检查吊钩本体一次。

20. 试述桥式起重机的润滑注意事项是什么。

答案：（1）润滑材料必须保持清洁；

（2）不同牌号的润滑脂不可混合使用；

（3）经常检查润滑系统的密封情况；

（4）对温度较高的润滑点要相应的增加润滑次数并装设隔温或冷却装置；

（5）选用适宜的润滑材料按规定定期润滑；

（6）潮湿的场合不宜选用钠基润滑脂，因其吸水性强而易失效；

（7）没有注油点的转动部位，应定期用稀油壶点注各转动缝隙。以减少机械的磨损和锈蚀；

（8）润滑时必须全车停电。

21. 试述主梁预应力矫正法的原理及其应用场合。

答案：用预应力方法矫正主梁下挠恢复拱度的原理：在主梁下盖板处安装一根或几根拉杆，通过张拉对主梁施加偏心压力，在此偏心压力相对于主梁中性层产生的力矩作用下，使主梁下翼缘受压而收缩，上翼缘受拉而伸长，从而迫使主梁向上拱起，达到恢复主梁上拱度的目的。

预应力矫正法对于下挠不十分严重的主梁可直接采用，方法简单，施工方便，耗时少而效果好；对于下挠严重的主梁，则可伴随火焰矫正法使主梁恢复拱度后，用张拉钢筋预应力法增加主梁的抗弯能力，巩固主梁的上拱值。

22. 试述天车小车架可能会出现什么问题。

答案：（1）小车架挠曲变形，这是因为小车架是焊接框架钢结构，使用过程中会出现变形，因而可能造成小车运行歪斜，啃道或产生"三条腿"现象；所以当变形较大时，需要将安装车轮角轴承箱的水平链板或垂直键板板铲开，加垫调整，然后焊好；

（2）小车架轨距中心与吊钩的中心线不重合，甚至偏差数 + 毫米，使大车二根主梁受力不相等；

（3）吊钩中心线靠近小车被动轮，而不是靠近主动轮，结果主动轮轮压小于被动轮轮压，不利于防止打滑。

23. 试述天车是怎样实现零位保护的。

答案：从通用天车控制回路原理图可知，天车启动时，只有零位保护部分电路与串有主接触器线圈的安全联锁部分电路相串联构成的可通回路，才能使天车主接触器接通，而使天车接通电源，因此只有各控制器手柄均置于零位时（即非工作挡位），各控制器零位触头闭合时，天车才能接通电源；而当任一控制器手柄置于工作挡位时（即不在零位时），由于其零位触头断开，使该回路分断，故不能使天车接通电源，从而可防止某机构控制器在工作挡位时接通电源，使机构突然动作而导致危险事故发生的可能性，进而对天车起到零位保护作用。

24. 桥式起重机试运转的工作内容有哪些?

答案:试运转的工作内容有以下几个方面:

(1) 检查起重机在性能是否符合技术规定的要求;

(2) 金属结构件是否有足够的强度,刚度和稳定性;焊接质量是否符合要求;

(3) 各机构的传动是否平衡可靠;

(4) 安全装置,限位开关和制动器是否灵活,可靠和准确;

(5) 轴承温升是否正常;

(6) 润滑油路是否畅通;

(7) 所有电气元件是否正常工作,温升是否正常。

25. 主接触器不能接通的原因有哪些?

答案:(1) 闸刀开关、紧急开关、舱门开关没有闭合;

(2) 控制器手柄没有放回零位;

(3) 控制电路熔断器不通或线路无电;

(4) 过电流继电器触头接触不良。

26. 天车司机在操作过程中怎样算做到了“合理”的操作?

答案:司机在操作过程中,必须做到启动、制动、平稳,吊钩、吊具和重物在运行中不发生游摆。司机在了解掌握起重机性能和电动机机械特性的基础上,根据吊物的具体状况正确操纵控制器,做到合理控制,使吊运行中吊钩、吊具和吊物能够准确地停在指定的位置上方;而且,天车工司机在确保天车完好的情况下,有效地工作,在操作中严格执行起重机安全技术操作规程,不发生人身和设备事故,才能达到“合理”的操作。

27. 论述主令控制器的应用范围。

答案:由于主令控制器线路复杂,使用元件多,成本高,体积大。因此,主令控制器适用的范围包括电动机容量大,凸轮控制器容量不够的地方;操作频率高,每小时通断次数接近 600 次或 600 次以上,具有操作可靠;天车工作繁重,要求电气设备有效高的寿命;天车机构多,要求减轻天车工的劳动强度;由于操作的需要,要求天车工作时有较好的调速点动性能,能实现多点多位控制。

28. 试述钢丝绳为什么会被起重机广泛采用?

答案:钢丝绳由于强度高、弹性好、自重轻、挠性好、承载能力大、传动平稳无噪声、工作可靠,特别是钢丝绳中的钢丝断裂是逐渐产生的,在正常工作条件下一般不会发生整根钢丝绳突然断裂;而且,钢丝绳的绳芯有增加挠性与弹性,便于润滑和增加强度,故钢丝绳广泛应用于起重机上。

29. 天车在吊运作业中起升机构制动器发生失效,司机如何应对这突发的危险情况?

答案:司机必须保持镇静,果断地把控制器手柄扳至起升方向的第 1 挡,使吊物以最慢的速度上升,升至一定高度,再把手柄扳至下降方向的最慢挡,使吊物以最慢速度下降(注意地面设备和设施),这样反复操作,以利用这短暂时间同时迅速开动大车或小车把吊物移至空闲地方的上空,然后将吊物落至地面。这种特殊操作可以避免坠落事故发生。

附录2 天车工技能大赛理论考核样卷

第一套试卷

一、是非判断题（正确的在括号内打"√"，错误的在括号内打"×"，每题1分，共10分）

1. 起重机载荷状态是表明起重机受载的工作时间长短。（ ）
2. 分别驱动的大车主动轮、从动轮都必须采用圆锥形车轮。（ ）
3. 为了准确调整制动器的制动力矩，可将吊钩吊取额定起重量的75%进行调整。（ ）
4. 控制器在同一挡次，吊运不同重量的物件时，电机转速是不一样的。（ ）
5. 接触器动触头与静触头间压力不足会使触头发热，因此，应尽可能将压力调到最大。（ ）
6. 电源发生单相故障之后，起升机构电动机仍可以利用单相制动将重物放下。（ ）
7. 过电流继电器的最大特点是在动作后能自行恢复到工作状态。（ ）
8. 只要上升限位开关灵敏可靠，就不会发生吊钩冲顶事故。（ ）
9. 钢丝绳的钢丝表面磨损达原钢丝直径的10%就应报废。（ ）
10. YZR系列电动机在接电的情况下，允许最大转速为同步转速的2.5倍。（ ）

二、选择题（请将正确答案的代号填入括号内，每题1分，共10分）

1. 减速箱内输入轴与轴出轴的扭矩（ ）。
    A. 输出轴大   B. 输入轴大   C. 一样大
2. 起升机构反接制动用于（ ）下放重物。
    A. 轻载长距离   B. 重载短距离
    C. 任何负载长距离   D. 任何负载短距离
3. 钢加热到（ ）状态，在不同的介质中，以不同的速度冷却，使得工件在组织上和性能上有很大差别。
    A. 马氏体   B. 奥氏体   C. 莱氏体   D. 奥氏体+莱氏体
4. 吊钩按受力情况分析，（ ）截面最合理，但锻造工艺复杂。
    A. 梯形   B. T字形   C. 圆形
5. 当减速器润滑不当，齿轮啮合过程中齿面摩擦产生高温而发生（ ）现象。
    A. 齿面胶合   B. 齿面点蚀   C. 齿部折断
6. 起重量在（ ）t以上的吊钩桥式起重机多为两套起升机构，其中起重量较大的称为主起升机构。
    A. 10   B. 15   C. 20

7. 在钢丝绳的标记中，右交互捻表示为（　　　）。

    A. ZZ　　　　　　　　B. SS　　　　　　　　C. ZS　　　　　　　　D. SZ

8. 小车运行机构的电机功率偏大，启动过猛时会造成（　　　）。

    A. 行走不稳　　　　　B. 行走时歪斜　　　　C. 打滑

9. 有双制动器的起升机构，应逐个单独调整制动力矩，使每个制动器都能单独制动住（　　　）% 的额定起重量。

    A. 50　　　　　　　　B. 100　　　　　　　C. 120

10. 用来连接各电动机、减速器等机械部件轴与轴之间，并传递转矩的机械部件，称为（　　　）。

    A. 弹性联轴器　　　　B. 联轴器　　　　　　C. 刚性联轴器　　　　D. 全齿联轴器

三、填空题（每空 0.5 分，共 20 分）

1. 行车上滑轮组可分为（　　　）和（　　　）两种，其倍率是指（　　　）。

2. 钢丝绳根据捻向可分为（　　　）、（　　　）、（　　　）三种。

3. 导致钢丝绳破坏和断裂的主要因素是（　　　）。

4. 上升极限位置限制器有三种结构形式：（　　　）、螺杆式和压绳式。

5. 磨损过程大致可分为（　　　）阶段、稳定磨损阶段和剧烈磨损阶段。

6. 天车大车轮不同步的主要原因是（　　　）、（　　　）和（　　　）。

7. 为了防止长时间的短路电流和机构卡住等现象而造成电动机和线路过负荷，采用（　　　）和（　　　）进行保护。

8. 天车车轮缘的作用是导向和（　　　）。

9. 起升机构限位器应使吊钩滑轮提升到距上升极限位置前（　　　）毫米处切断电源。

10. 箱形梁下挠的修复方法主要有（　　　）法、（　　　）法和电焊法三种。

11. 润滑材料分为润滑油、（　　　）、固体润滑剂三大类。

12. 天车的工作级别是根据天车的（　　　）和天车的（　　　）来决定的。

13. 三相绕线转子异步电动机定子绕组的一相断开，只有两相定子绕组接通电源的情况，称为（　　　）。

14. 吊挂物件时，吊挂绳之间的夹角不宜大于（　　　）度。

15. 制动器的调试应调整（　　　）、（　　　）、制动间隙、锁紧螺母。

16. 钢丝绳是起重机上应用最广泛的绕性构件，其优点为（　　　），承载能力大，对于冲击载荷的承受能力强。

17. 液压传动由（　　　）、执行元件、控制调节元件、（　　　）四部分组成。

18. 将钢件加热到临界温度以上，保温一段时间，然后缓慢冷却，这一工艺过程称为（　　　）。

19. 大车车轮的安装，要求大车跨度 S 的偏差小于（　　　）。

20. 根据用途的不同，行程开关分（　　　）开关和（　　　）开关两种。

21. PLC 主要由（　　　）、存储器、输入输出单元、电源、编程器组成。

22. 力的分解有（　　　）、（　　　）两种基本方法。

23. 起重机的主要参数包括：（　　　）、（　　　）、起升高度、工作速度和工作级别等。

24. 滑轮组越多，起重量就越大，吊钩升降的速度就越（   ）。

25. 桥式起重机的电气线路分为主回路、（   ）和（   ）三大部分。

四、解释题（每题 2 分，共 10 分）

1. 动负荷试运转
2. 起升高度
3. 钢丝绳安全系数
4. 基轴制配合
5. 塑性变形

五、简答题（每题 5 分，共 20 分）

1. 什么叫联轴器，天车常用的是什么式联轴器，什么叫弹性联轴器和刚性联轴器？
2. 减速机产生振动的原因有哪些？
3. 吊钩报废的标准有哪些？
4. 试述主动轮打滑的原因与消除方法？

六、计算题（每题 5 分，共 15 分）

1. 某天车大车运行机构的电动机额定转速 $n_{电} = 940 \text{r/min}$，减速器的传动比 $i = 15.75$，大车轮直径 $D = 0.5 \text{m}$，试计算大车的额定运行速度及断电后的最大与最小制动行程。

2. 某铸钢车间 10t 铸造天车，起升机构采用 $6 \times 37 - 14 - $ 左交，在其磨损严重区段发现一个捻距内有 13 根断丝，问该绳是否可继续使用？

3. 10t 铸造天车，电动机的额定转速 $n_{电} = 720 \text{r/min}$，吊钩滑轮组的倍率 $m = 3$，减速器的传动比 $i = 15.75$，卷筒直径 $D = 0.4 \text{m}$，试求其额定起升速度。若吊 1000kg 重的钢锭下降，断电后钢锭下滑约 200mm，试判断天车是否溜钩？

七、综合题（第 1 小题 3 分，第 2 小题 6 分，第 3 小题 6 分，共 15 分）

1. 常见的桥架变形有哪些，修理方法有哪几种，适应什么场合？
2. 简述设备诊断技术。
3. 主梁下挠对天车的使用性能有何影响？

第二套试卷

一、是非判断题（正确的在括号内打"√"，错误的在括号内打"×"，每题 1 分，共 10 分）

1. 钢丝绳在绕过卷筒和滑轮时主要受拉伸、弯曲、挤压、摩擦力。（　　）
2. 凸轮控制器是一种手动电器，可以切换交、直流接触线圈电路，以实现对天车各机构进行远距离控制。（　　）
3. 合开关时要先合动力开关后合操作开关，切电时也要先切动力开关，后切操作开关。（　　）
4. 验电笔能分辨出交流电和直流电。（　　）
5. 三相绕线转子异步电动机定子绕组的一相断开，只有两相定子绕组接通电源的情况，称为单相。（　　）
6. 刚性联轴器不可以补偿连接的两根轴之间的径向或轴向位移。（　　）
7. 起重机的稳定性，是指起重机在自重和外负荷的作用下抵抗翻倒的能力。（　　）
8. 二硫化钼润滑脂具有较低的摩擦系数，可在 200℃ 高温下工作，故多用于承受重载的滚动轴承，如天车上用的轴承。（　　）
9. 小车发生扭摆的主要原因是四个轮子的轮压不一样。（　　）
10. 大小车运行机构调速，每挡必须停留 3s 以上。（　　）

二、选择题（请将正确答案的代号填入括号内，每题 1 分，共 10 分）

1. 确定不能起吊额定负荷是因为电动机功率不足时，若要继续使用可（　　）。
    A. 增大减速器传动比　　　B. 快速用第五挡上升　　　C. 用慢速第一挡上升
2. 桥式起重机主梁上拱度要求为（　　）。
    A. 1/700　　　　　　B. 1/1000　　　　　　C. 1/2000
3. 车轮加工不符合要求，车轮直径不等，使大车两个主动轮的线速度不等，是造成大车（　　）重要原因之一。
    A. 扭摆　　　　　　B. 振动　　　　　　C. 车轮打滑　　　　　　D. 啃道
4. GB 6067—1985《起重机械安全规程》规定，吊钩危险断面磨损达原尺寸的（　　）% 时，吊钩应报废。
    A. 20　　　　　　B. 18　　　　　　C. 15　　　　　　D. 10
5. 异步电动机在额定负载条件下，当电源电压下降时，其转速（　　）。
    A. 减少　　　　　　B. 基本不变　　　　　　C. 增加
6. PQS 起升机构控制屏，下降第三挡为（　　）。
    A. 反接　　　　　　B. 单相　　　　　　C. 回馈
7. 吊钩扭曲变形，当吊钩钩尖中心线与钩尾中心线扭曲度大于（　　）时，应予报废。
    A. 3°　　　　　　B. 5°　　　　　　C. 10°　　　　　　D. 15°

8. 大车车轮的安装，要求大车跨度 S 的偏差小于（　　　）。

　　A. ±5mm　　　　　　　B. ±10mm　　　　　　　C. ±20mm

9. 力的分解有两种方法，即（　　　）。

　　A. 平行四边形和三角形法则　　　　　　B. 平行四边形和投影法则

　　C. 三角形和三角函数法则　　　　　　　D. 四边形和图解法则

10. 钢加热到（　　　）状态，在不同的介质中，以不同的速度冷却，使得工件在组织上和性能上有很大差别。

　　A. 马氏体　　　　　B. 奥氏体　　　　　C. 莱氏体　　　　　D. 奥氏体＋莱氏体

三、填空题（每空 0.5 分，共 20 分）

1. 三相绕线式异步电动机通过调节串接在（　　　）电路中电阻进行调速的。串接电阻越大，转速（　　　）。

2. 行车的利用等级分成（　　　）级别，载荷状态分为（　　　）种，工作级别可分为（　　　）级。

3. 行车的大车主动轮采用（　　　）形，从动轮采用（　　　）形，小车车轮采用（　　　）形。

4. 三视图是指（　　　）、（　　　）和（　　　）。

5. 常用的硬度试验方法有（　　　）和（　　　）两种。

6. 具有两级反接制动电路、或具有单相制动电路的起升机构，都是为了实现（　　　）目的而设计的。

7. 制动器按制动装置结构形式分为（　　　）、（　　　）和（　　　）三种。

8. 主回路又称（　　　），它是由电动机的（　　　）和（　　　）回路所构成，直接驱使各电动机工作。

9. 调整主弹簧长度的目的是为了使制动器长符合要求的（　　　）。

10. 起重机的动负荷试验，应在（　　　）合格后进行。

11. 天车的防撞装置有（　　　）、（　　　）、激光等几种。

12. 当控制器推到（　　　）挡时，如果电机不能启动，则说明被吊物超过了天车的额定起重量，不能起吊。

13. 过电流继电器有（　　　）和（　　　）两类。

14. 减速器是起重机运行机构的主要部件，它的作用是（　　　），减小传动机构的转速。

15. 三相交流电路的联结方式有（　　　）和（　　　）两种。

16. 绕线式电动机具有启动电流小、启动力矩大，可（　　　）三大特点。

17. YZR 系列电动机，中心高 400mm 以上机座，定子绕组为（　　　）联结，其余为（　　　）联结。

18. 常用的电器保护装置有（　　　）、（　　　）、（　　　）、（　　　）等。

19. （　　　）是指起重机各控制器的手柄不在零位时，各电动机不能开始工作的保护电器。

20. 钢丝绳的报废主要根据（　　　）和（　　　）来决定。

四、解释题（每题 2 分，共 10 分）

1. 跨度
2. 限位开关
3. 主梁上拱度
4. 配合
5. 起重机的利用等级

五、简答题（每题 5 分，共 20 分）

1. 天车常用的制动器有哪些？块式制动器有几部分组成？
2. 滑轮报废的标准是什么？
3. 啃道的主要原因是什么？
4. 制动器打不开的常见原因有哪些？

六、计算题（每题 5 分，共 15 分）

1. 某车间 5t 天车，起升机构采用钢丝绳 $6 \times 37 - 4 -$ 左交，在其磨损严重段发现一个捻距内有 19 根断丝，问该绳是否还能继续使用？
2. 10t 铸造天车起升电动机的额定转速，$n_电 = 720 \text{r/min}$，吊钩滑轮组的倍率 $m = 3$，减速机传动比 $i = 15.75$，卷筒的直径 $D = 0.4 \text{m}$ 计算天车的额定起升速度。
3. 10t 天车，小车运行机构的电动机额定转速 $n_电 = 940 \text{r/min}$，减速机的传动比 $i = 22.4$，小车车轮直径 $D = 0.35 \text{m}$，试计算小车的额定运行速度及制动后的最小与最大制动行程。

七、综合题（第 1 小题 8 分，第 2 小题 7 分，共 15 分）

1. 天车用电动机常见的故障有哪些？
2. 天车动负荷试验包括哪些内容？

附录3 天车工技能大赛实际操作考核题例

操作运行线路图

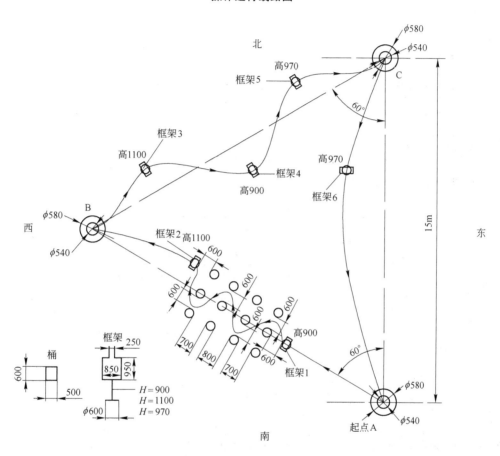

技能大赛天车工操作技能决赛评分标准

姓名：　　　　　参赛号：　　　　　所用时间：　　　　　总得分：

项目	考核要求	分数	评分标准	扣分	得分
开车前准备	1. 劳保用品齐全	10	劳保用品不符合要求扣5分		
	2. 起车打铃鸣信号		起车未打铃鸣信号扣3分		

续表

项目	考核要求	分数	评分标准	扣分	得分
过框架 1	1. 不得碰框架	7	1. 碰框架扣 3 分		
			2. 碰移框架大于 5cm 扣 4 分		
			3. 碰倒框架（含吊起框架）扣 5 分		
			4. 未过框架扣 7 分		
	2. 中途不停车、不准打倒车		5. 中途停车、打倒车 1 次扣 2 分		
绕杆运行	1. 按所给路线运行	20	1. 未按规定路线行走扣 5 分		
	2. 中途不停车、不准打倒车		2. 中途停车、打倒车 1 次扣 2 分		
			3. 碰杆 1 次扣 3 分		
	3. 不得碰撞竖杆		4. 碰倒杆 1 次扣 5 分		
			5. 绕杆 1 次扣 3 分		
过框架 2	1. 不得碰框架	8	1. 碰框架扣 3 分		
			2. 碰移框架大于 5cm 扣 4 分		
			3. 碰倒框架（含吊起框架）扣 5 分		
			4. 未过框架扣 8 分		
	2. 中途不停车、不准打倒车		5. 中途停车、打倒车 1 次扣 2 分		
定位停车 B	1. 落重前鸣铃	5	1. 落重前未鸣铃扣 3 分		
	2. 停车稳、准		2. 压内圈扣 2 分		
			3. 压外圈扣 3 分		
			4. 整体出圈扣 5 分		
			5. 允许座圈升、降调整一次，每多调整一次扣 2 分		
过框架 3,4,5	1. 不得碰框架	20	1. 碰框架 1 次扣 3 分		
			2. 碰移框架大于 5cm 1 次扣 4 分		
			3. 碰倒框架（含吊起框架）1 次扣 5 分		
			4. 未过框架 1 次扣 7 分		
	2. 中途不停车、不准打倒车		5. 中途停车、打倒车 1 次扣 2 分		

续表

项目	考核要求	分数	评分标准	扣分	得分
定位停车 C	1. 落重前鸣铃	5	1. 落重前未鸣铃扣 3 分		
	2. 停车稳、准		2. 压内圈扣 2 分		
			3. 压外圈扣 3 分		
			4. 整体出圈扣 5 分		
			5. 允许座圈升、降调整一次，每多调整一次扣 2 分		
过框架 6	1. 不得碰框架	5	1. 碰框架扣 3 分		
	2. 中途不停车、不准打倒车		2. 碰移框架大于 5cm 扣 4 分		
			3. 碰倒框架（含吊起框架）扣 5 分		
			4. 未过框架扣 5 分		
			5. 中途停车、打倒车 1 次扣 2 分		
定位停车 A	1. 落重前鸣铃	5	1. 落重前未鸣铃扣 3 分		
	2. 停车稳、准		2. 压内圈扣 2 分		
			3. 压外圈扣 3 分		
			4. 整体出圈扣 5 分		
			5. 允许座圈升、降调整一次，每多调整一次扣 2 分		
			6. 落地后未响铃提示结束扣 2 分		
安全文明	1. 遵守操作规程	15	不遵守操作规程 10 分		
	2. 遵守考场纪律		不遵守者视情节扣分		
	3. 精神文明		不遵守者视情节扣分		
	4. 遵守裁判指挥		不遵守者视情节扣分		

裁判员签字：

附录4 起重吊运指挥信号图例

（GB 5028—1985）

中华人民共和国国家标准
起重吊运指挥信号
The commanding signal for lifting and moving

引言

为确保起重吊运安全，防止发生事故，适应科学管理的需要，特制定本标准。

本标准对现场指挥人员和起重机司机所使用的基本信号和有关安全技术作了统一规定。

本标准适用于以下类型的起重机械：

桥式起重机（包括冶金起重机）、门式起重机、装卸桥、缆索起重机、塔式起重机、门座起重机、汽车起重机、轮胎起重机、铁路起重机、履带起重机、浮式起重机、桅杆起重机、船用起重机等。

本标准不适用于矿井提升设备、载人电梯设备。

1 名词术语

通用手势信号——指各种类型的起重机在起重、吊运中普遍适用的指挥手势。

专用手势信号——指具有特殊的起升、变幅、回转机构的起重机单独使用的指挥手势。

吊钩（包括吊环、电磁吸盘、抓斗等）——指空钩以及负有载荷的吊钩。

起重机"前进"或"后退"——"前进"指起重机向指挥人员开来；"后退"指起重机离开指挥人员。

前、后、左、右——在指挥语言中，均以司机所在位置为基准。

音响符号：

"——"表示大于一秒钟的长声符号。

"●"表示小于一秒钟的短声符号。

"○"表示停顿的符号。

2 指挥人员使用的信号

2.1 手势信号

2.1.1 通用手势信号

2.1.1.1 预备（注意）

手臂伸直，置于头上方，五指自然伸开，手心朝前保持不动（见图1）。

2.1.1.2　要主钩

单手自然握拳，置于头上，轻触头顶（见图2）。

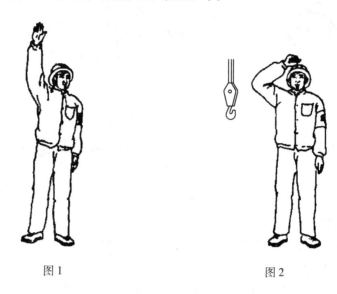

图1　　　　　　　　　　　　　　　　图2

2.1.1.3　要副钩

一只手握拳，小臂向上不动，另一只手伸出，手心轻触前只手的肘关节（见图3）。

2.1.1.4　吊钩上升

小臂向侧上方伸直，五指自然伸开，高于肩部，以腕部为轴转动（见图4）。

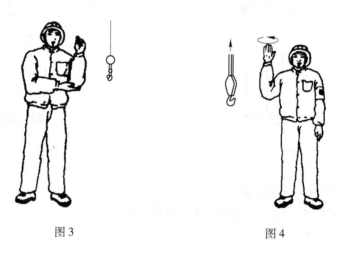

图3　　　　　　　　　　　　　　　　图4

2.1.1.5　吊钩下降

手臂伸向侧前下方，与身体夹角约为30°，五指自然伸开，以腕部为轴转动（见图5）。

2.1.1.6　吊钩水平移动

小臂向侧上方伸直，五指并拢手心朝外，朝负载应运行的方向，向下挥动到与肩相平的位置（见图6）。

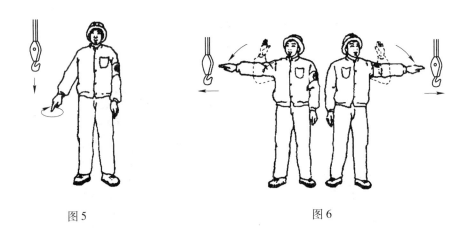

图 5　　　　　　　　　　　　　　　　　　图 6

2.1.1.7　吊钩微微上升

小臂伸向侧前上方，手心朝上高于肩部，以腕部为轴，重复向上摆动手掌（见图 7）。

2.1.1.8　吊钩微微下降

小臂伸向侧前下方，与身体夹角约为 30°，手心朝下，以腕部为轴，重复向下摆动手掌（见图 8）。

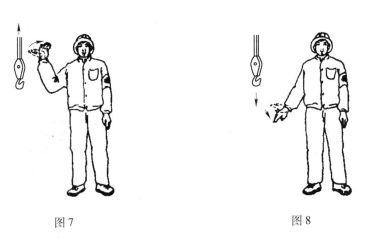

图 7　　　　　　　　　　　　　　　　　　图 8

2.1.1.9　吊钩水平微微移动

小臂向侧上方自然伸出，五指并拢手心朝外，朝负载应运行的方向，重复做缓慢的水平运动（见图 9）。

2.1.1.10　微动范围

双小臂曲起、伸向一侧，五指伸直，手心相对，其间距与负载所要移动的距离接近（见图 10）。

2.1.1.11　指示降落方位

五指伸直，指出负载应降落的位置（见图 11）。

2.1.1.12　停止

小臂水平置于胸前，五指伸开，手心朝下，水平挥向一侧（见图 12）。

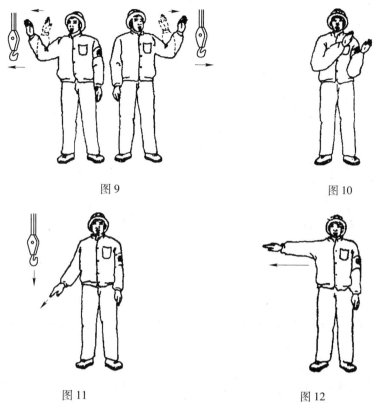

图9　　　　　　　　　　　图10

图11　　　　　　　　　　　图12

2.1.1.13　紧急停止

两小臂水平置于胸前，五指伸开，手心朝下，同时水平挥向两侧（见图13）。

2.1.1.14　工作结束

双手五指伸开，在额前交叉（见图14）。

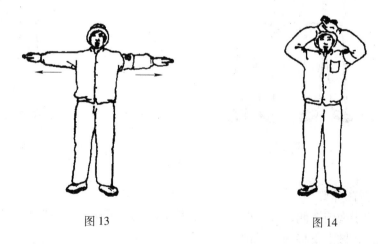

图13　　　　　　　　　　　图14

2.1.2　专用手势信号

2.1.2.1　升臂

手臂向一侧水平伸直，拇指朝上，余指握拢，小臂向上摆动（见图15）。

2.1.2.2 降臂

手臂向一侧水平伸直，拇指朝下，余指握拢，小臂向下摆动（见图 16）。

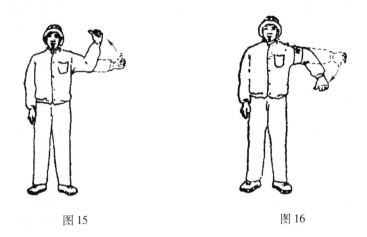

图 15   图 16

2.1.2.3 转臂

手臂水平伸直，指向应转臂的方向，拇指伸出，余指握拢，以腕部为轴转动（见图 17）。

2.1.2.4 微微升臂

一只小臂置于胸前一侧，五指伸直，手心朝下，保持不动。另一只手的拇指对着前手手心，余指握拢，做上下移动（图 18）。

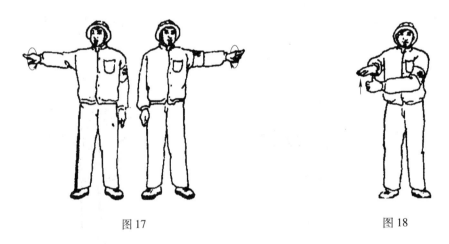

图 17   图 18

2.1.2.5 微微降臂

一只小臂置于胸前一侧，五指伸直，手心朝上，保持不动。另一只手的拇指对着前手手心，余指握拢，做上下移动（见图 19）。

2.1.2.6 微微转臂

一只小臂向前平伸，手心自然朝向内侧。另一只手的拇指指向前只手的手心，余指握拢做转动（见图 20）。

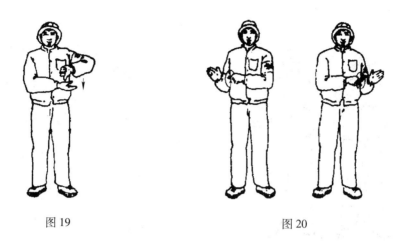

图 19　　　　　　　　　　　　　　　图 20

2.1.2.7　伸臂
两手分别握拳，拳心朝上，拇指分别指向两侧，做相斥运动（见图 21）。
2.1.2.8　缩臂
两手分别握拳，拳心朝下，拇指对指，做相向运动（见图 22）。

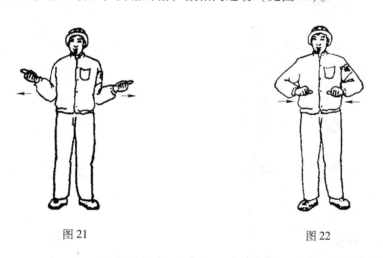

图 21　　　　　　　　　　　　　　　图 22

2.1.2.9　履带起重机回转
一只小臂水平前伸，五指自然伸出不动。另一只小臂在胸前做水平重复摆动（见图 23）。
2.1.2.10　起重机前进
双手臂先向前平伸，然后小臂曲起，五指并拢，手心对着自己，做前后运动（见图 24）。
2.1.2.11　起重机后退
双小臂向上曲起，五指并拢，手心朝向起重机，做前后运动（见图 25）。
2.1.2.12　抓取
两小臂分别置于侧前方，手心相对，由两侧向中间摆动（见图 26）。

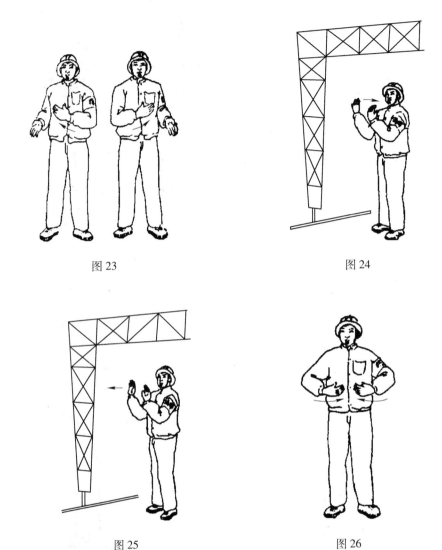

图23　　　　　　　　　　　　　　　图24

图25　　　　　　　　　　　　　　　图26

2.1.2.13　释放

两小臂分别置于侧前方，手心朝外，两臂分别向两侧摆动（见图27）。

2.1.2.14　翻转

一小臂向前曲起，手心朝上。另一小臂向前伸出，手心朝下，双手同时进行翻转（见图28）。

2.1.3　船用起重机（或双机吊运）**专用手势信号**

2.1.3.1　微速起钩

两小臂水平伸向侧前方，五指伸开，手心朝上，以腕部为轴，向上摆动。当要求双机以不同速度起升时，指挥起升快的一方，手要高于另一只手（见图29）。

2.1.3.2　慢速起钩

两小臂水平伸向侧前方，五指伸开，手心朝上，小臂以肘部为轴向上摆动。当要求双机以不同速度起升时，指挥起升快的一方，手要高于另一只手（见图30）。

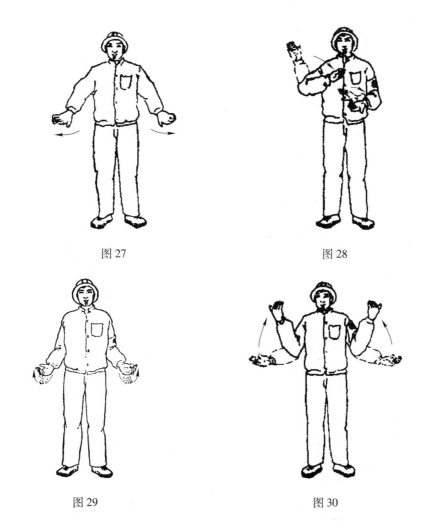

图 27　　　　　　　　　　　　　　　　　图 28

图 29　　　　　　　　　　　　　　　　　图 30

2.1.3.3　全速起钩

两臂下垂，五指伸开，手心朝上，全臂向上挥动（见图 31）。

2.1.3.4　微速起钩

两小臂水平伸向侧前方，五指伸开，手心朝下，手以腕部为轴向下摆动。当要求双机以不同的速度降落时，指挥降落速度快的一方，手要低于另一只手（见图 32）。

2.1.3.5　慢速起钩

两小臂水平伸向侧前方，五指伸开，手心朝下，小臂以肘部为轴向下摆动。当要求双机以不同的速度降落时，指挥降落速度快的一方，手要低于另一只手（见图 33）。

2.1.3.6　全速落钩

两臂伸向侧上方，五指伸开，手心朝下，全臂向下挥动（见图 34）。

2.1.3.7　一方停止，一方起钩

指挥停止的手臂作"停止"手势；指挥起钩的手臂则作相应速度的起钩手势（见图 35）。

2.1.3.8　一方停止，一方落钩

指挥停止的手臂作"停止"手势；指挥落钩的手臂则作相应速度的落钩手势（见图 36）。

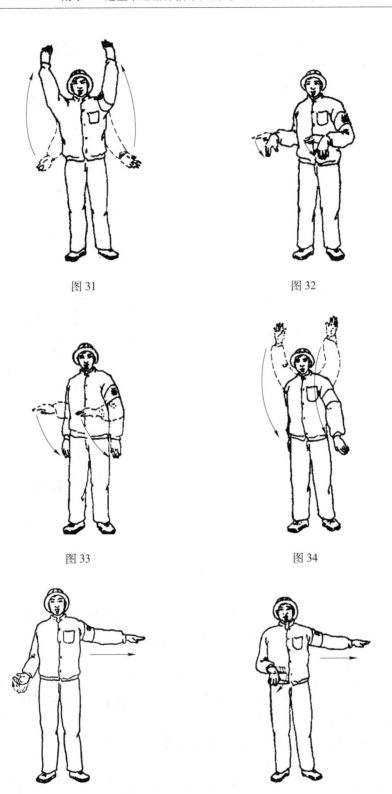

图 31   图 32

图 33   图 34

图 35   图 36

2.2 旗语信号

2.2.1 预备

单手持红绿旗上举（见图 37）。

2.2.2 要主钩

单手持红绿旗，旗头轻触头顶（见图 38）。

图 37

图 38

2.2.3 要副钩

一只手握拳，小臂向上不动，另一只手拢红绿旗，旗头轻触前只手的肘关节（见图 39）。

2.2.4 吊钩上升

绿旗上举，红旗自然放下（见图 40）。

图 39

图 40

2.2.5　吊钩下降

　　绿旗拢起下指，红旗自然放下（见图 41）。

2.2.6　吊钩微微上升

　　绿旗上举，红旗拢起横在绿旗上，相互垂直（见图 42）。

图 41　　　　　　　　　　　　　　　图 42

2.2.7　吊钩微微下降

　　绿旗拢起下指，红旗横在绿旗下，相互垂直（见图 43）。

2.2.8　升臂

　　红旗上举，绿旗自然放下（见图 44）。

图 43　　　　　　　　　　　　　　　图 44

2.2.9　降臂

　　红旗拢起下指，绿旗自然放下（见图 45）。

2.2.10　转臂

　　红旗拢起，水平指向应转臂的方向（见图 46）。

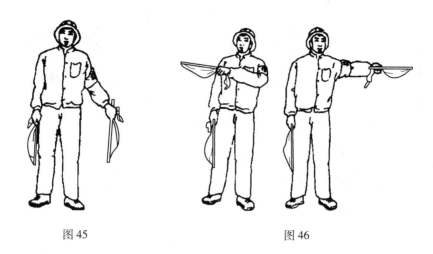

图 45　　　　　　　　　　　　　　　　图 46

2.2.11　微微升臂

红旗上举，绿旗拢起横在红旗上，相互垂直（见图47）。

2.2.12　微微降臂

红旗拢起下指，绿旗横在红旗下，相互垂直（见图48）。

图 47　　　　　　　　　　　　　　图 48

2.2.13　微微转臂

红旗拢起，横在腹前，指向应转臂的方向；绿旗拢起，竖在红旗前，相互垂直（见图49）。

2.2.14　伸臂

两旗分别拢起，横在两侧，旗头外指（见图50）。

2.2.15　缩臂

两旗分别拢起，横在胸前，旗头对指（见图51）。

2.2.16　微动范围

两手分别拢旗，伸向一侧，其间距与负载所要移动的距离接近（见图52）。

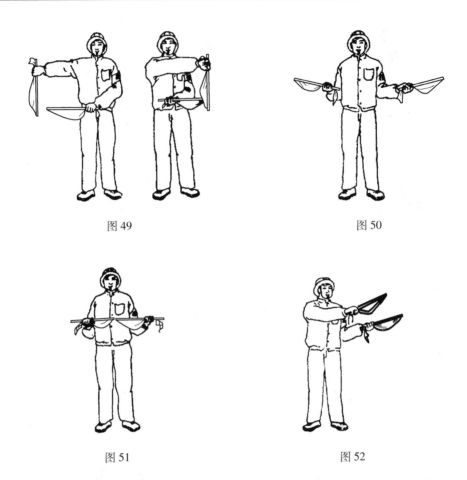

图49　　　　　　　　　　　　　　　　　　图50

图51　　　　　　　　　　　　　　　　　　图52

2.2.17　指示降落方位

　　单手拢绿旗，指向负载应降落的位置，旗头进行转动（见图53）。

2.2.18　履带起重机回转

　　一只手拢旗，水平指向侧前方，另一只手持旗，水平重复挥动（见图54）。

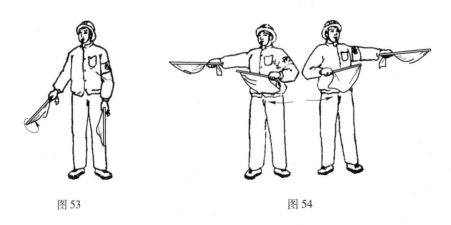

图53　　　　　　　　　　　　　　　　　　图54

2.2.19　起重机前进

　　两旗分别拢起，向前上方伸出，旗头由前上方向后摆动（见图55）。

2.2.20　起重机后退

　　两旗分别拢起，向前伸出，旗头由前方向下摆动（见图56）。

图55

图56

2.2.21　停止

　　单旗左右摆动，另外一面旗自然放下（见图57）。

2.2.22　紧急停止

　　双手分别持旗，同时左右摆动（见图58）。

图57

图58

2.2.23　工作结束

　　两旗拢起，在额前交叉（见图59）。

2.3　音响信号

2.3.1　"预备"、"停止"

　　一长声——

2.3.2　"上升"

　　两短声●●

2.3.3　"下降"

　　三短声●●●

图 59

2.3.4 "微动"

断续短声●○●○●○●

2.3.5 "紧急停车"

急促的长声————

2.4 起重吊运指挥语言

2.4.1 开始、停止工作的语言

开始、停止工作的语言如表1所示。

表1　开始、停止工作的语言

起重机的状态	指挥语言
开始工作	开始
停止紧急停止	停
工作结束	结束

2.4.2 吊钩移动语言

吊钩移动语言如表2所示。

表2　吊钩移动语言

吊钩的移动	指挥语言
正常上升	上升
微微上升	上升一点
正常下降	下降
微微下降	下降一点
正常向前	向前
微微向前	向前一点
正常向后	向后

吊钩的移动	指挥语言
微微向后	向后一点
正常向右	向右
微微向右	向右一点
正常向左	向左
微微向左	向左一点

3　司机使用的音响信号

3.1　"明白"——服从指挥
一短声●

3.2　"重复"——请求重新发出信号
二短声●●

3.3　"注意"
长声——

参 考 文 献

［1］中国机械工程学会设备与维修工程分会，机械设备维修问答丛书编委会．起重设备维修问答［M］．北京：机械工业出版社，2004．

［2］高敏．天车工培训教程［M］．北京：机械工业出版社，2005．

［3］顾迪民．起重机械事故分析和对策［M］．北京：人民交通出版社，2001．

［4］李铮．起重运输机械［M］．北京：冶金工业出版社，1990．

［5］陈道南．起重运输机械［M］．北京：冶金工业出版社，1988．

［6］机械电子工业部．起重工基本操作技能［M］．北京：机械工业出版社，1999．

［7］机械电子工业部．中级起重工工艺学［M］．北京：机械工业出版社，1999．